普通高等教育信息技术类系列教材

离 散 数 学

主编 王 强 武建春 王海龙

科学出版社

北 京

内 容 简 介

本书较为系统地介绍了计算机科学技术等相关专业所必需的离散数学知识，全书共分 8 章. 第 1 章介绍命题及命题逻辑，第 2 章介绍谓词逻辑及其推理理论，第 3 章介绍集合的基本概念、性质及计数方法，第 4 章介绍二元关系及其性质，第 5 章介绍函数及其性质，第 6 章介绍图论的基础内容和一些特殊图，第 7 章介绍树及其应用，第 8 章介绍代数系统及一些与计算机密切相关的代数系统. 各章后均配有难度适当的习题，便于学生课后练习.

本书结构严谨，逻辑清晰，讲解透彻，示例丰富，可作为高等院校计算机科学技术、软件工程等相关专业"离散数学"课程的教材，也可以作为计算机科学技术行业从业人员的参考书.

图书在版编目（CIP）数据

离散数学/王强，武建春，王海龙主编. —北京：科学出版社，2021.6
（普通高等教育信息技术类系列教材）
ISBN 978-7-03-068919-1

Ⅰ. ①离… Ⅱ. ①王… ②武… ③王… Ⅲ. ① 离散数学-高等学校-教材 Ⅳ. ①O158

中国版本图书馆 CIP 数据核字（2021）第 100068 号

责任编辑：宋 丽 袁星星 / 责任校对：马英菊
责任印制：吕春珉 / 封面设计：东方人华平面设计部

科 学 出 版 社 出版
北京东黄城根北街 16 号
邮政编码：100717
http://www.sciencep.com
铭洁彩色印装有限公司 印刷
科学出版社发行 各地新华书店经销
*
2021 年 6 月第 一 版 开本：787×1092 1/16
2021 年 6 月第一次印刷 印张：15 1/4
字数：358 000
定价：46.00 元
（如有印装质量问题，我社负责调换〈铭浩〉）
销售部电话 010-62136230 编辑部电话 010-62135120-2047

前　言

计算机是 20 世纪人类较伟大的科学技术发明之一，对人类的生产活动和社会活动产生了极其重要的影响，并仍以强大的生命力飞速发展着．离散数学是随着计算机科学的发展而逐步建立起来的，它形成于 20 世纪 70 年代初期，是一门工具性学科．伴随着计算机科学技术的迅猛发展，作为计算机科学理论基础的离散数学也变得越来越重要．

离散数学是计算机科学中基础理论的核心课程，它是以研究离散量、离散量的结构和相互间的关系为主要目标的，其研究对象一般是有限个或可数个元素，因此它充分描述了计算机科学离散性的特点，在计算机理论研究及软、硬件开发的各个领域都有着广泛的应用．通过离散数学的教学，学生们不仅可以掌握处理离散结构的工具和方法，为后续课程的学习创造条件，还可以培养和提高自身的抽象思维和严格的逻辑推理能力，为将来从事的软、硬件开发和应用研究打下坚实的基础．

离散数学是由多个数学分支组成的，每个分支从不同的角度研究离散量之间的关系．由于每个分支都是一个独立的研究领域，但又相互关联，因此国内外的教材对每个分支各有侧重，形成了不同特色的各种教材．本书将离散数学分为四大部分，共 8 章．第一部分为数理逻辑，由第 1 章和第 2 章组成，相对系统地论述了命题逻辑和谓词逻辑的基本内容．第二部分为集合论，由第 3 章～第 5 章组成，系统地论述了集合的运算与性质，并介绍了离散结构的集合表示——关系和函数，讨论了关系和函数的各种运算、性质、表示方法．第三部分为图论，由第 6 章和第 7 章组成，介绍了离散结构的图形表示——图和树，包括图的基本概念、图的矩阵表示、特殊图、无向树和有向树及其应用．第四部分为代数系统，只有一章，即第 8 章，简要介绍了离散系统的代数模型．每章中所涉及的概念、定理清晰易懂，用词严谨，推演详尽，例题与定义、定理相结合，课后习题难度渐进，覆盖面广．

本书的编者长期从事离散数学教学工作，有丰富的理论知识和实践经验．本书第 1章～第 6 章由王强编写，第 7 章由王海龙编写，第 8 章由武建春编写．在编写本书的过程中，编者参考和引用了国内外的一些离散数学书籍和资料，在此向这些书籍和资料的作者表示感谢！

由于编者水平有限，书中难免存在不妥之处，敬请广大读者批评指正．

编　者

2020 年 12 月

目　　录

第1章 命题逻辑

逻辑学是研究思维形式及思维规律的科学,逻辑学分为辩证逻辑和形式逻辑. 辩证逻辑是对事物发展的客观规律进行研究,形式逻辑是对思维的形式结构和规律进行研究.

数理逻辑是用数学的方法研究人类推理过程的数学学科,其显著特征是符号化和形式化,即把逻辑所涉及的"概念、判断、推理"用符号来表示,用公理体系来刻画,并基于符号串形式的演算来描述推理过程的一般规律,因此数理逻辑又称为符号逻辑. 数理逻辑不仅对理解数学推理十分重要,而且在计算机科学中也有许多应用,可用于计算机电路设计、计算机程序构造、程序正确性证明等许多方面.

数理逻辑分为四大分支:证明论、模型论、递归论和公理集合论. 我们这里介绍的是属于四大分支的共同基础——命题逻辑和谓词逻辑.

命题逻辑也称命题演算或语句逻辑,它是研究关于命题如何通过一些逻辑联结词构成更复杂的命题及逻辑推理的方法.

1.1 命题与联结词

1.1.1 命题

数理逻辑研究的中心问题是推理,而推理的前提和结论都是表达判断的陈述句,因而,表达判断的陈述句构成了推理的基本单位,可以说命题逻辑研究的对象是命题.

定义 1.1 具有确定真假意义的陈述句称为**命题**. 一个命题,总是具有一个"值",称为**真值**. 真值只有"真"和"假"两种,分别用"1"(或"T")和"0"(或"F")表示. 如果命题所表述的内容与客观实际相符,则称该命题是**真命题**,真值为 1;否则称之为**假命题**,真值为 0.

从上述定义可以知道,一切没有判断内容的句子,如感叹句、疑问句、祈使句、二义性的陈述句等都不能作为命题.

例 1.1 判断下列语句是否是命题,如果是命题,指出它们的真值.

(1) 0 是最小的自然数;

(2) 1 是最小的素数;

(3) 去年 5 月 1 日是晴天;

(4) 明年 5 月 1 日是晴天;

(5) $1+1=10$;

(6) 地球外的星球上也有生命;

(7) $x>0$;

（8）本语句为假；

（9）请勿吸烟！

（10）你吃饭了吗？

（11）今天天气真好啊！

解　（1）是真命题.

（2）最小的素数是 2，所以是假命题.

（3）是命题，真值需要根据实际情况而定，如果去年 5 月 1 日是晴天，就是真命题，否则就是假命题.

（4）是命题，它的真值虽然现在还不知道，但到明年 5 月 1 日就知道了，它的真值并不会因为我们不知道而发生变化，而是客观存在的.

（5）是命题，在二进制数的运算中，是真命题，在其他进制数的运算中是假命题.

（6）在目前可能无法确定真值，但从事物的本质而论，它是有真假可言的，所以我们承认这也是一个命题.

（7）不是命题，因为它没有确定的真值，当 $x>0$ 时它为真，当 $x\leqslant 0$ 时它为假.

（8）不是命题，它虽然是一个陈述句，但无法确定它的真值. 如果把它视为一个命题，并且令这个命题取值为"真"，那么这个命题就是真命题，但该陈述句本身指出这个命题是假的，即应该取值为"假"，这是自相矛盾的；反之，如果令这个命题取值为"假"，那么这个命题就是一个假命题，这样一来该陈述语句所说的内容就对了，因此它应该取值为"真"，同样出现了逻辑上的矛盾. 因此该语句产生了一个语义上的悖论，从而无法判断该语句的真假. 这个例子说明了一种语义上自相矛盾的陈述句（悖论）不是命题.

（9）是祈使句，不是命题.

（10）是疑问句，不是命题.

（11）是感叹句，不是命题.

从例 1.1 可知，判断一个句子是否为命题，首先要看它是否为陈述句，然后看它的真值是否是唯一的.

例 1.1 中给出的命题都是不含联结词的简单的陈述句，都不能再分解成更简单的句子了，称这样的命题为**简单命题**，用小写英文字母 $p,q,r,\cdots,p_1,p_2,p_3,\cdots$ 表示. 例如，可用 p 表示命题"0 是最小的自然数"，用 q 表示命题"1 是最小的素数"等.

1.1.2　联结词

在各种论述和推理中所出现的命题多数不是简单命题，而是由简单命题用联结词联结而成的命题，这样的命题称为**复合命题**，如下面的例 1.2.

例 1.2　将下列复合命题写成简单命题与联结词的复合.

（1）2 不是偶数；

（2）2 是偶数且 3 是奇数；

（3）2 是偶数或 3 是奇数；

（4）如果 2 是偶数，那么 3 是奇数；

（5）2是偶数当且仅当3是奇数.

解 本例中的5条语句都是复合命题，它们都是由简单命题通过自然语言中的联结词复合而成的. 我们将涉及的简单命题符号化如下：

$$p：2\text{是偶数}；q：3\text{是奇数}$$

于是，5个复合命题可以分别表示为：非p；p且q；p或q；如果p，那么q；p当且仅当q.

例1.2中出现的"非""且""或""如果……那么……""当且仅当"等是自然语言中常用的联结词，但自然语言中出现的联结词可能具有二义性. 为了排除二义性，在数理逻辑中必须给出联结词的严格定义，为了书写和推演的方便，用特定的符号表示联结词. 下面介绍各个联结词.

定义1.2 设p是一个命题，则复合命题"非p"称为p的**否定式**，记作$\neg p$，"$\neg$"为**否定联结词**.

$\neg p$为真当且仅当p为假，命题p与其否定式$\neg p$的关系如表1-1所示.

表1-1

p	$\neg p$
0	1
1	0

例1.3 设p：雪是白色的. 请写出"$\neg p$".

解 $\neg p$：雪不是白色的（或并非雪是白色的）.

注意：切勿将"雪是黑色的"符号化为$\neg p$，此句不含否定联结词，是简单命题，可符号化为q.

"$\neg$"是一元联结词，相当于"非""不""否"等词.

定义1.3 设p和q是命题，则复合命题"p并且q"称为p与q的**合取式**，记作$p \wedge q$，"$\wedge$"为**合取联结词**.

$p \wedge q$为真当且仅当p和q同时为真，$p \wedge q$的真值情况如表1-2所示.

表1-2

p	q	$p \wedge q$
0	0	0
0	1	0
1	0	0
1	1	1

例1.4 设p：今天是星期一；q：今天下雨. 请写出"$p \wedge q$".

解 $p \wedge q$：今天是星期一并且下雨.

这一命题在下雨的星期一成真，下雨的非星期一为假，不下雨的星期一也为假.

"$\wedge$"是二元联结词，相当于自然语言中的"且""和""与"，但又与这些联结词不完全相同.

例 1.5 将命题"张三和李四是大学生"符号化.

解 设 p：张三是大学生；q：李四是大学生.

于是 $p \wedge q$：张三和李四是大学生.

这一命题在张三和李四都是大学生时为真，有一个人不是大学生就为假. 如果 p 不变，设 q：$1+1=2$，则 $p \wedge q$ 表示"张三是大学生并且 $1+1=2$". 从自然语言看，这是不合理的，但在命题逻辑中是允许的.

注意："张三和李四是同学"中的"和"不能用合取联结词表示，这句话是简单命题，可符号化为 r.

定义 1.4 设 p 和 q 是命题，则复合命题"p 或 q"称为 p 与 q 的**析取式**，记作 $p \vee q$，"$\vee$"为**析取联结词**.

$p \vee q$ 为假当且仅当 p 和 q 同时为假，$p \vee q$ 的真值情况如表 1-3 所示.

表 1-3

p	q	$p \vee q$
0	0	0
0	1	1
1	0	1
1	1	1

例 1.6 设 p：今天是星期一；q：今天下雨. 请写出"$p \vee q$".

解 $p \vee q$：今天是星期一或今天下雨.

这一命题在星期一为真，在下雨的日子也为真，只有在既不下雨也不是星期一时为假.

"$\vee$"是二元联结词，相当于自然语言中的"或"，但又与"或"不完全相同. 因为"或"可以是"可兼或"（它联结的两个命题可以同时为真），还可以是"排斥或"（也称为异或，它联结的两个命题中仅有一个为真时才为真）.

例 1.7 将下列命题符号化.

（1）张三正在睡觉或看书；

（2）选张三或李四中的一人当班长.

解 （1）设 p：张三正在睡觉；q：张三正在看书.

这里的"或"是排斥或，张三正在睡觉和张三正在看书不可能同时发生，所以不能用析取联结词，可符号化为

$$(\neg p \wedge q) \vee (p \wedge \neg q)$$

（2）设 p：选张三当班长；q：选李四当班长.

这里的"或"也是排斥或，当出现张三和李四都当班长时上述论断被认为假，所以不能用析取联结词，可符号化为

$$(\neg p \wedge q) \vee (p \wedge \neg q)$$

定义 1.5 设 p 和 q 是命题，则复合命题"如果 p，那么 q"称为 p 与 q 的**蕴涵式**，记作 $p \rightarrow q$，读作"若 p，则 q"，"$\rightarrow$"为**蕴涵联结词**.

$p \rightarrow q$ 为假当且仅当 p 为真 q 为假. 在蕴涵式 $p \rightarrow q$ 中，p 称为前件（前提、假设），

q 称为后件（结论），$p \to q$ 的真值情况如表 1-4 所示.

表 1-4

p	q	$p \to q$
0	0	1
0	1	1
1	0	0
1	1	1

为了便于理解蕴涵式的真值表，可以将蕴涵式想象为义务或合同. 例如，老师可能做出如下陈述：

"如果你在期末考试中得了满分，那么你的成绩将被评定为优秀."

如果你设法在期末考试中得到满分，那么你可以期望得到优秀. 如果你没得到满分，那么你是否能得到优秀将取决于其他因素. 然而，如果你得到了满分，但老师没给你优秀，你就会有受骗的感觉.

"$\to$" 是二元联结词，$p \to q$ 的逻辑关系为 p 是 q 的充分条件（q 是 p 的必要条件）.

在使用蕴涵联结词 "$\to$" 时，要特别注意以下几点：

（1）在自然语言中，特别是在数学中，p 是 q 的充分条件（q 是 p 的必要条件）有许多不同的表述方式，如 "如果 p，则 q""只要 p，就 q""因为 p，所以 q""p 仅当 q""只有 q，才 p""除非 q，才 p""除非 q，否则 $\neg p$" 等. 以上各种叙述方式表面看来有所不同，但表达的都是 p 是 q 的充分条件，因而各种叙述方式都可符号化为 $p \to q$.

（2）在自然语言中，"如果 p，则 q" 中的前件 p 与后件 q 往往具有某种内在联系；而在数理逻辑中，p 与 q 可以无任何内在联系.

（3）在数学或其他自然科学中，"如果 p，则 q" 往往表达的是前件 p 为真，后件 q 也为真的推理关系；但在数理逻辑中，作为一种规定，当 p 为假时，无论 q 是真是假，$p \to q$ 均为真，也就是说，只有 p 为真 q 为假这一种情况，才使得复合命题 $p \to q$ 为假.

蕴涵式 $p \to q$ 的众多表达方式中有两个最容易引起混淆的，即 "p 仅当 q" 和 "除非 q，否则 $\neg p$". 其中，"p 仅当 q" 中，"仅当" 的含义是 "只有"，"p 仅当 q" 相当于 "只有 q，才 p"，即 q 是 p 的必要条件；"除非 q，否则 $\neg p$" 的意思是 "如果 $\neg q$，那么 $\neg p$"，这个命题的逆否命题是 "如果 p，那么 q"，因此，"除非 q，否则 $\neg p$" 与 $p \to q$ 总是具有相同的真值.

蕴涵式 "如果张三有智能手机，那么 $1 + 2 = 3$" 总是成立的，因为它的结论是真的（这时假设部分的真值无关紧要）；蕴涵式 "如果张三有智能手机，那么 $1 + 2 = 4$" 在张三没有智能手机的情况下是真的（即使 $1 + 2 = 4$ 为假）. 在自然语言中，我们不会使用这两个蕴涵式（除非偶尔有意讽刺一下），因为其中的假设和结论之间没有什么联系. 在数学推理中我们考虑的蕴涵式比自然语言中使用的要广泛一些. 蕴涵式作为一个数学概念不依赖于假设和结论之间的因果关系，所以这种蕴涵也称为**实质蕴涵**. 我们关于蕴涵式的定义规定了它的真值，这一定义不是以语言的用法为基础的. 命题语言是一种人工语言，这里为了便于使用和记忆，才将其类比于自然语言的用法.

许多程序设计语言中都有 if p then S 这样的语句，其中 p 是命题，而 S 是个程序段（待执行的一条或几条语句）. 当程序在运行中遇到这样一条语句时，如果 p 为真就执行 S，如果 p 为假就不执行 S. 因此程序设计语言中使用的 if-then（如果……那么……）结构与蕴涵联结词是不同的.

例 1.8　将下列命题符号化.

（1）只要明天不下雨，我就去学校；

（2）只有明天不下雨，我才去学校；

（3）除非明天不下雨，否则我将不去学校；

（4）不管明天下不下雨，我都去学校.

解　设 p：明天下雨；q：我去学校.

（1）$\neg p \to q$，"只要……就……"表示充分条件，所以 $\neg p$ 是前件.

（2）$q \to \neg p$，"只有……才……"表示必要条件，所以 $\neg p$ 是后件.

（3）$p \to \neg q$，"除非……否则……"相当于"如果不……就……"，所以 p 是前件.

（4）$(p \vee \neg p) \to q$，"下不下雨"可以符号化为 $p \vee \neg p$，因为去学校与下不下雨无关，所以也可简单地符号化为 q.

我们熟知的 4 种命题，即原命题、逆命题、否命题和逆否命题，都是针对蕴含式这种复合命题的. 若将原命题用 $p \to q$ 表示，则 $q \to p$、$\neg p \to \neg q$ 和 $\neg q \to \neg p$ 就是相应的逆命题、否命题和逆否命题.

例 1.9　若用 p 表示"天下雨"，q 表示"地上湿"，试写出 4 种命题.

解　原命题 $p \to q$：如果天下雨，那么地上湿.

逆命题 $q \to p$：如果地上湿，那么天下雨.

否命题 $\neg p \to \neg q$：如果天没下雨，那么地上不湿.

逆否命题 $\neg q \to \neg p$：如果地上不湿，那么天没下雨.

定义 1.6　设 p 和 q 是命题，则复合命题"p 当且仅当 q"称为 p 与 q 的**等价式**，记作 $p \leftrightarrow q$，"$\leftrightarrow$"为**等价联结词**.

$p \leftrightarrow q$ 为真当且仅当 p 和 q 同时为真或同时为假，$p \leftrightarrow q$ 的真值情况如表 1-5 所示.

表 1-5

p	q	$p \leftrightarrow q$
0	0	1
0	1	0
1	0	0
1	1	1

"$\leftrightarrow$"是二元联结词，$p \leftrightarrow q$ 的逻辑关系为 p 与 q 互为充要条件.

例 1.10　将下列命题符号化，并讨论它们的真值.

（1）$1+1=2$ 当且仅当雪是白色的；

（2）$1+1=2$ 当且仅当雪不是白色的；

（3）$1+1 \neq 2$ 当且仅当雪是白色的；

（4）$1+1 \neq 2$ 当且仅当雪不是白色的.

解 设 p：$1+1=2$；q：雪是白色的.

（1）$p \leftrightarrow q$，因为前、后件同时为真，所以 $p \leftrightarrow q$ 为真.

（2）$p \leftrightarrow \neg q$，因为前件为真后件为假，所以 $p \leftrightarrow \neg q$ 为假.

（3）$\neg p \leftrightarrow q$，因为前件为假后件为真，所以 $\neg p \leftrightarrow q$ 为假.

（4）$\neg p \leftrightarrow \neg q$，因为前、后件同时为假，所以 $\neg p \leftrightarrow \neg q$ 为真.

前面给出了几个命题符号化的例子，事实上，命题符号化在数理逻辑中有着重要的作用，本章后面的大部分内容都是在命题符号化的基础上展开的. 因为一切人类语言都可能有二义性，所以只有把语句表达的命题都进行符号化才可以消除歧义（当然，进行这种翻译需要在语句含义的基础上做些合理假设以消除歧义，否则命题符号化过程本身也会有歧义）. 一旦完成了命题符号化，我们就可以分析它们以决定它们的真值，还可以对它们进行处理，用推理规则对它们进行推理分析.

命题符号化时可能同时使用多种逻辑联结词，因此，命题符号化会涉及逻辑运算的先后次序问题. 对前面讲过的 5 种逻辑联结词，规定运算的先后次序为

$$\neg, \wedge, \vee, \rightarrow, \leftrightarrow$$

由于基于运算的先后次序来理解逻辑表达式往往费时费力，而且容易出错，所以也可采用添加括号的办法，按先括号内后括号外的规则进行命题运算. 我们推荐采用添加括号的方法来处理逻辑运算的先后次序.

例 1.11 将下列命题符号化.

（1）除非你已满 16 周岁，否则只要你身高不足 1.5m 就不能乘公园索道；

（2）只有你主修计算机科学专业或不是新生，你才可以从校园网访问因特网；

（3）不管你或他努力与否，比赛一定会取胜；

（4）选修过"高等数学"或"微积分"课程的学生可以选修本课程；

（5）学过"离散数学"或"数据结构"课程，但不是两者都学过的学生，必须再选学"计算机算法"这门课程.

解 （1）设 p：你已满 16 周岁；q：你身高达到 1.5m；r：你能乘坐公园索道.

"除非……否则……"相当于"如果不……就……"，所以命题（1）符号化的结果是

$$\neg p \rightarrow (\neg q \rightarrow \neg r)$$

命题（1）的意思是"如果你不满 16 周岁且身高不足 1.5m，你就不能乘坐公园索道"，或者表达成"如果你能乘坐公园索道，则你已满 16 周岁或身高达到 1.5m"，于是命题（1）还可符号化为

$$(\neg p \wedge \neg q) \rightarrow \neg r \quad \text{或} \quad r \rightarrow (p \vee q)$$

此命题表达的是不能乘坐公园索道的一个充分条件，即能乘坐的一些必要条件，但没有给出能够乘坐的任何充分条件，所以不能符号化为 $(p \vee q) \rightarrow r$. 例如，某人年满 16 周岁或身高达到 1.5m 但有心脏病，照样不能乘坐公园索道.

（2）设 p：你主修计算机科学专业；q：你是新生；r：你可以从校园网访问因特网.

命题（2）可以翻译成"如果你不主修计算机专业又是新生，那么就不能从校园网

访问因特网", 或者 "如果你能够从校园网访问因特网, 那么你就主修了计算机科学专业或不是新生", 所以命题 (2) 的符号化结果是

$$(\neg p \wedge q) \rightarrow \neg r \quad 或 \quad r \rightarrow (p \vee \neg q)$$

注意: 该命题如果符号化为 $(p \vee \neg q) \rightarrow r$ 就不对了, 因为即使你主修了计算机科学专业, 也不一定非要从校园网访问因特网; 同样, 你不是新生, 也不一定非要从校园网访问因特网.

(3) 设 p: 你努力; q: 他努力; r: 比赛取胜.

"你或他努力与否" 的含义是 "你努力, 他努力", 或 "你不努力, 他努力", 或 "你努力, 他不努力", 或 "你不努力, 他不努力", 所以命题 (3) 的符号化结果是

$$((p \wedge q) \vee (\neg p \wedge q) \vee (p \wedge \neg q) \vee (\neg p \wedge \neg q)) \rightarrow r$$

(4) 设 p: 选修过 "高等数学" 课程; q: 选修过 "微积分" 课程; r: 选修本课程.

命题 (4) 的意思是 "如果你没有选修过 '高等数学' 或 '微积分' 这两门课程中的任何一门, 你就不能选修本课程", 或者表达成 "如果你选修本课程, 则你必须至少选修过 '高等数学' 或 '微积分' 两门课程中的至少一门", 所以命题 (4) 的符号化结果是

$$(\neg p \wedge \neg q) \rightarrow \neg r \quad 或 \quad r \rightarrow (p \vee q)$$

(5) 设 p: 学过 "离散数学" 课程; q: 学过 "数据结构" 课程; r: 选学 "计算机算法" 课程. 所以命题 (5) 的符号化结果是

$$((p \wedge \neg q) \vee (\neg p \wedge q)) \rightarrow r$$

从例 1.11 可以看出, 命题的符号化结果并不是唯一的. 再强调如下两点:

(1) 复合命题的真值只取决于构成它们的各简单命题的真值, 而与它们的内容、含义无关, 与联结词所连接的两个简单命题之间是否有关系无关.

(2) 联结词 "$\neg$""$\wedge$""$\vee$" 与计算机的 "非" 门、"与" 门、"或" 门电路是相对应的, 因而命题逻辑是计算机硬件电路表示、分析和设计的重要工具.

1.2　命题公式与真值表

1.2.1　命题公式

我们把表示具体内容的简单命题及 0,1 统称为**命题常元 (命题常项)**, 而一个任意的、没有赋予具体内容的简单陈述句称为**命题变元 (命题变项)**, 命题变元没有具体的真值, 它的取值范围是 {真, 假} (或 {0,1}). 命题常元和命题变元均用小写英文字母 $p, q, r, \cdots, p_1, p_2, p_3, \cdots$ 表示, 具体是表示常元还是变元需要根据上下文来确定.

将命题变项用联结词和圆括号按一定的逻辑关系联结起来的符号串称为命题公式, 简称为公式, 当使用联结词集 $\{\neg, \wedge, \vee, \rightarrow, \leftrightarrow\}$ 中的联结词时, 命题公式递归定义如下.

定义 1.7　(1) 单个命题常元和命题变元是命题公式, 并称为**原子命题公式**;

(2) 若 A 是一个命题公式, 则 $(\neg A)$ 也是一个命题公式;

(3) 若 A, B 是命题公式, 则 $(A \wedge B)$、$(A \vee B)$、$(A \rightarrow B)$ 和 $(A \leftrightarrow B)$ 都是命题公式;

（4）只有有限次地使用上述（1）～（3）所得到的符号串才是**命题公式**.

以上规则以递归形式给出，其中（1）是基础，（2）和（3）为归纳，（4）为界限. 定义中引进了大写字母 A,B 等，用它们表示任意的命题公式.

例如， $p \wedge (\neg q),(\neg p) \rightarrow (r \vee (\neg p))$ 都是命题公式， $p \neg \wedge q,(\neg p \rightarrow r$ 不是命题公式.

由于命题公式中有命题变元，其真值是不确定的，所以命题公式本身不是命题. 只有对命题公式中出现的每个命题变元都解释成具体的命题，才能将命题公式"翻译"成一个具体的复合命题，这实际上相当于通过对公式中的每一变元都确定一个真值来确定命题公式的真值.

例 1.12 公式 $(p \wedge (\neg q)) \rightarrow \neg r$ ，其中，p：张三是体育爱好者；q：张三是文艺爱好者；r：张三是文体爱好者. 试用自然语言把该公式叙述出来.

解 根据联结词和命题标识符的含义，可将公式 $(p \wedge (\neg q)) \rightarrow \neg r$ 叙述为，如果张三是体育爱好者，但不是文艺爱好者，则张三不是文体爱好者.

1.2.2 真值表

定义 1.8 设 A 是以 $p_1,p_2,p_3,\cdots,p_n$ 为变元的命题公式，给 $p_1,p_2,p_3,\cdots,p_n$ 各指定一个真值，称为对 A 的一个**解释**（赋值）. 若指定的一组值使 A 的真值为 1，则称这组值为 A 的**成真解释**；若使 A 的真值为 0，则称这组值为 A 的**成假解释**.

定义 1.9 将命题公式 A 在所有解释下的取值情况列成表，称为 A 的**真值表**.

一个命题公式如果含有 n 个命题变元，则它有 2^n 种解释，从而真值表有 2^n 行.

为构造真值表方便一致，特约定如下：

（1）命题变元按字典序排列；

（2）对公式的每种解释，以二进制数按从小到大顺序列出，即从 $00\cdots0$ 开始，然后按二进制加 1 依次写出解释，直到 $11\cdots1$ 为止；

（3）若公式复杂，可先列出各子公式的真值（若有括号，则应从里层向外层展开），最后列出所给公式的真值.

例 1.13 求下列命题公式的真值表，并求成真解释和成假解释.

（1）$(p \rightarrow q) \leftrightarrow (\neg p \vee q)$；

（2）$(\neg p \wedge q) \wedge p$；

（3）$(p \rightarrow q) \wedge \neg r$.

解 （1）公式（1）是含 2 个命题变元的公式，它的真值表如表 1-6 所示. 可以看出，公式（1）的 4 个解释全是成真解释，没有成假解释.

表 1-6

p	q	$p \rightarrow q$	$\neg p$	$\neg p \vee q$	$(p \rightarrow q) \leftrightarrow (\neg p \vee q)$
0	0	1	1	1	1
0	1	1	1	1	1
1	0	0	0	0	1
1	1	1	0	1	1

（2）公式（2）是含 2 个命题变元的公式，它的真值表如表 1-7 所示. 可以看出，公式（2）的 4 个解释全是成假解释，没有成真解释.

表 1-7

p	q	$\neg p$	$\neg p \wedge q$	$(\neg p \wedge q) \wedge p$
0	0	1	0	0
0	1	1	1	0
1	0	0	0	0
1	1	0	0	0

（3）公式（3）是含 3 个命题变元的公式，它的真值表如表 1-8 所示. 可以看出，公式（3）的 8 个解释中成真解释是 000,010,110，成假解释是 001,011,100,101,111.

表 1-8

p	q	r	$p \to q$	$\neg r$	$(p \to q) \wedge \neg r$
0	0	0	1	1	1
0	0	1	1	0	0
0	1	0	1	1	1
0	1	1	1	0	0
1	0	0	0	1	0
1	0	1	0	0	0
1	1	0	1	1	1
1	1	1	1	0	0

从例 1.13 可以看出，有的命题公式在任何解释下都取值 1，有的命题公式在任何解释下都取值 0，有的命题公式在一些解释下取值 1，在另一些解释下取值 0，这些就是我们下面要定义的永真式、永假式和可满足式.

1.2.3　命题公式的分类

定义 1.10　设 A 是一个命题公式，
（1）若 A 在所有解释下取值均为真，则称 A 是**永真式（重言式）**；
（2）若 A 在所有解释下取值均为假，则称 A 是**永假式（矛盾式）**；
（3）若 A 至少存在一组解释是成真解释，则称 A 是**可满足式**.
从上述定义可知 3 种公式之间的关系如下：
（1）A 是永真式当且仅当 $\neg A$ 是永假式；
（2）若 A 是永真式，则 A 一定是可满足式，反之则不然；
（3）A 是可满足式当且仅当 A 不是永假式.
给定一个命题公式，判断其类型的一种方法是利用命题公式的真值表. 若真值表最后一列全是 1，则对应的命题公式为永真式；若最后一列全是 0，则对应的命题公式为永假式；若最后一列既有 0 又有 1，则对应的命题公式为非永真式的可满足式. 在例 1.13

中，由真值表可知，命题公式（1）为永真式，命题公式（2）为永假式，命题公式（3）为可满足式．以下两节中还将给出判断命题公式类型的其他方法．

1.3 命题公式的等值演算

1.3.1 等值和基本等值式

例 1.14 求出公式 $\neg(p \wedge q)$，$\neg p \vee \neg q$ 和 $\neg(p \wedge q) \leftrightarrow (\neg p \vee \neg q)$ 的真值表．

解 真值表如表 1-9 所示．

表 1-9

p	q	$p \wedge q$	$\neg p$	$\neg q$	$\neg(p \wedge q)$	$\neg p \vee \neg q$	$\neg(p \wedge q) \leftrightarrow (\neg p \vee \neg q)$
0	0	0	1	1	1	1	1
0	1	0	1	0	1	1	1
1	0	0	0	1	1	1	1
1	1	1	0	0	0	0	1

从例 1.14 可知，$\neg(p \wedge q)$ 与 $\neg p \vee \neg q$ 的真值表是相同的，也就是说，同一个真值表可能会代表许多公式．这样，又可以按真值表是否相同来对公式进行分类．同一类的公式之间，它们彼此是等值的．给定 n 个命题变元，按命题公式的形成规则可以形成无穷多个命题公式，但这无穷多个公式中只有 2^{2^n} 个真值表不同的公式．下面给出两个公式等值的正式定义．

定义 1.11 设 A 和 B 是两个命题公式，如果在任意解释下，A 和 B 都有相同的真值，则称 A 和 B **等值**，记为 $A \Leftrightarrow B$，读作 A 等值 B，称 $A \Leftrightarrow B$ 为**等值式**．

显然，若公式 A 和 B 的真值表相同，则 A 和 B 等值．由例 1.14 可知，$\neg(p \wedge q) \Leftrightarrow \neg p \vee \neg q$，因此，验证两公式是否等值，只需验证它们的真值表是否相同即可．

注意不要将符号"$\leftrightarrow$"和"$\Leftrightarrow$"混淆．"$\leftrightarrow$"是命题公式间的一种运算，而"$\Leftrightarrow$"是命题公式之间的一种关系．虽然等价运算和等值关系是两个不同的概念，但我们可以通过下面的定理 1.1 了解两者的联系．

定理 1.1 设 A 和 B 是两个命题公式，$A \Leftrightarrow B$ 的充要条件是 $A \leftrightarrow B$ 是永真式．

显然，依据等价运算"$\leftrightarrow$"和命题公式等值关系"$\Leftrightarrow$"的定义不难证明该定理．表 1-9 的最后一列也验证了定理 1.1．

真值表可以用来判断一个命题公式是否是永真式，也可以判断两个命题公式是否等值，但这种方法的计算量是问题规模的指数函数．因而随着规模的增大，计算量会急剧增大．事实上，对于只含少数命题变元的命题公式，还可以用手工完成这一工作．但当命题变元数目增加时，就不可行了．例如，对于含 20 个命题变元的命题公式，它的真值表就有 $2^{20}=1\,048\,576$ 行．显然，需要借助一台计算机来判定该命题公式是否为永真式．但是当命题变元数目增加到 1000 时，就要检查 2^{1000}（这是一个超过 300 位的十进制数）种可能的真值组合中的每一种，现有的一台计算机在几万亿年之内都不可能完成. 而且迄今尚没有其他已知的算法能使计算机在合理的时间内判断规模这么大的命题公式是否为永真式. 因此有必要将一个给定的命题公式进行化简, 即找出和它等值的且比较简单的命题公式, 这就是命题公式的等值演算.

对于命题公式的等值演算, 有下面的基本等值公式.

定理 1.2 设 A,B,C 是命题公式, 则有

(1) 双重否定律:

$$\neg\neg A \Leftrightarrow A$$

(2) 幂等律:

$$A \vee A \Leftrightarrow A$$
$$A \wedge A \Leftrightarrow A$$

(3) 交换律:

$$A \vee B \Leftrightarrow B \vee A$$
$$A \wedge B \Leftrightarrow B \wedge A$$

(4) 结合律:

$$(A \vee B) \vee C \Leftrightarrow A \vee (B \vee C)$$
$$(A \wedge B) \wedge C \Leftrightarrow A \wedge (B \wedge C)$$

(5) 分配律:

$$A \vee (B \wedge C) \Leftrightarrow (A \vee B) \wedge (A \vee C)$$
$$A \wedge (B \vee C) \Leftrightarrow (A \wedge B) \vee (A \wedge C)$$

(6) 德·摩根律:

$$\neg(A \wedge B) \Leftrightarrow \neg A \vee \neg B$$
$$\neg(A \vee B) \Leftrightarrow \neg A \wedge \neg B$$

(7) 吸收律:

$$A \vee (A \wedge B) \Leftrightarrow A$$
$$A \wedge (A \vee B) \Leftrightarrow A$$

(8) 零律:

$$A \vee 1 \Leftrightarrow 1$$
$$A \wedge 0 \Leftrightarrow 0$$

(9) 同一律:

$$A \vee 0 \Leftrightarrow A$$
$$A \wedge 1 \Leftrightarrow A$$

(10) 排中律:

$$A \vee \neg A \Leftrightarrow 1$$

(11) 矛盾律:

$$A \wedge \neg A \Leftrightarrow 0$$

(12) 蕴涵等值式:

$$A \to B \Leftrightarrow \neg A \vee B$$

（13）等价等值式：

$$A \leftrightarrow B \Leftrightarrow (A \rightarrow B) \wedge (B \rightarrow A)$$

（14）假言易位：

$$A \rightarrow B \Leftrightarrow \neg B \rightarrow \neg A$$

（15）等价否定等值式：

$$A \leftrightarrow B \Leftrightarrow \neg A \leftrightarrow \neg B$$

（16）归谬论：

$$(A \rightarrow B) \wedge (A \rightarrow \neg B) \Leftrightarrow \neg A$$

说明：（1）可用真值表证明上述 16 组等值公式，把 $\Leftrightarrow$ 改为 $\leftrightarrow$ 所得的命题公式为永真式，则 $\Leftrightarrow$ 成立.

（2）$\wedge$，$\vee$，$\leftrightarrow$ 均满足结合律，则在单一用 $\wedge$，$\vee$，$\leftrightarrow$ 联结词组成的命题公式中，括号可以省去.

（3）以上 16 组等值模式共包含 24 个重要等值式，它们中的 A，B，C 可以替换成任意的公式，每个等值模式都可以给出无穷多个同类型的具体的等值式. 例如，在蕴涵等值式中，当取 $A = p$，$B = q$ 时，得到等值式

$$p \rightarrow q \Leftrightarrow \neg p \vee q$$

当取 $A = p \vee q \vee r$，$B = p \wedge \neg r$ 时，得到等值式

$$(p \vee q \vee r) \rightarrow (p \wedge \neg r) \Leftrightarrow \neg (p \vee q \vee r) \vee (p \wedge \neg r)$$

1.3.2　等值演算

由已知的等值式等值推演出另外一些等值式的过程称为**等值演算**. 在等值演算过程中，除上面的基本等值公式外，有时还要用到下面的置换规则.

定理 1.3（置换规则）　设 $\varphi(A)$ 为含有公式 A 作为子公式的命题公式，$\varphi(B)$ 是用公式 B 置换 $\varphi(A)$ 中的 A（不要求处处置换）所得到的命题公式，若 $A \Leftrightarrow B$，则 $\varphi(A) \Leftrightarrow \varphi(B)$.

证明　对于包含在 $\varphi(A)$ 和 $\varphi(B)$ 中的一切命题变元的任意一个解释，$\varphi(A)$ 与 $\varphi(B)$ 的差别仅在于 A 出现的某些地方替换成了 B，由于 $A \Leftrightarrow B$，即对命题变元的任一解释，A 与 B 有相同的真值，因此当用公式 B 置换 $\varphi(A)$ 中的部分 A 得公式 $\varphi(B)$ 后，$\varphi(A)$ 和 $\varphi(B)$ 对命题变元的任何解释也有相同的真值，所以 $\varphi(A) \Leftrightarrow \varphi(B)$.

利用基本等值公式和置换规则，可以化简一些复杂的命题公式，也可以用来证明两个命题公式等值.

例 1.15　证明下面命题公式等值.

（1）$p \rightarrow (q \rightarrow r) \Leftrightarrow q \rightarrow (p \rightarrow r)$；

（2）$(p \wedge \neg q) \vee (\neg p \wedge q) \Leftrightarrow (p \vee q) \wedge \neg (p \wedge q)$.

证明　（1）$p \rightarrow (q \rightarrow r)$

$\qquad\qquad \Leftrightarrow p \rightarrow (\neg q \vee r) \qquad$ （蕴涵等值式）

$\qquad\qquad \Leftrightarrow \neg p \vee (\neg q \vee r) \qquad$ （蕴涵等值式）

$$\Leftrightarrow (\neg p \vee \neg q) \vee r \qquad (结合律)$$
$$\Leftrightarrow (\neg q \vee \neg p) \vee r \qquad (交换律)$$
$$\Leftrightarrow \neg q \vee (\neg p \vee r) \qquad (结合律)$$
$$\Leftrightarrow \neg q \vee (p \to r) \qquad (蕴涵等值式)$$
$$\Leftrightarrow q \to (p \to r) \qquad (蕴涵等值式)$$

（2）$(p \wedge \neg q) \vee (\neg p \wedge q)$
$$\Leftrightarrow ((p \wedge \neg q) \vee \neg p) \wedge ((p \wedge \neg q) \vee q) \qquad (分配律)$$
$$\Leftrightarrow ((p \vee \neg p) \wedge (\neg q \vee \neg p)) \wedge ((p \vee q) \wedge (\neg q \vee q)) \qquad (分配律)$$
$$\Leftrightarrow 1 \wedge (\neg q \vee \neg p) \wedge (p \vee q) \wedge 1 \qquad (排中律)$$
$$\Leftrightarrow (\neg q \vee \neg p) \wedge (p \vee q) \qquad (同一律)$$
$$\Leftrightarrow (p \vee q) \wedge (\neg p \vee \neg q) \qquad (交换律)$$
$$\Leftrightarrow (p \vee q) \wedge \neg (p \wedge q) \qquad (德·摩根律)$$

例 1.16 用等值演算判断下列命题公式的类型.

（1）$((p \to q) \wedge p) \to q$；

（2）$\neg (p \to (p \vee q)) \wedge r$；

（3）$p \wedge (((p \vee q) \wedge \neg p) \to q)$.

证明 （1）$((p \to q) \wedge p) \to q$
$$\Leftrightarrow ((\neg p \vee q) \wedge p) \to q \qquad (蕴涵等值式)$$
$$\Leftrightarrow \neg ((\neg p \vee q) \wedge p) \vee q \qquad (蕴涵等值式)$$
$$\Leftrightarrow ((p \wedge \neg q) \vee \neg p) \vee q \qquad (德·摩根律)$$
$$\Leftrightarrow ((p \vee \neg p) \wedge (\neg q \vee \neg p)) \vee q \qquad (分配律)$$
$$\Leftrightarrow (1 \wedge (\neg q \vee \neg p)) \vee q \qquad (排中律)$$
$$\Leftrightarrow (\neg q \vee \neg p) \vee q \qquad (同一律)$$
$$\Leftrightarrow (\neg p \vee \neg q) \vee q \qquad (交换律)$$
$$\Leftrightarrow \neg p \vee (\neg q \vee q) \qquad (结合律)$$
$$\Leftrightarrow \neg p \vee 1 \qquad (排中律)$$
$$\Leftrightarrow 1 \qquad (零律)$$

可知公式（1）为永真式.

（2）$\neg (p \to (p \vee q)) \wedge r$
$$\Leftrightarrow \neg (\neg p \vee (p \vee q)) \wedge r \qquad (蕴涵等值式)$$
$$\Leftrightarrow \neg ((\neg p \vee p) \vee q) \wedge r \qquad (结合律)$$
$$\Leftrightarrow \neg (1 \vee q) \wedge r \qquad (排中律)$$
$$\Leftrightarrow \neg 1 \wedge r \qquad (零律)$$
$$\Leftrightarrow 0 \wedge r$$
$$\Leftrightarrow 0 \qquad (零律)$$

可知公式（2）为永假式.

（3）　$p \wedge (((p \vee q) \wedge \neg p) \to q)$

$\Leftrightarrow p \wedge (((p \wedge \neg p) \vee (q \wedge \neg p)) \to q)$　　　　（分配律）

$\Leftrightarrow p \wedge (((0 \vee (q \wedge \neg p)) \to q)$　　　　　　（矛盾律）

$\Leftrightarrow p \wedge ((q \wedge \neg p) \to q)$　　　　　　　　（同一律）

$\Leftrightarrow p \wedge (\neg (q \wedge \neg p) \vee q)$　　　　　　　（蕴涵等值式）

$\Leftrightarrow p \wedge ((\neg q \vee p) \vee q)$　　　　　　　　（德·摩根律）

$\Leftrightarrow p \wedge ((p \vee \neg q) \vee q)$　　　　　　　　（交换律）

$\Leftrightarrow p \wedge (p \vee (\neg q \vee q))$　　　　　　　　（结合律）

$\Leftrightarrow p$　　　　　　　　　　　　　　（吸收律）

可知公式（3）为非永真式的可满足式，它的成真解释是 10,11，成假解释是 00,01.

例 1.17　利用等值演算将下面一段程序简化.

```
If p∧q then
    If q∨r then
        X
    Else
        Y
    End
Else
    If p∧r then
        Y
    Else
        X
    End
End
```

解　从上面的程序可知，执行程序段 X 的条件如下：

$((p \wedge q) \wedge (q \vee r)) \vee (\neg (p \wedge q) \wedge \neg (p \wedge r))$

$\Leftrightarrow (p \wedge (q \wedge (q \vee r))) \vee ((\neg p \vee \neg q) \wedge (\neg p \vee \neg r))$　　（结合律、德·摩根律）

$\Leftrightarrow (p \wedge q) \vee (\neg p \vee (\neg q \wedge \neg r))$　　　　　（吸收律、分配律）

$\Leftrightarrow ((p \wedge q) \vee \neg p) \vee (\neg q \wedge \neg r)$　　　　　（结合律）

$\Leftrightarrow ((p \vee \neg p) \wedge (q \vee \neg p)) \vee (\neg q \wedge \neg r)$　　　（分配律）

$\Leftrightarrow (q \vee \neg p) \vee (\neg q \wedge \neg r)$　　　　　　　（排中律、同一律）

$\Leftrightarrow (q \vee \neg p \vee \neg q) \wedge (q \vee \neg p \vee \neg r)$　　　　（分配律）

$\Leftrightarrow \neg p \vee q \vee \neg r$　　　　　　　（排中律、零律、同一律、交换律）

$\Leftrightarrow \neg (p \wedge \neg q \wedge r)$　　　　　　　　　（德·摩根律）

执行程序段 Y 的条件如下：

$((p \wedge q) \wedge \neg (q \vee r)) \vee (\neg (p \wedge q) \wedge (p \wedge r))$

$\Leftrightarrow ((p \wedge q) \wedge (\neg q \wedge \neg r)) \vee ((\neg p \vee \neg q) \wedge (p \wedge r))$　　（德·摩根律）

$$\Leftrightarrow (p \wedge q \wedge \neg q \wedge \neg r) \vee ((\neg p \vee \neg q) \wedge (p \wedge r)) \qquad （结合律）$$

$$\Leftrightarrow 0 \vee ((\neg p \vee \neg q) \wedge (p \wedge r)) \qquad （矛盾律、零律）$$

$$\Leftrightarrow (\neg p \wedge p \wedge r) \vee (\neg q \wedge p \wedge r) \qquad （同一律、分配律）$$

$$\Leftrightarrow \neg q \wedge p \wedge r \qquad （矛盾律、零律、同一律）$$

$$\Leftrightarrow p \wedge \neg q \wedge r \qquad （交换律）$$

于是，这段程序可以简化为

```
If  p∧¬q∧r then
    Y
Else
    X
End
```

1.4　联结词的扩充与完备集

1.4.1　联结词的扩充

前面介绍了 5 个基本的联结词 $\neg, \wedge, \vee, \rightarrow, \leftrightarrow$，它们与自然语言中的联结词紧密相关，易于理解，但还不能广泛地做到简洁而直接地表示命题之间的联系，为此，本节再定义 4 个联结词，它们是异或（等价否定）、蕴涵否定、与非（合取否定）、或非（析取否定）.

定义 1.12　设 p 和 q 是两个命题，复合命题"p,q 之中恰好有一个成立"称为 p 与 q 的**异或**（排斥或、不可兼或），记作 $p \triangledown q$，"$\triangledown$"称为**异或联结词**.

$p \triangledown q$ 为真当且仅当 p 和 q 的真值不相同，其真值情况如表 1-10 所示.

由异或的定义可知，异或有如下性质：

（1）$p \triangledown q \Leftrightarrow \neg(p \leftrightarrow q)$；

（2）$p \triangledown p \Leftrightarrow 0$，$p \triangledown 1 \Leftrightarrow \neg p$，$p \triangledown 0 \Leftrightarrow p$；

（3）$p \triangledown q \Leftrightarrow (p \wedge \neg q) \vee (\neg p \wedge q)$；

（4）$p \triangledown q \Leftrightarrow (p \vee q) \wedge \neg(p \wedge q)$.

定义 1.13　设 p 和 q 是两个命题，复合命题"p 蕴涵 q 的否定"称为 p 与 q 的**蕴涵否定**，记作 $p \nrightarrow q$，"$\nrightarrow$"称为**蕴涵否定联结词**.

$p \nrightarrow q$ 为真当且仅当 p 为真而 q 为假，其真值情况如表 1-10 所示.

由蕴涵否定的定义可知，$p \nrightarrow q \Leftrightarrow \neg(p \rightarrow q)$.

定义 1.14　设 p 和 q 是两个命题，复合命题"p 与 q 的否定"称为 p 与 q 的**与非式**，记作 $p \uparrow q$，"$\uparrow$"称为**与非联结词**.

$p \uparrow q$ 为真当且仅当 p 和 q 不同时为真，其真值情况如表 1-10 所示.

由与非的定义可知，与非有如下性质：

（1）$p \uparrow q \Leftrightarrow \neg(p \wedge q)$；

（2）$p \uparrow p \Leftrightarrow \neg(p \wedge p) \Leftrightarrow \neg p$；

（3）$(p\uparrow q)\uparrow(p\uparrow q)\Leftrightarrow\neg(p\uparrow q)\Leftrightarrow p\wedge q$；

（4）$(p\uparrow p)\uparrow(q\uparrow q)\Leftrightarrow\neg p\uparrow\neg q\Leftrightarrow\neg(\neg p\wedge\neg q)\Leftrightarrow p\vee q$．

定义 1.15 设 p 和 q 是两个命题，复合命题"p 或 q 的否定"称为 p 与 q 的**或非式**，记作 $p\downarrow q$，"$\downarrow$"称为**或非联结词**．

$p\downarrow q$ 为真当且仅当 p 和 q 同时为假，其真值情况如表 1-10 所示．

由或非的定义可知，或非有如下性质：

（1）$p\downarrow q\Leftrightarrow\neg(p\vee q)$；

（2）$p\downarrow p\Leftrightarrow\neg(p\vee p)\Leftrightarrow\neg p$；

（3）$(p\downarrow q)\downarrow(p\downarrow q)\Leftrightarrow\neg(p\downarrow q)\Leftrightarrow p\vee q$；

（4）$(p\downarrow p)\downarrow(q\downarrow q)\Leftrightarrow\neg p\downarrow\neg q\Leftrightarrow\neg(\neg p\vee\neg q)\Leftrightarrow p\wedge q$．

表 1-10

p	q	$p\,\overline{\vee}\,q$	$p\rightarrow q$	$p\uparrow q$	$p\downarrow q$
0	0	0	0	1	1
0	1	1	0	1	0
1	0	1	1	1	0
1	1	0	0	0	0

1.4.2 联结词完备集

至此一共介绍了 9 个联结词，这 9 个联结词是否足够表达所有的命题公式呢？还需要增加新的联结词吗？按照命题公式的定义，由命题变元和命题联结词可以构造出无数命题公式，将这些命题公式根据其真值表分类后可以分析出命题公式与联结词之间的关系．一元联结词作用于一个命题 p，它只有两种取值，可以得到 4 个不同的真值函数；二元联结词联结两个命题变元 p,q，有 4 种不同的真值组合，可以建立 16 个不同的真值函数，如表 1-11 所示．

表 1-11

p	q	f_1	f_2	f_3	f_4	f_5	f_6	f_7	f_8	f_9	f_{10}	f_{11}	f_{12}	f_{13}	f_{14}	f_{15}	f_{16}
0	0	0	0	0	0	0	0	0	0	1	1	1	1	1	1	1	1
0	1	0	0	0	0	1	1	1	1	0	0	0	0	1	1	1	1
1	0	0	0	1	1	0	0	1	1	0	0	1	1	0	0	1	1
1	1	0	1	0	1	0	1	0	1	0	1	0	1	0	1	0	1

根据各 f_i 所对应的真值结果，其与 9 种命题联结词之间的对应关系如下：

$$f_1=0,\qquad f_2=p\wedge q,\qquad f_3=p\rightarrow q,\qquad f_4=p,$$
$$f_5=q\rightarrow p,\qquad f_6=q,\qquad f_7=p\,\overline{\vee}\,q,\qquad f_8=p\vee q,$$
$$f_9=p\downarrow q,\qquad f_{10}=p\leftrightarrow q,\qquad f_{11}=\neg q,\qquad f_{12}=q\nrightarrow p,$$
$$f_{13}=\neg p,\qquad f_{14}=p\nrightarrow q,\qquad f_{15}=p\uparrow q,\qquad f_{16}=1.$$

由此可见，除常量 1 和 0 及命题变元本身外，9 个联结词足够表达所有的命题了．但是，这 9 个联结词是否都是相互独立的？它们之间是否可以相互表示呢？由上述定义及基本的等值关系可知，这些联结词之间可以进行相互转化，即凡是能用这 9 种联结词表示的公式，通过转换可以用较少的联结词来表示，由此产生了联结词完备集问题.

定义 1.16　在一个联结词的集合中，设 S 是联结词集合，如果对任一命题公式，都有由 S 中的联结词表示出来的命题公式与之等值，则 S 是**联结词完备集**. 对于一个完备的联结词集 S，若 S 中的任一联结词都不能用 S 中的其他联结词等值表示，则称 S 为**极小联结词完备集**.

由定义 1.16 及上面的讨论可知，前面介绍的 9 个联结词构成的联结词集 $\{\neg, \wedge, \vee, \to, \leftrightarrow, \triangledown, \nrightarrow, \uparrow, \downarrow\}$ 是完备的联结词集. 由下列等值式：

$$p \,\overline{\vee}\, q \Leftrightarrow \neg(p \leftrightarrow q)$$
$$p \nrightarrow q \Leftrightarrow \neg(p \to q)$$
$$p \uparrow q \Leftrightarrow \neg(p \wedge q)$$
$$p \downarrow q \Leftrightarrow \neg(p \vee q)$$

可见，扩充的 4 个联结词 $\triangledown, \nrightarrow, \uparrow, \downarrow$ 可以由原有的 5 个联结词表示，所以 $\{\neg, \wedge, \vee, \to, \leftrightarrow\}$ 也是完备的联结词集. 再由下列等值式：

$$p \leftrightarrow q \Leftrightarrow (\neg p \vee q) \wedge (p \vee \neg q)$$
$$p \to q \Leftrightarrow \neg p \vee q$$

可见，联结词 $\to, \leftrightarrow$ 可以由 $\{\neg, \wedge, \vee\}$ 表示，所以 $\{\neg, \wedge, \vee\}$ 也是完备的联结词集. 再由下列等值式：

$$p \vee q \Leftrightarrow \neg(\neg p \wedge \neg q)$$
$$p \wedge q \Leftrightarrow \neg(\neg p \vee \neg q)$$

所以联结词集 $\{\neg, \wedge\}$，$\{\neg, \vee\}$ 都是完备的联结词集，并且是极小联结词完备集. 根据联结词 $\uparrow$ 和 $\downarrow$ 的定义可知，$\{\uparrow\}$ 和 $\{\downarrow\}$ 也是极小联结词完备集.

例 1.18　试将公式 $\neg(p \to q)$ 分别用下列各联结词集中的联结词表示.

（1）$\{\neg, \wedge\}$；　　（2）$\{\neg, \vee\}$；　　（3）$\{\uparrow\}$；　　（4）$\{\downarrow\}$.

解　（1）$\neg(p \to q) \Leftrightarrow \neg(\neg p \vee q) \Leftrightarrow p \wedge \neg q$.

（2）$\neg(p \to q) \Leftrightarrow \neg(\neg p \vee q)$.

（3）注意到，$\neg p \Leftrightarrow \neg(p \wedge p) \Leftrightarrow p \uparrow p$，所以

$$\neg(p \to q) \Leftrightarrow p \wedge \neg q$$
$$\Leftrightarrow p \wedge (q \uparrow q)$$
$$\Leftrightarrow \neg(\neg(p \wedge (q \uparrow q)))$$
$$\Leftrightarrow \neg(p \uparrow (q \uparrow q))$$
$$\Leftrightarrow (p \uparrow (q \uparrow q)) \uparrow (p \uparrow (q \uparrow q))$$

（4）注意到，$\neg p \Leftrightarrow \neg(p \vee p) \Leftrightarrow p \downarrow p$，所以

$$\neg(p \to q) \Leftrightarrow \neg(\neg p \vee q)$$
$$\Leftrightarrow \neg((p \downarrow p) \vee q)$$
$$\Leftrightarrow (p \downarrow p) \downarrow q$$

1.5 公式的标准型——范式

在命题逻辑中，对于含有有限个命题变元的命题公式来说，用真值表的方式总可以在有限的步骤内确定它的真值，因此，对于给定公式的判定问题总是有解的. 但是这种方法并不理想，因为公式中每增加一个命题变元，真值表的行数就比原来增加一倍，从而使计算量增加一倍. 另外，由于同一个命题公式存在着多个不同形式的等值式，这将给研究命题演算带来一定的困难. 为此，本节将给出命题公式的一种标准形式——范式，范式给各种千变万化的公式提供了一个统一的表达形式，范式的研究对命题演算的发展也起到了极其重要的作用. 例如，要判断两个命题公式是否等值或判断一个公式是否永真、永假，都可由公式的范式来解决. 在逻辑理论中，判断公式的一些性质或在论证命题的完整性时都要用到范式. 另外，范式在工程技术中的线路设计、自动机理论与人工智能等方面也有极其重要的作用.

1.5.1 析取范式和合取范式

定义 1.17 命题变元或命题变元的否定称为**文字**；有限个文字的析取称为**析取式**（简单析取式）；有限个文字的合取称为**合取式**（简单合取式）.

例如，（1） p ， $\neg p$ ，0，1 是文字、析取式、合取式；

（2） $\neg p \vee q$ ， $p \vee \neg q \vee \neg r$ 是析取式；

（3） $\neg p \wedge \neg q$ ， $p \wedge \neg q \wedge r$ 是合取式；

（4） $\neg p \wedge \neg q \vee r$ ， $p \vee \neg q \wedge r$ 既不是析取式，也不是合取式.

注意：一个命题变元或者其否定既可以是析取式，也可以是合取式.

定义 1.18 有限个合取式构成的析取式称为**析取范式**；有限个析取式构成的合取式称为**合取范式**.

例如，（1） p ， $\neg p$ ，0，1 是文字、析取式、合取式、析取范式、合取范式；

（2） $\neg p \vee q$ ， $p \vee \neg q \vee \neg r$ 是析取式、析取范式、合取范式；

（3） $\neg p \wedge \neg q$ ， $p \wedge \neg q \wedge r$ 是合取式、析取范式、合取范式；

（4） $(\neg p \wedge \neg q) \vee (r \wedge q)$ 是析取范式；

（5） $(\neg p \vee r) \wedge (\neg q \vee p)$ 是合取范式；

（6） $\neg p \wedge (\neg q \wedge r)$ ， $\neg (p \vee q)$ 既不是析取范式，也不是合取范式. 但如果将 $\neg p \wedge (\neg q \wedge r)$ 转化为 $\neg p \wedge \neg q \wedge r$ ，将 $\neg (p \vee q)$ 转化为 $\neg p \wedge \neg q$ ，就既是析取范式，也是合取范式.

从上述定义和例子可以得出如下关系：

（1）单个的文字是析取式、合取式、析取范式、合取范式；

（2）析取范式、合取范式仅含联结词集 $\{\neg, \wedge, \vee\}$ 的联结词.

定理 1.4 任一命题公式都存在与之等值的析取范式和合取范式.

证明 由于联结词之间可以通过命题公式的基本等值关系进行相互转换，所以可以通过逻辑等值公式求出与其等值的析取范式和合取范式，具体步骤如下：

（1）消去不在联结词集 $\{\neg, \wedge, \vee\}$ 中的联结词：

$$A \to B \Leftrightarrow \neg A \vee B$$
$$A \leftrightarrow B \Leftrightarrow (\neg A \vee B) \wedge (\neg B \vee A)$$

（2）将否定号内移或消去：

$$\neg \neg A \Leftrightarrow A$$
$$\neg (A \wedge B) \Leftrightarrow \neg A \vee \neg B$$
$$\neg (A \vee B) \Leftrightarrow \neg A \wedge \neg B$$

（3）利用分配律，将公式化成一些合取式的析取，或化成一些析取式的合取：

$$A \vee (B \wedge C) \Leftrightarrow (A \vee B) \wedge (A \vee C)$$
$$A \wedge (B \vee C) \Leftrightarrow (A \wedge B) \vee (A \wedge C)$$

对任意一个公式，经过步骤（1）～（3）后，必能化成与其等值的析取范式和合取范式.

例 1.19　求公式 $(p \to q) \leftrightarrow r$ 的析取范式和合取范式.

解　为了演算清晰和准确，可利用交换律使得每个析取式和合取式中命题变元的出现都是按字典顺序，这对于后面求主范式更为重要.

（1）先求合取范式：

$$(p \to q) \leftrightarrow r$$
$\Leftrightarrow ((p \to q) \to r) \wedge (r \to (p \to q))$ 　　　　（消去等价联结词 $\leftrightarrow$ ）
$\Leftrightarrow (\neg(\neg p \vee q) \vee r) \wedge (\neg r \vee (\neg p \vee q))$ 　　　（消去蕴涵联结词 $\to$ ）
$\Leftrightarrow ((\neg \neg p \wedge \neg q) \vee r) \wedge (\neg p \vee q \vee \neg r)$ 　　　（ $\neg$ 内移、交换律）
$\Leftrightarrow ((p \wedge \neg q) \vee r) \wedge (\neg p \vee q \vee \neg r)$ 　　　　　（ $\neg$ 消去）
$\Leftrightarrow (p \vee r) \wedge (\neg q \vee r) \wedge (\neg p \vee q \vee \neg r)$ 　　　（ $\vee$ 对 $\wedge$ 分配律）

（2）再求析取范式：

求析取范式与求合取范式的前几步是一样的，只是在利用分配律时有所不同，因而可以利用（1）中的前四步的结果，接着进行 $\wedge$ 对 $\vee$ 的分配律演算.

$$(p \to q) \leftrightarrow r$$
$\Leftrightarrow ((p \wedge \neg q) \vee r) \wedge (\neg p \vee q \vee \neg r)$
$\Leftrightarrow (p \wedge \neg q \wedge \neg p) \vee (p \wedge \neg q \wedge q) \vee (p \wedge \neg q \wedge \neg r) \vee (r \wedge \neg p) \vee (r \wedge q) \vee (r \wedge \neg r)$
　　　　　　　　　　　　　　　　　　　　　　　（ $\wedge$ 对 $\vee$ 的分配律）
$\Leftrightarrow 0 \vee 0 \vee (p \wedge \neg q \wedge \neg r) \vee (\neg p \wedge r) \vee (q \wedge r) \vee 0$ 　（矛盾律、交换律）
$\Leftrightarrow (p \wedge \neg q \wedge \neg r) \vee (\neg p \wedge r) \vee (q \wedge r)$ 　　　（同一律）

从上面可以看出，第三行和最后一行的结果都是析取范式，这说明命题公式的析取范式是不唯一的. 同样，一个命题公式的合取范也是不唯一的. 为了求出命题公式的唯一规范化形式的范式，必须先将合取式和析取式规范化.

1.5.2　主析取范式和主合取范式

定义 1.19　在含有 n 个命题变元的合取式（析取式）中，若每个命题变元和它的否定不同时出现，但是二者之一恰好出现且仅出现一次，并且第 i 个命题变元或它的否定在从左算起的第 i 位上（若命题变元无角标，就按字典顺序排列），则称这样的合取式（析取式）为**极小项（极大项）**.

例如，（1）一个命题变元 p，形成的极小项有两个：$\neg p, p$；形成的极大项也有两个：$p, \neg p$.

（2）两个命题变元 p, q，形成的极小项有 4 个：$\neg p \wedge \neg q$，$\neg p \wedge q$，$p \wedge \neg q$，$p \wedge q$；形成的极大项也有 4 个：$p \vee q$，$p \vee \neg q$，$\neg p \vee q$，$\neg p \vee \neg q$.

（3）3 个命题变元 p, q, r，形成的极小项有 8 个：$\neg p \wedge \neg q \wedge \neg r$，$\neg p \wedge \neg q \wedge r$，$\neg p \wedge q \wedge \neg r$，$\neg p \wedge q \wedge r$，$p \wedge \neg q \wedge \neg r$，$p \wedge \neg q \wedge r$，$p \wedge q \wedge \neg r$，$p \wedge q \wedge r$；形成的极大项也有 8 个：$p \vee q \vee r$，$p \vee q \vee \neg r$，$p \vee \neg q \vee r$，$p \vee \neg q \vee \neg r$，$\neg p \vee q \vee r$，$\neg p \vee q \vee \neg r$，$\neg p \vee \neg q \vee r$，$\neg p \vee \neg q \vee \neg r$.

可以证明，对于 n 个命题变元，可构成 2^n 个极小项和 2^n 个极大项.

两个命题变元所形成的所有极小项和极大项的真值表分别如表 1-12 和表 1-13 所示.

表 1-12

p	q	$\neg p \wedge \neg q$	$\neg p \wedge q$	$p \wedge \neg q$	$p \wedge q$
0	0	1	0	0	0
0	1	0	1	0	0
1	0	0	0	1	0
1	1	0	0	0	1

表 1-13

p	q	$p \vee q$	$p \vee \neg q$	$\neg p \vee q$	$\neg p \vee \neg q$
0	0	0	1	1	1
0	1	1	0	1	1
1	0	1	1	0	1
1	1	1	1	1	0

从真值表中可知：

（1）没有两个不同的极小项是等值的，且每个极小项有且仅有一个成真解释，因此可以给极小项进行编码，若成真解释所对应的二进制数转换为十进制数 i，就将该极小项记作 m_i. 例如，极小项 $\neg p \wedge q$ 的成真解释为 01，就用 m_1 来表示.

（2）没有两个不同的极大项是等值的，且每个极大项有且仅有一个成假解释，因此可以给极大项进行编码，若成假解释所对应的二进制数转换为十进制数 i，就将该极大项记作 M_i. 例如，极大项 $\neg p \vee q$ 的成假解释为 10，就用 M_2 来表示.

（3）同样可得 3 个命题变元的真值解释与极小项和极大项的对应关系表（表 1-14）.

表 1-14

极小项				极大项			
公式	成真解释	十进制数	记号	公式	成假解释	十进制数	记号
$\neg p \wedge \neg q \wedge \neg r$	000	0	m_0	$p \vee q \vee r$	000	0	M_0
$\neg p \wedge \neg q \wedge r$	001	1	m_1	$p \vee q \vee \neg r$	001	1	M_1
$\neg p \wedge q \wedge \neg r$	010	2	m_2	$p \vee \neg q \vee r$	010	2	M_2
$\neg p \wedge q \wedge r$	011	3	m_3	$p \vee \neg q \vee \neg r$	011	3	M_3
$p \wedge \neg q \wedge \neg r$	100	4	m_4	$\neg p \vee q \vee r$	100	4	M_4
$p \wedge \neg q \wedge r$	101	5	m_5	$\neg p \vee q \vee \neg r$	101	5	M_5
$p \wedge q \wedge \neg r$	110	6	m_6	$\neg p \vee \neg q \vee r$	110	6	M_6
$p \wedge q \wedge r$	111	7	m_7	$\neg p \vee \neg q \vee \neg r$	111	7	M_7

（4）根据上述真值结果可知，任意两个不同的极小项的合取必为 0，任意两个不同的极大项的析取必为 1；极大项的否定是极小项，极小项的否定是极大项，即

$$m_i \wedge m_j \Leftrightarrow 0, M_i \vee M_j \Leftrightarrow 1 \quad (i \neq j; \ i,j = 0,1,\cdots,2^n - 1)$$

$$m_i \Leftrightarrow \neg M_i, M_i \Leftrightarrow \neg m_i \quad (i = 0,1,\cdots,2^n - 1)$$

（5）所有极小项的析取为永真式，所有极大项的合取是永假式.

定义 1.20 （1）在给定的析取范式中，若每一个合取式都是极小项，则称该范式为**主析取范式**；

（2）在给定的合取范式中，若每一个析取式都是极大项，则称该范式为**主合取范式**.

定理 1.5 任何一个公式都有与之等值的主析取范式和主合取范式，并且是唯一的.

证明略.

求命题公式的主析取范式的过程如下：

（1）利用定理 1.4 求出该公式所对应的析取范式.

（2）在析取范式的合取式中，如果同一命题变元出现多次，就将其化成只出现一次，即用 p 代替 $p \wedge p$.

（3）去掉所有永假式的合取式，即去掉合取式中含有形如 $p \wedge \neg p$ 的子公式.

（4）若某一个合取式中缺少该命题公式中所规定的命题变元，则补进相应的命题变元. 例如，根据

$$p \wedge \neg r \Leftrightarrow p \wedge 1 \wedge \neg r \Leftrightarrow p \wedge (\neg q \vee q) \wedge \neg r \Leftrightarrow (p \wedge \neg q \wedge \neg r) \vee (p \wedge q \wedge \neg r)$$

将合取式 $p \wedge \neg r$ 补进变元 q，从而合取式 $p \wedge \neg r$ 变成了两个极小项；又如，根据

$$p \Leftrightarrow p \wedge 1 \wedge 1 \Leftrightarrow p \wedge (\neg q \vee q) \wedge (\neg r \vee r)$$
$$\Leftrightarrow ((p \wedge \neg q) \vee (p \wedge q)) \wedge (\neg r \vee r)$$
$$\Leftrightarrow (p \wedge \neg q \wedge \neg r) \vee (p \wedge \neg q \wedge r) \vee (p \wedge q \wedge \neg r) \vee (p \wedge q \wedge r)$$

将合取式 p 补进变元 q,r，从而合取式 p 变成了 4 个极小项.

（5）将极小项改为编码 m_i 形式，利用幂等律将相同的极小项合并，同时利用交换律按下标递增排序即得主析取范式.

求命题公式的主合取范式的过程如下：

（1）利用定理 1.4 求出该公式所对应的合取范式.

（2）在合取范式的析取式中，如果同一命题变元出现多次，就将其化成只出现一次，即用 p 代替 $p \vee p$.

（3）去掉所有永真式的析取式，即去掉析取式中含有形如 $p \vee \neg p$ 的子公式.

（4）若某一个析取式中缺少该命题公式中所规定的命题变元，则补进相应的命题变元. 例如，根据

$$p \vee \neg r \Leftrightarrow p \vee 0 \vee \neg r \Leftrightarrow p \vee (q \wedge \neg q) \vee \neg r \Leftrightarrow (p \vee q \vee \neg r) \wedge (p \vee \neg q \vee \neg r)$$

将析取式 $p \vee \neg r$ 补进变元 q，从而析取式 $p \vee \neg r$ 变成了两个极大项；又如，根据

$$p \Leftrightarrow p \vee 0 \vee 0 \Leftrightarrow p \vee (q \wedge \neg q) \vee (r \wedge \neg r)$$
$$\Leftrightarrow ((p \vee q) \wedge (p \vee \neg q)) \wedge (r \vee \neg r)$$
$$\Leftrightarrow (p \vee q \vee r) \wedge (p \vee q \vee \neg r) \wedge (p \vee \neg q \vee r) \wedge (p \vee \neg q \vee \neg r)$$

将析取式 p 补进变元 q, r，从而析取式 p 变成了 4 个极大项.

（5）将极大项改为编码 M_i 形式，利用幂等律将相同的极大项合并，同时利用交换律按下标递增排序即得主合取范式.

例 1.20 求公式 $(p \rightarrow q) \leftrightarrow r$ 的主析取范式和主合取范式.

解 （1）求主析取范式：

$(p \rightarrow q) \leftrightarrow r \Leftrightarrow (p \wedge \neg q \wedge \neg r) \vee (\neg p \wedge r) \vee (q \wedge r)$ （例 1.19 得到的析取范式）

$\Leftrightarrow (p \wedge \neg q \wedge \neg r) \vee (\neg p \wedge (\neg q \vee q) \wedge r) \vee ((\neg p \vee p) \wedge q \wedge r)$（补元）

$\Leftrightarrow (p \wedge \neg q \wedge \neg r) \vee (\neg p \wedge \neg q \wedge r) \vee (\neg p \wedge q \wedge r) \vee (p \wedge q \wedge r)$ （分配律）

$\Leftrightarrow m_4 \vee m_1 \vee m_3 \vee m_3 \vee m_7$ （改写）

$\Leftrightarrow m_1 \vee m_3 \vee m_4 \vee m_7$ （合并、排序）

（2）求主合取范式：

$(p \rightarrow q) \leftrightarrow r \Leftrightarrow (p \vee r) \wedge (\neg q \vee r) \wedge (\neg p \vee q \vee \neg r)$ （例 1.19 得到的合取范式）

$\Leftrightarrow (p \vee (q \wedge \neg q) \vee r) \wedge ((p \wedge \neg p) \vee \neg q \vee r) \wedge (\neg p \vee q \vee \neg r)$（补元）

$\Leftrightarrow (p \vee q \vee r) \wedge (p \vee \neg q \vee r) \wedge (p \vee \neg q \vee r) \wedge (\neg p \vee \neg q \vee r) \wedge (\neg p \vee q \vee \neg r)$（分配律）

$\Leftrightarrow M_0 \wedge M_2 \wedge M_2 \wedge M_6 \wedge M_5$ （改写）

$\Leftrightarrow M_0 \wedge M_2 \wedge M_5 \wedge M_6$ （合并、排序）

由极小项的定义可知，例 1.20 求得的主析取范式中极小项的角标 1,3,4,7 对应的 3 位二进制数是 001,011,100,111，它们是原公式的成真解释. 而主析取范式中没出现的角标 0,2,5,6 对应的 3 位二进制数是 000,010,101,110，它们是原公式的成假解释，同时这些没出现的角标又是原公式的主合取范式中极大项的角标. 所以，只要知道了一个命题公式的主析取范式，就可立即写出它的真值表. 反之，若有一个公式的真值表，也可直接写出它的主析取范式. 当然，由命题公式的主析取范式也可直接写出它的主合取范式.

例 1.21 用真值表求公式 $p \rightarrow (q \wedge \neg r)$ 的主析取范式和主合取范式.

解 $p \rightarrow (q \wedge \neg r)$ 的真值表如表 1-15 所示.

表 1-15

p	q	r	$\neg r$	$q \wedge \neg r$	$p \to (q \wedge \neg r)$
0	0	0	1	0	1
0	0	1	0	0	1
0	1	0	1	1	1
0	1	1	0	0	1
1	0	0	1	0	0
1	0	1	0	0	0
1	1	0	1	1	1
1	1	1	0	0	0

由表 1-15 可知，000,001,010,011,110 是原公式的成真解释，因而以对应的十进制数 0,1,2,3,6 为角标的极小项 m_0, m_1, m_2, m_3, m_6 在原公式的主析取范式中，而极小项 m_4, m_5, m_7 不在它的主析取范式中，即

$$p \to (q \wedge \neg r) \Leftrightarrow m_0 \vee m_1 \vee m_2 \vee m_3 \vee m_6$$

由主析取范式中没出现的角标可直接写出主合取范式：

$$p \to (q \wedge \neg r) \Leftrightarrow M_4 \wedge M_5 \wedge M_7$$

综上所述，主范式的作用有以下几点：

（1）可判断两命题公式是否等值；

（2）可判断命题公式的类型；

（3）可求出命题公式的成真解释和成假解释；

（4）可分析和解决实际问题.

例 1.22　用主析取范式判断 $(p \to q) \wedge (p \to r)$ 与 $p \to (q \wedge r)$ 是否等值.

解　根据主析取范式来判断.

$$\begin{aligned}
&(p \to q) \wedge (p \to r) \Leftrightarrow (\neg p \vee q) \wedge (\neg p \vee r) &&（消去蕴涵联结词 \to）\\
&\Leftrightarrow \neg p \vee (q \wedge r) &&（分配律）\\
&\Leftrightarrow (\neg p \wedge (\neg q \vee q) \wedge (\neg r \vee r)) \vee ((\neg p \vee p) \wedge (q \wedge r)) &&（补元）\\
&\Leftrightarrow (\neg p \wedge \neg q \wedge \neg r) \vee (\neg p \wedge \neg q \wedge r) \vee (\neg p \wedge q \wedge \neg r) \vee (\neg p \wedge q \wedge r) \\
&\quad \vee (\neg p \wedge q \wedge r) \vee (p \wedge q \wedge r) &&（分配律）\\
&\Leftrightarrow m_0 \vee m_1 \vee m_2 \vee m_3 \vee m_3 \vee m_7 &&（改写）\\
&\Leftrightarrow m_0 \vee m_1 \vee m_2 \vee m_3 \vee m_7 . &&（合并、排序）\\
&p \to (q \wedge r) \Leftrightarrow \neg p \vee (q \wedge r) &&（消去蕴涵联结词 \to）\\
&\Leftrightarrow (\neg p \wedge (\neg q \vee q) \wedge (\neg r \vee r)) \vee ((\neg p \vee p) \wedge (q \wedge r)) &&（补元）\\
&\Leftrightarrow (\neg p \wedge \neg q \wedge \neg r) \vee (\neg p \wedge \neg q \wedge r) \vee (\neg p \wedge q \wedge \neg r) \vee (\neg p \wedge q \wedge r) \\
&\quad \vee (\neg p \wedge q \wedge r) \vee (p \wedge q \wedge r) &&（分配律）\\
&\Leftrightarrow m_0 \vee m_1 \vee m_2 \vee m_3 \vee m_3 \vee m_7 &&（改写）\\
&\Leftrightarrow m_0 \vee m_1 \vee m_2 \vee m_3 \vee m_7 . &&（合并、排序）
\end{aligned}$$

因为这两个命题公式的主析取范式相同，所以两个命题公式等值.

若一个含有 n 个命题变元的公式，其主析取范式含有全部 2^n 个极小项，则该公式为永真式；若其主析取范式不含任何极小项，则该公式为永假式；若其主析取范式至少含有一个极小项，则该公式为可满足式.

例 1.23 用主析取范式判断下列公式的类型.

（1）$(p \wedge \neg q) \leftrightarrow \neg(\neg p \vee q)$；

（2）$(p \rightarrow q) \wedge (p \wedge \neg q)$；

（3）$(p \rightarrow q) \wedge q$.

解 （1）$(p \wedge \neg q) \leftrightarrow \neg(\neg p \vee q) \Leftrightarrow (\neg(p \wedge \neg q) \vee \neg(\neg p \vee q)) \wedge ((\neg p \vee q) \vee (p \wedge \neg q))$

$\hfill$（消去等价联结词 $\leftrightarrow$）

$\Leftrightarrow ((\neg p \vee q) \vee (p \wedge \neg q)) \wedge ((\neg p \vee q) \vee (p \wedge \neg q))$ （$\neg$ 内移）

$\Leftrightarrow (\neg p \vee q \vee (p \wedge \neg q)) \wedge (\neg p \vee q \vee (p \wedge \neg q))$ （结合律）

$\Leftrightarrow (\neg p \wedge \neg p) \vee (\neg p \wedge q) \vee (\neg p \wedge p \wedge \neg q) \vee (q \wedge \neg p) \vee (q \wedge q) \vee (q \wedge p \wedge \neg q)$

$\quad \vee (p \wedge \neg q \wedge \neg p) \vee (p \wedge \neg q \wedge q) \vee (p \wedge \neg q \wedge p \wedge \neg q)$ （$\wedge$ 对 $\vee$ 分配律）

$\Leftrightarrow \neg p \vee (\neg p \wedge q) \vee 0 \vee (\neg p \wedge q) \vee q \vee 0 \vee 0 \vee 0 \vee (p \wedge \neg q)$

$\hfill$（幂等律、同一律、矛盾律、零律、交换律）

$\Leftrightarrow \neg p \vee (\neg p \wedge q) \vee q \vee (p \wedge \neg q)$ （同一律、幂等律）

$\Leftrightarrow (\neg p \wedge (\neg q \vee q)) \vee (\neg p \wedge q) \vee ((\neg p \vee p) \wedge q) \vee (p \wedge \neg q)$ （补元）

$\Leftrightarrow (\neg p \wedge \neg q) \vee (\neg p \wedge q) \vee (\neg p \wedge q) \vee (\neg p \wedge q) \vee (p \wedge q) \vee (p \wedge \neg q)$ （分配律）

$\Leftrightarrow m_0 \vee m_1 \vee m_1 \vee m_1 \vee m_3 \vee m_2$ （改写）

$\Leftrightarrow m_0 \vee m_1 \vee m_2 \vee m_3$ （合并、排序）

由于该主析取范式中包含了全部极小项，所以该公式是永真式.

（2）$(p \rightarrow q) \wedge (p \wedge \neg q) \Leftrightarrow (\neg p \vee q) \wedge (p \wedge \neg q)$ （消去蕴涵联结词 $\rightarrow$）

$\Leftrightarrow (\neg p \wedge p \wedge \neg q) \vee (q \wedge p \wedge \neg q)$ （$\wedge$ 对 $\vee$ 分配律）

$\Leftrightarrow 0 \vee 0$ （矛盾律、零律）

$\Leftrightarrow 0$

由于该主析取范式中不包含任何极小项，所以该公式是永假式.

（3）$(p \rightarrow q) \wedge q \Leftrightarrow (\neg p \vee q) \wedge q$ （消去蕴涵联结词 $\rightarrow$）

$\Leftrightarrow (\neg p \wedge q) \vee (q \wedge q)$ （$\wedge$ 对 $\vee$ 分配律）

$\Leftrightarrow (\neg p \wedge q) \vee q$ （幂等律）

$\Leftrightarrow (\neg p \wedge q) \vee ((\neg p \vee p) \wedge q)$ （补元）

$\Leftrightarrow (\neg p \wedge q) \vee (\neg p \wedge q) \vee (p \wedge q)$ （分配律）

$\Leftrightarrow m_1 \vee m_1 \vee m_3$ （改写）

$\Leftrightarrow m_1 \vee m_3$ （合并、排序）

由于该主析取范式中包含两个极小项，所以该公式是非永真式的可满足式.

例 1.24 某科研单位要从 3 名科研骨干 A, B, C 中挑选一两名人员出国进修. 由于工作原因，选派时要满足以下条件：

（1）若 A 去，则 C 同去；

（2）若 B 去，则 C 不能去；

（3）若 C 不去，则 A 或 B 可以去．

问应如何选派？

解 设 p：派 A 去；q：派 B 去；r：派 C 去．由已知条件，可得

$(p \rightarrow r) \wedge (q \rightarrow \neg r) \wedge (\neg r \rightarrow (p \vee q))$

$\Leftrightarrow (\neg p \vee r) \wedge (\neg q \vee \neg r) \wedge (r \vee p \vee q)$ （消去蕴涵联结词 $\rightarrow$）

$\Leftrightarrow (\neg p \wedge \neg q \wedge r) \vee (\neg p \wedge \neg q \wedge p) \vee (\neg p \wedge \neg q \wedge q) \vee (\neg p \wedge \neg r \wedge r)$

$\quad \vee (\neg p \wedge \neg r \wedge p) \vee (\neg p \wedge \neg r \wedge q) \vee (r \wedge \neg q \wedge r) \vee (r \wedge \neg q \wedge p) \vee (r \wedge \neg q \wedge q)$

$\quad \vee (r \wedge \neg r \wedge r) \vee (r \wedge \neg r \wedge p) \vee (r \wedge \neg r \wedge q)$ （分配律）

$\Leftrightarrow (\neg p \wedge \neg q \wedge r) \vee 0 \vee 0 \vee 0 \vee 0 \vee (\neg p \wedge q \wedge \neg r) \vee (\neg q \wedge r)$

$\quad \vee (p \wedge \neg q \wedge r) \vee 0 \vee 0 \vee 0 \vee 0$ （矛盾律、零律、交换律、幂等律）

$\Leftrightarrow (\neg p \wedge \neg q \wedge r) \vee (\neg p \wedge q \wedge \neg r) \vee (\neg q \wedge r) \vee (p \wedge \neg q \wedge r)$ （同一律）

$\Leftrightarrow (\neg p \wedge \neg q \wedge r) \vee (\neg p \wedge q \wedge \neg r) \vee ((\neg p \vee p) \wedge (\neg q \wedge r)) \vee (p \wedge \neg q \wedge r)$

（补元）

$\Leftrightarrow (\neg p \wedge \neg q \wedge r) \vee (\neg p \wedge q \wedge \neg r) \vee (\neg p \wedge \neg q \wedge r) \vee (p \wedge \neg q \wedge r) \vee (p \wedge \neg q \wedge r)$

（分配律）

$\Leftrightarrow m_1 \vee m_2 \vee m_1 \vee m_5 \vee m_5$ （改写）

$\Leftrightarrow m_1 \vee m_2 \vee m_5$ （合并、排序）

由主析取范式可得 3 个成真解释：001,010,101，所以选派方案有 3 种：

（1）C 去，A,B 都不去；

（2）B 去，A,C 都不去；

（3）A,C 去，B 不去．

1.6 命题逻辑的推理理论

推理是由一个或几个命题推出另一个命题的思维形式．从结构上说，推理由前提、结论和规则 3 个部分组成．若前提与结论是有蕴涵关系的推理，或者结论是从前提中必然推出的推理，则称为必然性推理，如演绎推理．若前提与结论是没有蕴涵关系的推理，或者前提与结论之间并无必然联系而仅仅是一种或然性联系的推理，则称为或然性推理，如简单枚举归纳推理．例如，推理："铁能导电，铜能导电，铅能导电，铁、铜、铅都是金属，所以金属都能导电"（从偶然现象概括出一般规律）就是一种简单枚举归纳推理．命题演算的推理是演绎推理．

在演绎推理中，如果关心的只是前提的合取式作前件、结论作后件的条件命题是永真式，那么就说这种演绎推理是有效的，并称所推理的结论为前提的有效结论或逻辑结果．如果还要求前提都是永真式，那么就说这种有效的推理是合理的．合理的推理是有效的，但有效的推理未必是合理的．在数学中的推理都是合理的推理，而我们只讨论有效推理．

本节主要讨论推理的概念、形式、规则及判别有效推理的方法.

1.6.1 推理的基本概念和推理形式

推理也称为论证,它是指由已知命题得到新的命题的思维过程,其中,已知命题称为推理的前提或假设,推得的新命题称为推理的结论或逻辑推论. 为此有如下定义.

定义 1.21 设 $A_1, A_2, \cdots, A_n$ 和 B 都是命题公式,当 $A_1, A_2, \cdots, A_n$ 都为真时,B 也为真,则称由前提 $A_1, A_2, \cdots, A_n$ 推出 B 的**推理是有效的**,称 B 是前提 $A_1, A_2, \cdots, A_n$ 的**有效结论**(**逻辑结论**),记为 $A_1, A_2, \cdots, A_n \Rightarrow B(A_1 \wedge A_2 \wedge \cdots \wedge A_n \Rightarrow B)$.

把 $A_1, A_2, \cdots, A_n$ 推出 B 的推理的**形式结构**记作蕴涵式 $(A_1 \wedge A_2 \wedge \cdots \wedge A_n) \to B$.

推理的形式结构还可以写成如下形式:

前提: $A_1, A_2, \cdots, A_n$;

结论: B.

例 1.25 判断下列推理是否有效.

(1)若华盛顿是美国的首都,则大阪是日本的首都. 华盛顿是美国的首都,所以大阪是日本的首都.

(2)若今天是星期一,则明天是星期二. 明天是星期二,所以今天是星期一.

解 先把命题符号化,然后写出前提、结论和推理的形式结构,最后进行判断.

(1)设 p:华盛顿是美国的首都; q:大阪是日本的首都.

前提: $p \to q$,p;

结论: q.

推理的形式结构为

$$((p \to q) \wedge p) \to q$$

判断上式是否为永真式,用真值表法,如表 1-16 所示.

表 1-16

p	q	$p \to q$	$(p \to q) \wedge p$	$((p \to q) \wedge p) \to q$
0	0	1	0	1
0	1	1	0	1
1	0	0	0	1
1	1	1	1	1

真值表的最后一列全为 1,因而 $((p \to q) \wedge p) \to q$ 是永真式,所以推理是有效的.

(2)设 p:今天是星期一; q:明天是星期二.

前提: $p \to q$,q;

结论: p.

推理的形式结构为

$$((p \to q) \wedge q) \to p$$

判断上式是否为永真式,用等值演算法,即

$$((p \rightarrow q) \wedge q) \rightarrow p$$
$$\Leftrightarrow \neg((\neg p \vee q) \wedge q) \vee p \qquad (蕴涵等值式)$$
$$\Leftrightarrow \neg q \vee p \qquad (吸收律)$$
$$\Leftrightarrow p \vee \neg q \qquad (交换律)$$

可见 $((p \rightarrow q) \wedge q) \rightarrow p$ 不是永真式，所以推理是无效的.

定理 1.6　由前提 $A_1, A_2, \cdots, A_n$ 推出结论 B 的推理是有效的当且仅当 $(A_1 \wedge A_2 \wedge \cdots \wedge A_n) \rightarrow B$ 为永真式.

证明　必要性：若 $A_1, A_2, \cdots, A_n$ 推出 B 是有效的，但 $(A_1 \wedge A_2 \wedge \cdots \wedge A_n) \rightarrow B$ 不是永真式. 于是，必存在 $A_1, A_2, \cdots, A_n$ 与 B 的一个解释 I，使得 $A_1 \wedge A_2 \wedge \cdots \wedge A_n$ 为真，而 B 为假，因此对于该解释 I，有 $A_1, A_2, \cdots, A_n$ 都为真，而 B 为假，这就与 $A_1, A_2, \cdots, A_n$ 推出 B 是有效的相矛盾，故 $(A_1 \wedge A_2 \wedge \cdots \wedge A_n) \rightarrow B$ 一定是永真式.

充分性：若 $(A_1 \wedge A_2 \wedge \cdots \wedge A_n) \rightarrow B$ 是永真式，但 $A_1, A_2, \cdots, A_n$ 推出 B 不是有效的. 于是存在 $A_1, A_2, \cdots, A_n$ 与 B 的一个解释 I，使得 $A_1, A_2, \cdots, A_n$ 都为真，而 B 为假，故 $A_1 \wedge A_2 \wedge \cdots \wedge A_n$ 为真，而 B 为假，这就与 $(A_1 \wedge A_2 \wedge \cdots \wedge A_n) \rightarrow B$ 是永真式相矛盾，所以 $A_1, A_2, \cdots, A_n$ 推出 B 是有效的.

1.6.2　演绎推理方法

前面介绍了用真值表法和等值演算法来证明一个推理是否有效，但这些方法的缺点是不能清晰地表达其推理过程，而且当命题公式包含的命题变元较多时，真值表法的计算量也太大，此时若使用演绎法或形式证明方法就能比较好地解决这个问题. 下面介绍运用等值公式、推理定律和推理规则的演绎推理方法.

定义 1.22　从前提集合 H 推出结论 C 的一个**演绎**或**形式证明**是构造命题公式的一个有限序列：

$$A_1, A_2, \cdots, A_n$$

其中，

（1）A_1 是前提集合 H 中的某个前提；

（2）$A_i(i \geqslant 2)$ 或者是 H 中某个前提，或者是某些 $A_j(j < i)$ 的有效结论；

（3）A_n 就是 C.

称公式 C 为该演绎的有效结论，或者称从 H 演绎出 C.

通俗地讲，演绎法就是从前提出发，依据公认的推理规则，推导出一个结论来.

在进行演绎推理时要经常使用如下两个推理规则.

（1）P 规则（前提引入规则）：在证明的任何步骤上都可以引入前提，作为公式序列中的公式.

（2）T 规则（结论引入规则）：在证明的任何步骤上都可以引入公式序列中已有公式的逻辑结论，作为公式序列中的公式.

（3）置换规则：在推导过程中，公式中的子公式都可以用与之等值的公式去替换，如可用 $\neg p \vee q$ 置换 $p \rightarrow q$ 等.

在推理过程中，除使用推理规则外，还需要使用推理定律，重要的推理定律有以下 8 条：

（1）$A \Rightarrow A \vee B$ 附加

（2）$A \wedge B \Rightarrow A$ 化简

（3）$(A \rightarrow B) \wedge A \Rightarrow B$ 假言推理

（4）$(A \rightarrow B) \wedge \neg B \Rightarrow \neg A$ 拒取式

（5）$(A \vee B) \wedge \neg A \Rightarrow B$ 析取三段论

（6）$(A \rightarrow B) \wedge (B \rightarrow C) \Rightarrow A \rightarrow C$ 假言三段论

（7）$(A \leftrightarrow B) \wedge (B \leftrightarrow C) \Rightarrow A \leftrightarrow C$ 等价三段论

（8）$(A \rightarrow B) \wedge (C \rightarrow D) \wedge (A \vee C) \Rightarrow B \vee D$ 构造性二难

例 1.26 证明下面推理是有效的.

前提：$p \vee q$，$\neg r \rightarrow \neg q$，$\neg p$；

结论：r.

证明

（1）$\neg p$ 前提引入

（2）$p \vee q$ 前提引入

（3）q （1）、（2）析取三段论

（4）$\neg r \rightarrow \neg q$ 前提引入

（5）r （3）、（4）拒取式

例 1.27 证明下面推理是有效的.

前提：$\neg p \vee q, r \vee \neg q, r \rightarrow s$；

结论：$p \rightarrow s$.

证明

（1）$\neg p \vee q$ 前提引入

（2）$p \rightarrow q$ （1）置换

（3）$r \vee \neg q$ 前提引入

（4）$q \rightarrow r$ （3）置换

（5）$p \rightarrow r$ （2）、（4）假言三段论

（6）$r \rightarrow s$ 前提引入

（7）$p \rightarrow s$ （5）、（6）假言三段论

例 1.28 证明下面推理是有效的.

明天下午或是天晴或是下雨；如果明天下午天晴，那么我将去看电影；如果我去看电影，我就不看书. 所以，如果我看书，则天在下雨.

证明 设 p：明天天晴；q：明天下雨；r：我看电影；s：我看书.

前提：$p \bar{\vee} q$，$p \rightarrow r$，$r \rightarrow \neg s$；

结论：$s \rightarrow q$.

推证如下：

（1）$p \rightarrow r$ 前提引入

（2）$r \to \neg s$　　　　　　　　前提引入

（3）$p \to \neg s$　　　　　　　　（1）、（2）假言三段论

（4）$p \,\overline{\vee}\, q$　　　　　　　　前提引入

（5）$(p \vee q) \wedge \neg(p \wedge q)$　　　（4）置换

（6）$p \vee q$　　　　　　　　（5）化简

（7）$\neg p \to q$　　　　　　　（6）置换

（8）$s \to \neg p$　　　　　　　（3）置换

（9）$s \to q$　　　　　　　　（7）、（8）假言三段论

在用演绎法证明推理的有效性时，为了方便还会采用一些技巧，下面介绍 3 种方法．

1．附加前提证明法

有时推理的形式结构具有如下形式．

前提：$A_1, A_2, \cdots, A_n$；

结论：$A \to B$．

也就是说，结论也是一个蕴涵式．此时可以将结论蕴涵式中的前件 A 作为附加前提，于是推理的形式结构变为如下形式．

前提：$A_1, A_2, \cdots, A_n, A$；

结论：B．

这两种形式结构是等价的，我们称将结论中的前件作为前提的证明法为附加前提证明法．两种形式结构等价的证明如下：

$$(A_1 \wedge A_2 \wedge \cdots \wedge A_n) \to (A \to B) \Leftrightarrow \neg(A_1 \wedge A_2 \wedge \cdots \wedge A_n) \vee (\neg A \vee B)$$
$$\Leftrightarrow (\neg(A_1 \wedge A_2 \wedge \ldots \wedge A_n) \vee \neg A) \vee B$$
$$\Leftrightarrow \neg(A_1 \wedge A_2 \wedge \cdots \wedge A_n \wedge A) \vee B$$
$$\Leftrightarrow (A_1 \wedge A_2 \wedge \cdots \wedge A_n \wedge A) \to B$$

例 1.29　证明下面推理是有效的．

前提：$p \to (q \to s)$，$\neg r \vee p$，q；

结论：$r \to s$．

证明

（1）r　　　　　　　　　附加前提引入

（2）$\neg r \vee p$　　　　　　　前提引入

（3）p　　　　　　　　　（1）、（2）析取三段论

（4）$p \to (q \to s)$　　　　　前提引入

（5）$q \to s$　　　　　　　（3）、（4）假言推理

（6）q　　　　　　　　　前提引入

（7）s　　　　　　　　　（5）、（6）假言推理

由附加前提证明法可知，推理有效．

2．间接证明法（反证法）

前面使用过的一些证明方法都是直接证明方法，这些方法的思路都是由前提（条件）为真，推出结论为真，它是一种正向推理，但在数学领域中，经常会遇到一些问题，当采用正向推理时很难从前提为真推出结论为真．

由 $p \rightarrow q \Leftrightarrow \neg q \rightarrow \neg p$ 说明一个蕴涵式与它的逆否式等值，由此可得到一种重要的证明技巧，称为间接证明方法（反证法、归谬法）．此时，如果要证明 $p \rightarrow q$，可以假设 q 为假（即 $\neg q$ 为真），然后证明 p 为假（即 $\neg p$ 为真）．该证明方法实际上就是将结论的否定作为一个附加前提引入前提集合中构成一组新前提，然后证明这组新前提集合是矛盾的．

在构造形式结构 $(A_1 \wedge A_2 \wedge \cdots \wedge A_n) \rightarrow B$ 的推理证明中，如果将 $\neg B$ 作为前提能推出矛盾来，如得到 $\neg r \wedge r$，则说明推理是有效的．其原因如下：

$$(A_1 \wedge A_2 \wedge \cdots \wedge A_n) \rightarrow B \Leftrightarrow \neg(A_1 \wedge A_2 \wedge \cdots \wedge A_n) \vee B$$
$$\Leftrightarrow \neg(A_1 \wedge A_2 \wedge \cdots \wedge A_n \wedge \neg B)$$

如果 $A_1 \wedge A_2 \wedge \cdots \wedge A_n \wedge \neg B$ 是矛盾式，则 $\neg(A_1 \wedge A_2 \wedge \cdots \wedge A_n \wedge \neg B)$ 是永真式，从而 $(A_1 \wedge A_2 \wedge \cdots \wedge A_n) \rightarrow B$ 是永真式，说明推理是有效的．

例 1.30 用反证法证明下面推理是有效的．

前提：$p \rightarrow q$，$r \rightarrow \neg q$，$r \vee s$，$s \rightarrow \neg q$；

结论：$\neg p$．

证明

（1）$\neg(\neg p)$	否定结论引入
（2）p	（1）置换
（3）$p \rightarrow q$	前提引入
（4）q	（2）、（3）假言推理
（5）$r \rightarrow \neg q$	前提引入
（6）$s \rightarrow \neg q$	前提引入
（7）$r \vee s$	前提引入
（8）$\neg q$	（5）～（7）构造性二难
（9）$\neg q \wedge q$	（4）、（8）合取

根据间接证明法可知，推理是有效的．

3．归结证明法

下面介绍归结证明法，又称归结反驳或反驳，是定理证明中的反证法，主要讨论如何用它判别一个公式是有穷公式集的逻辑推论．此外，将给出保证这种做法是正确的定理．

前面在推理证明时使用了很多条推理规则，这不利于在计算机上操作．1965 年，罗宾逊提出归结原理，极大地推进了自动定理证明的研究．归结证明法除前提引入规则外，只使用一条归结规则，因而便于在计算机上的实现，在人工智能中有广泛的应用．归结证明法又称消解法．归结定律：

$$(p \vee A) \wedge (\neg p \vee B) \Rightarrow A \vee B$$

其中，p 是一个命题变元，A 和 B 是析取式，特别地，当 A,B 是空析取式（即不含任何命题变元及其否定的析取式，空析取式用 0 代替）．事实上，只有当 A 和 B 都为 0 时，右端才为 0．而此时左端也为 0，因此这是一个永真式．析取三段论 $(A \vee B) \wedge \neg A \Rightarrow B$ 是归结定律的特殊形式．

应用归结规则由两个含有相同变元（一个含变元，另一个含它的否定式）的析取式推出一个新的不含这个变元的析取式，对这个新的析取式又可以继续应用归结规则．

归结证明法的基本思想是采用反证法，把结论的否定引入前提，如果推出空析取式，即推出 0，则证明推理正确．其证明步骤如下：

（1）把结论的否定引入前提；

（2）把所有前提，包括结论的否定在内化成合取范式，并把得到的合取范式中的所有析取式作为前提；

（3）应用归结规则进行推理；

（4）如果推出空析取式，即推出 0，则证明推理正确．

（1）和（2）是构造推理证明的准备工作，设推理形式为

前提：$A_1, A_2, \cdots, A_n$；

结论：B．

求出 $A_1, A_2, \cdots, A_n$ 和 $\neg B$ 的合取范式，设

$$A_1 \Leftrightarrow A_{11} \wedge A_{12} \wedge \cdots \wedge A_{1t_1}$$
$$A_2 \Leftrightarrow A_{21} \wedge A_{22} \wedge \cdots \wedge A_{2t_2}$$
$$\cdots$$
$$A_n \Leftrightarrow A_{n1} \wedge A_{n2} \wedge \cdots \wedge A_{nt_n}$$
$$\neg B \Leftrightarrow B_1 \wedge B_2 \wedge \cdots \wedge B_s$$

于是，推理的形式就转化为下述等价的形式．

前提：$A_{11}, A_{12}, \cdots, A_{1t_1}, A_{21}, A_{22}, \cdots, A_{2t_2}, \cdots, A_{n1}, A_{n2}, \cdots, A_{nt_n}, B_1, B_2, \cdots, B_s$；

结论：0．

例 1.31 用归结法证明下面的推理．

前提：$p \rightarrow q$，$(\neg q \vee r) \wedge \neg r$，$\neg(\neg p \wedge s)$；

结论：$\neg s$．

证明 先把所有前提和结论的否定化成合取范式：

$$p \rightarrow q \Leftrightarrow \neg p \vee q$$
$$\neg(\neg p \wedge s) \Leftrightarrow p \vee \neg s$$
$$\neg(\neg s) \Leftrightarrow s$$

于是推理形式改写成为

前提：$\neg p \vee q$，$\neg q \vee r$，$\neg r$，$p \vee \neg s$，s；

结论：0．

推证如下：

（1） $\neg p \vee q$ 前提引入

（2） $\neg q \vee r$ 前提引入

（3） $\neg p \vee r$ （1）、（2）归结

（4） $\neg r$ 前提引入

（5） $\neg p$ （3）、（4）归结

（6） $p \vee \neg s$ 前提引入

（7） $\neg s$ （5）、（6）归结

（8） s 前提引入

（9） 0   （7）、（8）归结

例 1.32 用归结法证明下面的推理.

前提： $p \to (q \to s)$ ， $r \to p$ ， q ；

结论： $r \to s$.

证明 先把所有前提和结论的否定化成合取范式：

$$p \to (q \to s) \Leftrightarrow \neg p \vee (\neg q \vee s) \Leftrightarrow \neg p \vee \neg q \vee s$$

$$r \to p \Leftrightarrow \neg r \vee p$$

$$\neg (r \to s) \Leftrightarrow r \wedge \neg s$$

于是推理形式改写成：

前提： $\neg p \vee \neg q \vee s$ ， $\neg r \vee p$ ， q ， r ， $\neg s$ ；

结论： 0 .

推证如下：

（1） $\neg p \vee \neg q \vee s$ 前提引入

（2） $\neg r \vee p$ 前提引入

（3） $\neg q \vee s \vee \neg r$ （1）、（2）归结

（4） q 前提引入

（5） $s \vee \neg r$ （3）、（4）归结

（6） r 前提引入

（7） s （5）、（6）归结

（8） $\neg s$ 前提引入

（9） 0   （7）、（8）归结

例 1.33 用归结法证明下面的推理.

前提： $(p \to q) \to r$ ， $r \to s$ ， $\neg s$ ；

结论： $p \wedge \neg q$.

证明 先把所有前提和结论的否定化成合取范式：

$$(p \to q) \to r \Leftrightarrow \neg (\neg p \vee q) \vee r \Leftrightarrow (p \wedge \neg q) \vee r \Leftrightarrow (p \vee r) \wedge (\neg q \vee r)$$

$$r \to s \Leftrightarrow \neg r \vee s$$

$$\neg (p \wedge \neg q) \Leftrightarrow \neg p \vee q$$

于是，推理形式改写成：

前提：$p \lor r$，$\neg q \lor r$，$\neg r \lor s$，$\neg s$，$\neg p \lor q$；

结论：0．

推证如下：

（1）$p \lor r$	前提引入
（2）$\neg p \lor q$	前提引入
（3）$q \lor r$	（1）、（2）归结
（4）$\neg q \lor r$	前提引入
（5）r	（3）、（4）归结
（6）$\neg r \lor s$	前提引入
（7）s	（5）、（6）归结
（8）$\neg s$	前提引入
（9）0	（7）、（8）归结

习　题　1

1．下列语句哪些是命题，哪些不是命题？若是命题，指出其真值；若不是命题，给出理由．

（1）这朵花真美啊！

（2）不存在最大的素数．

（3）把门关上！

（4）你喜欢学习离散数学吗？

（5）火星上有生命．

（6）$x < 10$．

（7）如果鸡是飞鸟，那么煮熟的鸭子就会跑．

（8）明天我去登山．

（9）$1 + 2 > 3$．

（10）本句话是个假命题．

（11）雪是黑色的当且仅当太阳从西边升起．

（12）己所不欲，勿施于人．

2．将下列命题符号化．

（1）张三身体好，学习不怎么好；

（2）如果你不努力学习，考试就会不及格；

（3）张三与李四是大学生；

（4）张三与李四是同学；

（5）停机的原因在于语法错误或算法错误；

（6）只要且只有天下雨，小明才打伞；

（7）若 a 和 b 是奇数，则 ab 也是奇数；

（8）只要努力学习，就会取得好成绩；

（9）只有休息好，才能工作好；

（10）他虽然很努力，但考试还是没及格；

（11）情况并非如此：如果天下雨，他就一定不来；

（12）若明天天晴，我就去郊游，否则就去体育馆打羽毛球或乒乓球.

3．设 p：天冷；q：小王穿羽绒服．将下列命题符号化.

（1）只要天冷，小王就穿羽绒服；

（2）因为天冷，所以小王穿羽绒服；

（3）若小王不穿羽绒服，则天不冷；

（4）只有天冷，小王才穿羽绒服；

（5）除非天冷，小王才穿羽绒服；

（6）除非小王穿羽绒服，否则天不冷；

（7）如果天不冷，则小王不穿羽绒服；

（8）小王穿羽绒服仅当天冷的时候.

4．判断下列命题的真假.

（1）若 $1+2=3$，则 $2+2=4$；

（2）$1+2=3$ 当且仅当 $4+3=5$；

（3）没有最大的实数；

（4）北京是中国的首都；

（5）3 既是奇数又是素数；

（6）4 是 2 的倍数或是 3 的倍数.

5．设 p：天下雨；q：我将去踢足球；r：我有时间．试用自然语言写出下列命题.

（1）$(\neg p \wedge r) \leftrightarrow q$；　　　　（2）$(\neg p \wedge r) \rightarrow q$；

（3）$\neg p \wedge q$；　　　　（4）$p \rightarrow \neg q$.

6．将下列命题符号化，并讨论真值.

（1）若今天是 1 号，则明天是 2 号；

（2）若今天是 1 号，则明天是 3 号.

7．设 $p=1$，$q=0$，$r=1$，$s=0$，求出下列各式的真值.

（1）$p \rightarrow (p \vee q)$；　　　　（2）$(p \leftrightarrow q) \rightarrow (r \leftrightarrow s)$；

（3）$(p \leftrightarrow q) \wedge (\neg r \vee s)$；　　　　（4）$(p \wedge r) \rightarrow (q \vee s)$；

（5）$((\neg s \leftrightarrow p) \rightarrow q) \wedge r$；　　　　（6）$(((\neg p \rightarrow q) \wedge q) \leftrightarrow r) \wedge (\neg s \wedge p)$.

8．用真值表法判断下列公式的类型.

（1）$p \rightarrow (q \vee r)$；　　　　（2）$(p \rightarrow q) \leftrightarrow (\neg p \vee q)$；

（3）$(p \vee q) \wedge \neg (p \vee q)$；　　　　（4）$p \rightarrow (q \rightarrow r)$；

（5）$(p \rightarrow q) \rightarrow r$；　　　　（6）$(p \rightarrow q) \wedge (q \rightarrow p)$.

9．判断下列说法是否正确.

（1）永真式的否定式是矛盾式；

（2）矛盾式的否定式是永真式；

（3）不是永真式，就是矛盾式；

（4）不是永真式，就是可满足式；

（5）不是矛盾式，就是永真式；

（6）不是矛盾式，就是可满足式；

（7）不是可满足式，就是矛盾式；

（8）永真式必为可满足式；

（9）可满足式必为永真式.

10．用真值表法证明下列等值式.

（1）$p \wedge (p \vee q) \Leftrightarrow p$；

（2）$p \vee (q \wedge r) \Leftrightarrow (p \vee q) \wedge (p \vee r)$；

（3）$p \leftrightarrow q \Leftrightarrow (p \rightarrow q) \wedge (q \rightarrow p)$；

（4）$p \rightarrow (q \rightarrow r) \Leftrightarrow (p \wedge q) \rightarrow r$.

11．用等值演算证明下列等值式.

（1）$(p \rightarrow r) \wedge (q \rightarrow r) \Leftrightarrow (p \vee q) \rightarrow r$；

（2）$p \rightarrow (q \rightarrow r) \Leftrightarrow (p \rightarrow \neg q) \vee (p \rightarrow r)$；

（3）$p \rightarrow (q \rightarrow r) \Leftrightarrow q \rightarrow (p \rightarrow r)$；

（4）$q \leftrightarrow (p \leftrightarrow q) \Leftrightarrow p$；

（5）$(p \wedge q) \vee (p \wedge \neg q) \Leftrightarrow p$；

（6）$\neg (p \leftrightarrow q) \Leftrightarrow (\neg p \wedge q) \vee (p \wedge \neg q)$；

（7）$p \rightarrow (q \rightarrow p) \Leftrightarrow \neg p \rightarrow (p \rightarrow \neg q)$；

（8）$\neg ((p \wedge \neg q) \vee (\neg p \wedge q)) \Leftrightarrow (p \wedge q) \vee (\neg p \wedge \neg q)$.

12．设 A，B，C 为任意的 3 个命题公式，则下面的结论是否正确？

（1）若 $A \vee C \Leftrightarrow B \vee C$，则 $A \Leftrightarrow B$；

（2）若 $A \wedge C \Leftrightarrow B \wedge C$，则 $A \Leftrightarrow B$；

（3）若 $\neg A \Leftrightarrow \neg B$，则 $A \Leftrightarrow B$；

（4）若 $A \rightarrow C \Leftrightarrow B \rightarrow C$，则 $A \Leftrightarrow B$；

（5）若 $A \leftrightarrow C \Leftrightarrow B \leftrightarrow C$，则 $A \Leftrightarrow B$.

13．证明下列各式为永真式.

（1）$((p \rightarrow q) \wedge p) \rightarrow q$；

（2）$\neg p \rightarrow (p \rightarrow q)$；

（3）$((p \wedge q) \rightarrow (r \vee s)) \vee \neg ((p \wedge q) \rightarrow (r \vee s))$；

（4）$((p \rightarrow q) \wedge (q \rightarrow r)) \rightarrow (p \rightarrow r)$；

（5）$\neg p \vee (p \wedge (p \vee q))$.

14．设 p 表示命题"雪是白色的"，q 表示命题"太阳从西方升起"."若雪是白色的，则太阳从西方升起"表示为 $p \rightarrow q$，试用自然语言写出 $p \rightarrow q$ 的逆命题、否命题和逆否命题.

15．写出与下列命题等值的逆否命题.

（1）你若努力，你就会成功；

（2）你若不努力，你就会失败；

（3）若 $2+2=4$，则地球是圆的；

（4）如果我有时间，那么我就去看电影．

16．将公式 $(p \wedge \neg q) \rightarrow r$ 用下列联结词集合中的联结词的公式表示．

（1）$\{\neg, \rightarrow\}$；（2）$\{\neg, \wedge\}$；（3）$\{\neg, \vee\}$；（4）$\{\uparrow\}$；（5）$\{\downarrow\}$．

17．证明：$\neg(p \uparrow q) \Leftrightarrow \neg p \downarrow \neg q$，$\neg(p \downarrow q) \Leftrightarrow \neg p \uparrow \neg q$．

18．求下列公式的析取范式和合取范式，并判断公式的类型．

（1）$p \wedge (q \rightarrow r)$；　　　　　　　（2）$(p \rightarrow q) \rightarrow r$；

（3）$\neg p \wedge \neg (p \rightarrow q)$；　　　　　（4）$(p \rightarrow (p \wedge q)) \vee p$．

19．用真值表法求下列公式的主析取范式和主合取范式．

（1）$(\neg p \wedge q) \rightarrow \neg p$；

（2）$p \wedge (q \vee r)$；

（3）$(p \vee \neg q) \wedge \neg(\neg p \rightarrow \neg q)$．

20．用主析取范式的方法证明下列等值式．

（1）$(p \rightarrow q) \rightarrow (p \wedge q) \Leftrightarrow (\neg p \rightarrow q) \wedge (q \rightarrow p)$；

（2）$(p \rightarrow q) \wedge (p \rightarrow r) \Leftrightarrow p \rightarrow (q \wedge r)$；

（3）$p \wedge q \wedge (\neg p \vee \neg q) \Leftrightarrow \neg p \wedge \neg q \wedge (p \vee q)$；

（4）$\neg(p \leftrightarrow q) \Leftrightarrow (p \vee q) \wedge (\neg p \vee \neg q)$．

21．下面两行是用 C 语言写的判断闰年的逻辑表达式：

（1）`year%4==0 && year%100!=0 || year%400 == 0`

（2）`year%4==0 && (year%100!= 0 || year%400 == 0)`

判断这两个表达式是否等价，若等价，给出证明；若不等价，说明理由．

22．按照要求，构造命题公式．

（1）当 p,q,r 不同时为真命题时，命题公式为真命题；

（2）只要 p,q,r 中有一个是真命题，命题公式就是假命题；

（3）不论 p,q,r 是真命题还是假命题，命题公式总是假命题；

（4）当 p,q,r 中恰好有两个为真命题时，命题公式为真命题．

23．对某盗窃案的 3 位犯罪嫌疑人来说，下列事实成立：

（1）甲、乙、丙 3 人中至少 1 人有罪；

（2）甲有罪时，乙、丙与之同案；

（3）丙有罪时，甲、乙与之同案；

（4）乙有罪时，没有同案者；

（5）甲、丙中至少 1 人无罪．

试推证，甲、乙、丙 3 人中谁是罪犯？

24．甲、乙、丙 3 人预测比赛结果，甲说"A 第一，B 第二"；乙说"C 第二，D 第四"；丙说"A 第二，D 第四"．结果 3 人预测得都不全对，但都对了 1 个，试确定 A、B、C、D 的名次.

25．某勘探队有 3 名队员，有一天取得一块矿样，3 人的判断如下．

甲：这不是铁，也不是铜；

乙：这不是铁，是锡；

丙：这不是锡，是铁.

经过实验室鉴定后，发现其中一个人的两个判断都正确，因为他是专家；一个人的判断一对一错，他是普通队员；另一个人的两个判断全是错的，他是实习生.

根据以上情况判断矿样的种类，并确定甲、乙、丙的身份.

26. 有一盏灯由 3 个开关 A、B、C 控制，当按任何一个开关时都能使灯由亮变黑或由黑变亮. 设 F 表示灯亮，p,q,r 分别表示 A、B、C 开，则 F 是 p,q,r 的命题公式. 试写出 F 的逻辑表达式.

27.（1）二进制半加器有 2 个输入 x 和 y，2 个输出 s 和 c，其中，x 和 y 是被加数，s 是半和，c 是进位，试写出 s 和 c 的逻辑表达式.

（2）二进制全加器有 3 个输入 x，y，z，2 个输出 s 和 c，其中，x 和 y 是被加数，z 是前一位的进位，s 是半和，c 是进位，试写出 s 和 c 的逻辑表达式.

28. 用真值表法判断下列结论是否有效.

（1）$\neg(p \wedge \neg q),\ q \rightarrow r,\ \neg r \Rightarrow \neg p$；

（2）$p \rightarrow q,\ \neg q \Rightarrow \neg p$.

29. 构造下列推理的证明.

（1）前提：$s \rightarrow \neg q,\ r \vee s,\ \neg r,\ p \vee q$；
结论：p.

（2）前提：$p \rightarrow \neg q,\ \neg r \vee q,\ r \wedge \neg s$；
结论：$\neg p$.

（3）前提：$p \rightarrow q,\ r \rightarrow s,\ q \rightarrow w,\ s \rightarrow x,\ \neg(w \wedge x)$；
结论：$\neg p \vee \neg r$.

（4）前提：$p \rightarrow \neg q,\ p \vee r,\ \neg r,\ q \leftrightarrow \neg s$；
结论：s.

（5）前提：$\neg(p \rightarrow q) \rightarrow \neg(r \vee s),\ (q \rightarrow p) \vee \neg r,\ r$；
结论：$p \leftrightarrow q$.

（6）前提：$p \rightarrow (q \rightarrow r),\ q \rightarrow (r \rightarrow s)$；
结论：$p \rightarrow (q \rightarrow s)$.

30. 用归结法证明下列推理.

（1）前提：$p \rightarrow q,\ p \rightarrow r,\ \neg(q \wedge r),\ s \vee p$；
结论：s.

（2）前提：$p \vee q,\ p \rightarrow r,\ q \rightarrow s$；
结论：$s \vee r$.

（3）前提：$s \rightarrow \neg q,\ r \vee s,\ \neg r,\ p \vee q$；
结论：p.

（4）前提：$p \rightarrow (q \rightarrow r),\ s \rightarrow p,\ q$；
结论：$s \rightarrow r$.

31．符号化下面的语句，并用推理理论证明结论是否有效．

（1）明天下雪或天晴；如果明天天晴，我将去打篮球；若我去打篮球，我就不看书．所以，若我看书，则天在下雪．

（2）如果马会飞或羊吃草，则母鸡就是飞鸟；如果母鸡是飞鸟，那么烤熟的鸭子还会跑；因为烤熟的鸭子不会跑，所以羊不吃草．

（3）如果我今天没有课，那么我去自习室自习或去电影院看电影；若自习室没空位，则我无法到自习室自习；我今天没课，自习室也没空位．所以我今天去电影院看电影．

（4）如果张三和李四去看球赛，则王五也去看球赛；丁一不去看球赛或张三去看球赛；李四去看球赛．所以丁一看球赛时，王五也去．

第2章 谓词逻辑

在命题逻辑中,主要是研究命题与命题之间的逻辑关系,简单命题是不可分解的最小单位,命题逻辑不关心简单命题内部的特征.因此,命题逻辑的推理中存在很大的局限性,例如,要表达"某两个原子命题公式之间有某些共同的特点"或者是要表达"两个原子命题公式的内部结构之间的联系"等事实是不可能的.例如,著名的苏格拉底三段论:

所有的人都是要死的;

苏格拉底是人.

所以,苏格拉底是要死的.

显然,在现实中上述推理是有效的.但在命题逻辑中,假设 p, q, r 表示上述 3 个命题,由于 $(p \wedge q) \rightarrow r$ 不是永真式,所以苏格拉底三段论不是有效的推理.

问题出在哪里呢?问题就在于这类推理中,各命题之间的逻辑关系不是体现在简单命题之间,而是体现在构成简单命题的内部成分之间,即体现在命题结构的更深的层次上.对此,命题逻辑将无能为力.所以在研究某些推理时,有必要对简单命题做进一步分解,分解出其中的个体词、谓词和量词,以期找到个体和总体的内在联系和数量关系.这就是谓词逻辑的基本内容,谓词逻辑也称为一阶逻辑.

2.1 谓词逻辑的基本概念

2.1.1 个体词与谓词

在命题逻辑中,命题是能够判断真假的陈述句,从语法上分析,一个陈述句由主语和谓语两部分组成.例如,陈述句"张三是大学生",可分解成两个部分:"张三"和"是大学生",前者是主语,后者是谓语.同样的分析也适用于另一个陈述句"李四是大学生".此时若用命题 p, q 分别表示上述两个陈述句,则 p, q 显然是两个毫无关系的命题.但上述两个陈述句具有一个共同的特征:是大学生.

因此,将这样的句子分解成"主语+谓语"的形式.其中,主语表示具体的对象或概念;谓语表示具体对象的某些属性,能够揭示一个命题的内部结构与另一个命题的内部结构之间的关系.

定义 2.1 **个体词**是指可以独立存在的客体,它可以是一个具体事物,也可以是一个抽象的概念.

例如,张三是大学生;张三和李四是好朋友;花是迷人的;$\sqrt{3}$ 是无理数.这些句子中的张三、李四、花、$\sqrt{3}$ 都是个体词.

将表示具体或特定的客体的个体词称为**个体常元**，一般用小写英文字母 a, b, c, … 表示；而将表示抽象或泛指的个体词称为**个体变元**，常用 x, y, z, … 表示．称个体变元的取值范围为**个体域**（或称**论域**）．个体域可以是有限集合，如 $\{1,2,3\}$，$\{a,b,c,d\}$，…，也可以是无穷集合，如自然数集合 $\mathbf{N}=\{0,1,2,\cdots\}$，实数集合 $\mathbf{R}=\{x|x$ 是实数$\}$．有一个特殊的个体域，它是由宇宙间一切事物组成的，称它为**全总个体域**．本章在论述或推理中若没有指明所采用的个体域，则都是使用全总个体域．

定义 2.2 **谓词**一般用来指明客体性质（属性）或客体之间的关系，一般用大写字母 F, G, H, … 表示．

若用 $F(x)$ 表示 x 是大学生，a 表示张三，则张三是大学生可表示为 $F(a)$；若 $G(x,y)$ 表示 x 和 y 是好朋友，a 表示张三，b 表示李四，则张三和李四是好朋友可表示为 $G(a,b)$．同个体词一样，谓词也有常元和变元之分．表示具体性质或关系的谓词称为**谓词常元**，表示抽象的、泛指的性质或关系的谓词称为**谓词变元**．它们都用大写字母 F, G, H, … 来表示，具体是谓词常元还是变元需根据上下文确定．例如，$P(x)$ 表示 x 具有属性 P，其中谓词 P 是谓词变元．

一般地，若谓词中含有 n 个个体变元，则该谓词称为 **n 元谓词**，如 $F(x)$ 是一元谓词，$G(x,y)$ 是二元谓词．n 元谓词 $P(x_1,x_2,\cdots,x_n)$ 可以看成以个体域为定义域，以 $\{0, 1\}$ 为值域的 n 元函数．但它不是命题．要想使它成为命题，必须用谓词常元取代 P，用个体常元 $a_1,a_2,\cdots,a_n$ 取代 $x_1,x_2,\cdots,x_n$，即得 $P(a_1,a_2,\cdots,a_n)$ 是命题．

有时候将不带个体变元的谓词称为 **0 元谓词**，如 $F(a)$，$G(a,b)$，$P(a_1,a_2,\cdots,a_n)$ 等都是 0 元谓词．当 F, G, P 为谓词常元时，0 元谓词为命题．这样一来命题逻辑中的命题均可以表示成 0 元谓词，因而可以将命题看成特殊的谓词．

例 2.1 若谓词 $F(x)$ 表示 x 是素数，$G(x,y)$ 表示整数 x, y 互质，判断下列 0 元谓词的真值．

（1）$F(2)$； （2）$F(5)$； （3）$F(9)$；
（4）$G(5,7)$； （5）$G(12,21)$．

解 因为 $F(x)$ 表示 x 是素数，且 2,5 是素数，9 不是素数，所以 $F(2)$，$F(5)$ 的真值为 1，$F(9)$ 的真值为 0．因为 $G(x,y)$ 表示整数 x, y 互质，且 5,7 的最大公约数为 1，12,21 的最大公约数为 3，所以 $G(5,7)$ 的真值为 1，$G(12,21)$ 的真值为 0．

例 2.2 若谓词 $F(x)$ 表示 x 是素数，$G(x)$ 表示 x 是偶数，并设个体域 $D=\{2,5,7,11\}$，请符号化下列各命题．

（1）个体域 D 中的所有数都是素数；
（2）个体域 D 中至少存在一个偶数．

解 （1）已知 $D = \{2,5,7,11\}$，命题"个体域 D 中的所有数都是素数"等价于 2 是素数且 5 是素数且 7 是素数且 11 是素数．于是该命题符号化成 $F(2)\wedge F(5)\wedge F(7)\wedge F(11)$．

（2）命题"个体域 D 中至少存在一个偶数"等价于 2 是偶数或者 5 是偶数或者 7 是偶数或者 11 是偶数．于是该命题符号化成 $G(2)\vee G(5)\vee G(7)\vee G(11)$．

当个体域中的元素个数较多或无穷时命题将很难符号化，因为缺乏表示个体之间数量关系的词. 为此在谓词逻辑中引入一个重要概念——量词.

2.1.2 量词

量词可分为全称量词和存在量词两种.

1. 全称量词

日常生活和数学中所用的"一切的""所有的""每个""任意的""凡""都"等词可统称为**全称量词**.将它们都符号化为"$\forall$".并用 $\forall x, \forall y$ 等表示个体域里的所有个体.而用 $\forall x F(x), \forall y G(y)$ 等分别表示个体域里所有个体都有性质 F 和所有个体都有性质 G.

"$\forall$"的几种形式的读法如下。

$\forall x F(x)$：对所有的 x，x 是…；

$\forall x \neg F(x)$：对所有 x，x 不是…；

$\neg \forall x F(x)$：并不是对所有的 x，x 是…；

$\neg \forall x \neg F(x)$：并不是对所有的 x，x 不是….

2. 存在量词

日常生活和数学中所用的"存在""有一个""有的""至少有一个"等词统称为**存在量词**，将它们都符号化为"$\exists$". 并用 $\exists x$，$\exists y$ 等表示个体域里存在的个体，而用 $\exists x F(x), \exists y G(y)$ 等分别表示个体域里存在个体具有性质 F 和存在个体具有性质 G 等.

"$\exists$"的几种形式的读法如下.

$\exists x F(x)$：存在一个 x，使 x 是…；

$\exists x \neg F(x)$：存在一个 x，使 x 不是…；

$\neg \exists x F(x)$：不存在一个 x，使 x 是…；

$\neg \exists x \neg F(x)$：不存在一个 x，使 x 不是….

用 D 表示个体域，$P(x)$ 表示一元谓词常元,我们将 $\forall x P(x)$ 和 $\exists x P(x)$ 的含义总结如下：

$$\forall x P(x) = \begin{cases} 1, & \text{对任意的} x \in D, \ P(x)\text{都取值}1 \\ 0, & \text{存在} x \in D, \ \text{使得} P(x)\text{取值}0 \end{cases}$$

$$\exists x P(x) = \begin{cases} 1, & \text{存在} x \in D, \ \text{使得} P(x)\text{取值}1 \\ 0, & \text{对任意的} x \in D, \ P(x)\text{都取值}0 \end{cases}$$

特别地，对于个体域 D 为有限集，即 $D = \{a_1, a_2, \cdots, a_n\}$ 的情况，我们有

$$\forall x P(x) = P(a_1) \wedge P(a_2) \wedge \cdots \wedge P(a_n)$$
$$\exists x P(x) = P(a_1) \vee P(a_2) \vee \cdots \vee P(a_n)$$

因此，对于一元谓词 $P(x), \forall x P(x)$ 和 $\exists x P(x)$ 都是命题.

有了个体词、个体域、谓词、量词等概念后，我们就可以对命题进行更精细的符号化了.

例 2.3 符号化下面的命题.

（1）所有的人都会犯错误；

（2）有的人活到百岁以上.

要求：①个体域为人类集合；②个体域为全总个体域.

解 设 $F(x)$ 表示 x 会犯错误，$G(x)$ 表示 x 活到百岁以上.

（1）个体域为人类集合，则命题（1）符号化成 $\forall x F(x)$；命题（2）符号化成 $\exists x G(x)$.

（2）个体域为全总个体域，此时命题（1）不能符号化成 $\forall x F(x)$，否则表示宇宙间的一切事物都会犯错误，这与原命题的含义不符；命题（2）也不能符号化成 $\exists x G(x)$，否则表示宇宙间的有些事物可以活到百岁以上. 这也与原命题的含义不符. 解决的方法是必须再引入一个限制性的谓词，将人从全总个体域里分离出来. 命题（1）可理解为"对宇宙间所有的个体，若它是人，则它会错误"；命题（2）可理解为"宇宙中存在着这样的个体，它是人且能活到百岁以上".

假如设谓词 $M(x)$ 表示 x 是人. 于是，命题（1）符号化成 $\forall x(M(x) \rightarrow F(x))$；命题（2）符号化成 $\exists x(M(x) \wedge G(x))$.

我们称谓词 $M(x)$ 为**特性谓词**.

例 2.4 设 $P(x)$ 表示 x 是素数；$Z(x)$ 表示 x 是整数；$L(x,y)$ 表示 $x+y=0$. 用自然语言描述下述命题，并判断其真值.

（1）$\forall x(Z(x) \rightarrow P(x))$；

（2）$\exists x(Z(x) \wedge P(x))$；

（3）$\forall x \forall y(Z(x) \wedge Z(y) \rightarrow L(x,y))$；

（4）$\forall x(Z(x) \rightarrow \exists y(Z(y) \wedge L(x,y)))$；

（5）$\exists x(Z(x) \wedge \forall y(Z(y) \rightarrow L(x,y)))$.

解 命题（1）可描述为"所有整数都是素数"，真值为 0.

命题（2）可描述为"有些整数是素数"，真值为 1.

命题（3）可描述为"对任意的整数 x, y，都有 $x+y=0$"，真值为 0.

命题（4）可描述为"对任意的整数 x，都存在着整数 y，使得 $x+y=0$"，真值为 1.

命题（5）可描述为"存在着整数 x，使得对任意的整数 y，都有 $x+y=0$"，真值为 0.

在多个量词同时出现时，不能随意颠倒它们的顺序，颠倒后会改变原有的含义，如例 2.4 中的（4）和（5）.

例 2.5 在谓词逻辑中将下列命题符号化.

（1）所有的人都长着黑头发；

（2）有的人登上过月球；

（3）没有人登上过火星；

（4）在美国留学的学生未必都是华人.

解 本题没有指明个体域，我们这里采用全总个体域. 并设一元谓词 $M(x)$；x 是人.

（1）设 $F(x)$ 表示 x 长着黑头发. 于是命题符号化为

$$\forall x(M(x) \rightarrow F(x))$$

这是个假命题.

（2）设 $F(x)$ 表示 x 登上过月球. 于是命题符号化为
$$\exists x(M(x) \wedge F(x))$$

这是个真命题.

（3）设 $F(x)$ 表示 x 登上过火星. 于是命题符号化为
$$\neg\exists x(M(x) \wedge F(x))$$

到目前为止，这是个真命题.

（4）设 $F(x)$ 表示 x 是在美国留学的学生；$G(x)$ 表示 x 是华人. 于是命题符号化为
$$\neg\forall x(F(x) \rightarrow G(x))$$

这也是个真命题.

例 2.6 在谓词逻辑中将下列命题符号化.

（1）火车都比汽车快；

（2）有的火车比所有汽车快；

（3）不存在比所有火车都快的汽车；

（4）并非所有汽车都比火车慢.

解 设 $F(x)$ 表示 x 是火车；$G(y)$ 表示 y 是汽车；$H(x, y)$ 表示 x 比 y 快；$L(x, y)$ 表示 x 比 y 慢.

于是命题（1）符号化为
$$\forall x(F(x) \rightarrow \forall y(G(y) \rightarrow H(x, y)))$$

命题（2）符号化为
$$\exists x(F(x) \wedge \forall y(G(y) \rightarrow H(x, y)))$$

命题（3）符号化为
$$\neg\exists y(G(y) \wedge \forall x(F(x) \rightarrow H(y, x)))$$

命题（4）符号化为
$$\neg\forall x(G(x) \rightarrow \forall y(F(y) \rightarrow L(x, y)))$$

这里要注意命题（2），"有的火车比所有汽车快"不能符号化为 $\exists x \forall y((F(x) \wedge G(y)) \rightarrow H(x, y))$，因为在个体域中任取一个不是火车的个体，就能使这个公式成真，即使不存在比所有汽车都快的火车也是如此，这显然与命题（2）的原意不符.

2.2　谓词公式及其解释

2.2.1　谓词公式

同命题演算一样，在谓词逻辑中也同样包含命题变元和命题联结词，为了能够进行演绎和推理，并在谓词逻辑中对谓词的表达式加以形式化，使得利用联结词、谓词与量词同样可构成符合要求的谓词公式，在形式化中，将使用如下 4 种符号.

（1）个体常元符号：用带或不带下标的小写英文字母 $a, b, c, \cdots$，$a_1, a_2, \cdots$ 来表示，当个体域 D 给出时，它可以是 D 中的某个元素.

（2）个体变元符号：用带或不带下标的小写英文字母 $x,y,z,\cdots$，$x_1,x_2,\cdots$ 来表示，当个体域 D 给出时，它可以是 D 中的任意元素.

（3）函数符号：用带或不带下标的小写英文字母 $f,g,h,\cdots$，$f_1,f_2,\cdots$ 来表示，当个体域 D 给出时，n 元函数符号 $f(x_1,x_2,\cdots,x_n)$ 可以是 $D^n \to D$ 的任意一个函数.

（4）谓词符号：用带或不带下标的大写英文字母 $F,G,H,\cdots$，$F_1,F_2,\cdots$ 来表示. 当个体域 D 给出时，n 元谓词符号 $F(x_1,x_2,\cdots,x_n)$ 可以是 $D^n \to \{0,1\}$ 的任意一个谓词.

为了方便处理数学和计算机科学的逻辑问题及谓词表示的直觉清晰性，首先引入项的概念.

定义 2.3 谓词逻辑中的**项**被递归地定义如下：

（1）任意的个体常元或任意的个体变元是项；

（2）若 $f(x_1,x_2,\cdots,x_n)$ 是 n 元函数，$t_1,t_2,\cdots,t_n$ 是项，则 $f(t_1,t_2,\cdots,t_n)$ 是项；

（3）仅由有限次使用上述（1）、（2）产生的表达式才是项.

由定义可知，所定义的项包括个体常元、个体变元及个体变元构成的函数，但它们是一些按递归法则构造出来的复合函数，而不是一般的任意函数. 例如，复合函数 $f(g(x)),h(a,g(x),y)$ 是一个项.

有了项的定义，函数的概念就可用来表示个体常元和个体变元.

例 2.7 设 $f(x,y)=x+y$，$N(x)$：x 是自然数，请指出 $f(4,6)$ 和 $N(f(4,6))$ 表示的意义.

解 $f(4,6)$ 表示个体常元 10，$N(f(4,6))$ 表示 10 是自然数.

函数的使用给谓词表示带来了很大的方便.

定义 2.4 若 $F(x_1,x_2,\cdots,x_n)$ 是 n 元谓词，$t_1,t_2,\cdots,t_n$ 是项，则 $F(t_1,t_2,\cdots,t_n)$ 为**原子谓词公式**，简称**原子公式**.

下面由原子公式出发，给出谓词逻辑中的谓词公式的递归定义.

定义 2.5 满足下列条件的表达式称为**谓词公式（合式公式）**，简称**公式**.

（1）原子公式是谓词公式；

（2）若 A 是谓词公式，则 $(\neg A)$ 也是谓词公式；

（3）若 A,B 是谓词公式，则 $(A \wedge B),(A \vee B),(A \to B),(A \leftrightarrow B)$ 也是谓词公式；

（4）若 A 是谓词公式，x 是个体变元，则 $\forall xA$，$\exists xA$ 也是谓词公式；

（5）只有有限次地应用上述（1）～（4）产生的表达式才是谓词公式.

由上述定义可知，谓词公式是按上述规则由原子公式、联结词、量词、圆括号和逗号所组成的符号串，而且命题公式是它的一个特例. 例如，$\neg\forall x(\neg M(x) \to F(x))$ 是谓词公式，而 $\exists x(M(x)\neg G(x))$ 不是谓词公式.

谓词公式中的括号同样可如命题公式的括号一样省略，即最外层括号可省略，但量词后面的括号省略方式为，若一个量词的辖域中仅出现一个原子公式，则此辖域的括号可省略，否则不能省略其括号.

定义 2.6　在公式 $\forall xA$ 和 $\exists xA$ 中,称 x 为**指导变元**,A 为相应量词的**辖域**.在 $\forall xA$ 和 $\exists xA$ 的辖域中,x 的所有出现都称为**约束出现**.A 中不是约束出现的其他变项均称为**自由出现**.约束出现的变元称为**约束变元**,自由出现的变元称为**自由变元**.

通常,一个量词的辖域是某公式的子公式,因此,确定一个量词的辖域,就是找出位于该量词后面相邻的子公式.具体如下:

(1)若量词后有括号,则括号内的子公式就是该量词的辖域;

(2)若量词后无括号,则与量词相邻的子公式为该量词的辖域.

判断给定公式 A 中的个体变元是约束变元还是自由变元,关键要看它在 A 中是约束出现还是自由出现.

例 2.8　指出下列各公式的指导变元、辖域、约束变元、自由变元.

(1)$\forall x(F(x) \rightarrow \exists y G(x,y))$;

(2)$\exists x(F(x,y) \rightarrow G(x,z)) \vee H(x)$;

(3)$\forall x(F(x) \wedge \exists x G(x,z) \rightarrow \exists y H(x,y)) \vee G(x,y)$.

解　(1)x 是指导变元,$\forall x$ 辖域为 $F(x) \rightarrow \exists y G(x,y)$,$y$ 也是指导变元,$\exists y$ 辖域为 $G(x,y)$,公式中的 x,y 均为约束出现,故为约束变元.

(2)x 是指导变元,$\exists x$ 辖域为 $F(x,y) \rightarrow G(x,z)$,在此辖域中,$x$ 为约束变元,y,z 为自由变元,而 $H(x)$ 中的变元 x 不受指导变元 x 的控制,故为自由变元.

(3)x,y 是指导变元,$\forall x$ 的辖域为 $F(x) \wedge \exists x G(x,z) \rightarrow \exists y H(x,y)$,$\exists x$ 的辖域为 $G(x,z)$,在 $G(x,z)$ 中 x 受 $\exists x$ 的控制,而不受前面的 $\forall x$ 的控制,当然子公式 $F(x) \wedge \exists x G(x,z) \rightarrow \exists y H(x,y)$ 中的 x 为约束变元.$\exists y$ 的辖域为 $H(x,y)$,其中 y 为约束变元.而式中的 z 和最后 $G(x,y)$ 中的 x,y 都是自由变元.

从例 2.8 可知,在一个公式中,某一个变元的出现既可以是自由的,又可以是约束的,如(2)中的 x,(3)中的 x,y,甚至有同名的指导变元出现,如(3)中的 $\forall x$ 和 $\exists x$.为了研究方便,不致引起混淆,同时为了使式子给大家一目了然的结果,对于表示不同意思的个体变元,总是以不同的变元符号来表示,即希望一个变元在同一个公式中只以一种身份出现.由此引进如下换名规则.

定理 2.1(换名规则)　(1)在谓词公式中,将某量词辖域中出现的某个约束变元以及对应的指导变元改成本辖域中未曾出现过的个体变元符号,其余部分保持不变,替换前后的公式等值.

(2)在谓词公式中,将某个自由变元的所有出现用其中未曾出现过的个体变元符号代替,其余部分保持不变,替换前后的公式等值.

例 2.9　利用换名规则将公式

$$\forall x F(x,y,z) \rightarrow \exists y G(x,y,z)$$

化成与之等值的公式,使自由变元和不同的约束变元使用不同的个体变元符号.

解　利用换名规则(1),有

$$\forall xF(x,y,z) \rightarrow \exists yG(x,y,z)$$
$$\Leftrightarrow \forall uF(u,y,z) \rightarrow \exists yG(x,y,z)$$
$$\Leftrightarrow \forall uF(u,y,z) \rightarrow \exists vG(x,v,z)$$

利用换名规则（2）同样可以达到要求：

$$\forall xF(x,y,z) \rightarrow \exists yG(x,y,z)$$
$$\Leftrightarrow \forall xF(x,u,z) \rightarrow \exists yG(x,y,z)$$
$$\Leftrightarrow \forall xF(x,u,z) \rightarrow \exists yG(v,y,z)$$

2.2.2 谓词公式的解释

谓词公式是由一些抽象的符号（包括个体常元符号、个体变元符号、函数符号、谓词符号）通过逻辑联结词、量词、括号连接起来的抽象表达式，所以若不对个体常元符号、函数符号、谓词符号等给予具体的解释，则公式没有实际的意义. 只有对它们解释和赋值后，公式才可能是真或可能是假. 由此，可定义如下.

定义 2.7 谓词逻辑中公式 A 的一个**解释** I 由如下 4 部分组成：

（1）非空的个体域集合 D；

（2）A 中的每个个体常元符号，指定 D 中的某个特定的元素；

（3）A 中的每个 n 元函数符号，指定 D^n 到 D 中的某个特定的函数；

（4）A 中的每个 n 元谓词符号，指定 D^n 到 $\{0,1\}$ 中的某个特定的谓词.

所谓解释就是将公式中未知的量用已知的量来代替.

例 2.10 对下面的谓词公式，分别给出一个使其为真和为假的解释.

（1）$\forall x(F(x) \rightarrow G(x))$；

（2）$\forall xF(x) \rightarrow \exists x\forall yG(x,y)$；

（3）$\forall x\forall y(F(x) \wedge F(y) \wedge G(x,y) \rightarrow H(f(x,y),g(x,y)))$.

解 （1）令个体域为全总个体域，$F(x)$ 表示 x 是人，$G(x)$ 表示 x 是黄种人，则此谓词公式表达的命题为"所有的人都是黄种人"，这是假命题.

令个体域为实数集合，$F(x)$ 表示 x 是自然数，$G(x)$ 表示 x 是整数，则此谓词公式表达的命题为"所有的自然数都是整数"，这是真命题.

（2）令个体域为实数集合，$F(x)$ 表示 $x \geq 0$，$G(x,y)$ 表示 $x > y$，则此谓词公式表达的命题为"若任意实数 x 都大于等于 0，则存在一个实数 x，它对所有的实数 y 都有 $x > y$"，这是真命题. 但是，若将 $F(x)$ 改为 $x^2 \geq 0$，则所得命题就是假命题了.

（3）令个体域为全总个体域，$F(x)$ 表示 x 是实数，$G(x,y)$ 表示 $x \neq y$，$H(x,y)$ 表示 $x > y$，$f(x,y) = x^2 + y^2$，$g(x,y) = 2xy$，则此谓词公式表达的命题为"对于任意的 x, y，若 x 与 y 都是实数，且 $x \neq y$，则 $x^2 + y^2 > 2xy$"，这是真命题. 但是若将 $H(x,y)$ 改为 $x < y$，则所得命题就是假命题了.

例 2.10 的 3 个公式在上面的解释下都是命题，是不是谓词公式在任何解释下都可以成为命题？答案是否定的. 只有封闭的谓词公式，才在任何解释下都可以成为命题.

定义 2.8 设 A 是任意一个公式，若 A 中无自由出现的个体变元，则称 A 为**封闭的公式**，简称**闭式**.

例如，$\forall x(F(x) \to \exists y G(x,y))$ 是闭式，$\exists x(F(x,y) \to G(x,z)) \vee H(x)$ 不是闭式. 如果一个公式不是闭式，则它在有的解释下可以成为命题，在另一些解释下可能就不成为命题.

例 2.11 设 I 是如下的一个解释：

（1）$D = \{2,3\}$；

（2）$a = 3$，$b = 2$；

（3）$f(2) = 3$，$f(3) = 2$；

（4）$F(2,2) = F(3,3) = 1$，$F(2,3) = F(3,2) = 0$.

试求下列公式在解释 I 下的真值.

（1）$F(a, f(b)) \wedge F(b, f(a))$；

（2）$\forall x \exists y F(x, y)$；

（3）$\exists y \forall x F(x, y)$；

（4）$\forall x \forall y (F(x, y) \to F(f(x), f(y)))$.

解　（1）　$F(a, f(b)) \wedge F(b, f(a))$

$\Leftrightarrow F(3, f(2)) \wedge F(2, f(3))$

$\Leftrightarrow F(3,3) \wedge F(2,2)$

$\Leftrightarrow 1 \wedge 1 \Leftrightarrow 1$

（2）　$\forall x \exists y F(x, y)$

$\Leftrightarrow \forall x (F(x,2) \vee F(x,3))$

$\Leftrightarrow (F(2,2) \vee F(2,3)) \wedge (F(3,2) \vee F(3,3))$

$\Leftrightarrow (1 \vee 0) \wedge (0 \vee 1) \Leftrightarrow 1 \wedge 1 \Leftrightarrow 1$

（3）　$\exists y \forall x F(x, y)$

$\Leftrightarrow \exists y (F(2,y) \wedge F(3,y))$

$\Leftrightarrow (F(2,2) \wedge F(3,2)) \vee (F(2,3) \wedge F(3,3))$

$\Leftrightarrow (1 \wedge 0) \vee (0 \wedge 1) \Leftrightarrow 0 \vee 0 \Leftrightarrow 0$

（4）　$\forall x \forall y (F(x, y) \to F(f(x), f(y)))$

$\Leftrightarrow \forall x ((F(x,2) \to F(f(x), f(2))) \wedge (F(x,3) \to F(f(x), f(3))))$

$\Leftrightarrow ((F(2,2) \to F(f(2), f(2))) \wedge (F(2,3) \to F(f(2), f(3))))$

$\quad \wedge ((F(3,2) \to F(f(3), f(2))) \wedge (F(3,3) \to F(f(3), f(3))))$

$\Leftrightarrow (F(2,2) \to F(3,3)) \wedge (F(2,3) \to F(3,2)) \wedge (F(3,2) \to F(2,3))$

$\quad \wedge (F(3,3) \to F(2,2))$

$\Leftrightarrow (1 \to 1) \wedge (0 \to 0) \wedge (0 \to 0) \wedge (1 \to 1)$

$\Leftrightarrow 1 \wedge 1 \wedge 1 \wedge 1 \Leftrightarrow 1$

例 2.12 给定解释 I 如下：

（1）个体域 D 为自然数集合；

（2）个体常元 $a = 0$；

（3）二元函数 $f(x,y) = x + y$，$g(x,y) = x \times y$；

（4）二元谓词 $F(x,y): x=y$.

在解释 I 下，下列公式的含义是什么？哪些能成为命题，哪些不能成为命题？能成为命题的，求出其真值.

（1）$\forall x F(g(x,y),z)$；

（2）$F(f(x,a),y) \to F(g(x,y),z)$；

（3）$\forall x F(g(x,a),x) \to F(x,y)$；

（4）$\forall x \forall y \exists z F(f(x,y),z)$.

解 在解释 I 下：

公式（1）被解释成"$\forall x(x \times y = z)$"，它没有确切的真值，不是命题.

公式（2）被解释成"$(x+0=y) \to (x \times y = z)$"，它没有确切的真值，不是命题.

公式（3）被解释成"$\forall x(x \times 0 = x) \to x = y$"，由于此蕴涵式的前件为假，所以整个蕴涵式被解释成一个真命题.

公式（4）被解释成"$\forall x \forall y \exists z(x+y=z)$"，为真命题.

同命题逻辑一样，有的谓词公式在任何解释下都为真命题，有些谓词公式在任何解释下都为假命题，而有些谓词公式既存在成真的解释，又存在成假的解释. 下面给出谓词公式类型的定义.

定义 2.9 设 A 是一个谓词公式，若在任何解释下均为真，则称 A 为**永真式（有效式）**. 若 A 在任何解释下均为假，则称 A 为**永假式（矛盾式）**. 若存在解释使 A 为真，则称 A 为**可满足式**.

在命题逻辑中，确定一个公式是永真式、永假式，还是可满足式，可通过该公式在所有解释下的取值情况即真值表来判定. 在谓词逻辑中，虽然无法使用真值表，但是我们也可以类似地从谓词公式在所有解释下的取值情况来进行判断，并把这种方法称为**解释法**.

例 2.13 判断下列谓词公式中，哪些是永真式，哪些是永假式，哪些是可满足式.

（1）$\forall x(F(x) \to G(x))$；

（2）$\forall x \exists y F(x,y) \to \exists x \forall y F(x,y)$；

（3）$\forall x F(x) \to \exists x F(x)$；

（4）$\forall x(F(y) \to G(x)) \to (F(y) \to \forall x G(x))$.

解 （1）取解释 I_1：个体域为实数集合，$F(x)$ 表示 x 是整数，$G(x)$ 表示 x 是有理数. 在 I_1 下，公式（1）为真，即不是永假式. 取解释 I_2：个体域仍为实数集合，$F(x)$ 表示 x 是有理数，$G(x)$ 表示 x 是整数. 在 I_2 下，公式（1）为假，即不是永真式. 综合可知，公式（1）为可满足式.

（2）取解释 I_1：个体域为自然数集合，$F(x,y)$ 表示 $x \leqslant y$. 在 I_1 下，公式（2）的前件与后件均为真，所以公式（2）为真，即不是永假式. 取解释 I_2：个体域仍为自然数集合，但 $F(x,y)$ 表示 $x=y$. 在 I_2 下，公式（2）的前件为真而后件为假，所以公式（2）为假，即不是永真式. 综合可知，公式（2）为可满足式.

（3）公式（3）是永真式. 设 I 为任意一个解释，个体域为 D. 若存在 $a \in D$，使得 $F(a)$ 为假，则 $\forall x F(x)$ 为假，故 $\forall x F(x) \to \exists x F(x)$ 为真. 若对于任意 $x \in D$，$F(x)$ 均为

真,则 $\forall xF(x)$ 和 $\exists xF(x)$ 都为真,从而 $\forall xF(x)\to\exists xF(x)$ 为真.所以在解释 I 下,公式(3)为真,由 I 的任意性可知,公式(3)为永真式.

(4)公式(4)为永真式.若公式(4)非永真,则存在一个解释,使得对某个 y,有 $\forall x(F(y)\to G(x))$ 取 1 而 $(F(y)\to\forall xG(x))$ 取 0,$(F(y)\to\forall xG(x))$ 取 0 表明 $F(y)$ 取 1 而 $\forall xG(x)$ 取 0,即存在某个 a,使得 $G(a)$ 取 0,从而 $\forall xG(x)$ 取 0,这与前面说的 $\forall x(F(y)\to G(x))$ 取 1 矛盾.故公式(4)是永真式.

由于谓词公式的复杂性和解释的多样性,至今还没有一个可行的算法判定任何公式的类型,但对于一些较为简单的公式,或某些特殊的公式,还是可以判定其类型的.

定义 2.10　设 $p_1,p_2,\cdots,p_n$ 是命题公式 A 中出现的 n 个命题变元,$A_1,A_2,\cdots,A_n$ 是 n 个谓词公式,用 $A_i(1\le i\le n)$ 处处代替 A 中的 p_i 后所得的谓词公式称为 A 的**代换实例**.

例如,谓词公式 $F(x)\to G(x)$,$\forall xF(x)\to\forall yG(y)$ 等都是命题公式 $p\to q$ 的代换实例,而 $\forall x(F(x)\to G(x))$ 不是 $p\to q$ 的代换实例.

定理 2.2　永真式的代换实例是永真式,永假式的代换实例是永假式.

例 2.14　判断下列谓词公式的类型.

(1)$(\neg\forall xF(x)\to\exists xG(x))\to(\neg\exists xG(x)\to\forall xF(x))$;

(2)$\forall xF(x)\to(\exists x\exists yG(x,y)\to\forall xF(x))$;

(3)$\neg(\forall xF(x)\to\exists x\forall yG(x,y))\wedge\exists x\forall yG(x,y)$.

解　(1)易知公式(1)是 $(\neg p\to q)\to(\neg q\to p)$ 的代换实例,而 $(\neg p\to q)\to(\neg q\to p)\Leftrightarrow\neg(p\vee q)\vee(q\vee p)\Leftrightarrow 1$ 是永真式,所以公式(1)是永真式.

(2)易知公式(2)是 $p\to(q\to p)$ 的代换实例,而 $p\to(q\to p)\Leftrightarrow\neg p\vee(\neg q\vee p)\Leftrightarrow(\neg p\vee p)\vee\neg q\Leftrightarrow 1$ 是永真式,所以公式(2)是永真式.

(3)易知公式(3)是 $\neg(p\to q)\wedge q$ 的代换实例,而 $\neg(p\to q)\wedge q\Leftrightarrow\neg(\neg p\vee q)\wedge q\Leftrightarrow p\wedge\neg q\wedge q\Leftrightarrow 0$ 是永假式,所以公式(3)是永假式.

2.3　谓词逻辑等值式与范式

2.3.1　谓词逻辑等值式

在谓词逻辑中,有些命题可以有不同的符号化形式,如命题"所有人都是要死的"可以理解为"对于宇宙间的所有个体,若它是人,则是要死的";也可以理解为"宇宙间不存在这样的个体,它是人并且它不死".因此该命题可符号化为 $\forall x(M(x)\to F(x))$ 或 $\neg\exists x(M(x)\wedge\neg F(x))$,其中,$M(x)$ 表示 x 是人,$F(x)$ 表示 x 是要死的,称上述的两公式是等值的.

定义 2.11　设 A,B 是任意两个谓词公式,若 $A\leftrightarrow B$ 是永真式,则称 A 与 B 是**等值的**.记作 $A\Leftrightarrow B$,称 $A\Leftrightarrow B$ 是**等值式**.

根据定理 2.2 永真式的代换实例都是永真式,因此 1.3.1 节中定理 1.2 给出的 16 组等值式的代换实例都是谓词逻辑中的等值式.例如,$\forall xF(x)\to\exists yG(y)\Leftrightarrow\neg\forall xF(x)\vee\exists yG(y)$,$\forall xF(x)\vee\neg\forall xF(x)\Leftrightarrow 1$ 是命题逻辑等值式 $p\to q\Leftrightarrow\neg p\vee q$,$p\vee\neg p\Leftrightarrow 1$ 的代

换实例. 下面讨论谓词逻辑中涉及量词的一些重要等值式.

定理 2.3（量词否定等值式） 设 $A(x)$ 是任意的含自由出现个体变项 x 的公式，则有

（1）$\neg\forall xA(x) \Leftrightarrow \exists x\neg A(x)$；

（2）$\neg\exists xA(x) \Leftrightarrow \forall x\neg A(x)$.

证明 （1）任给解释 I（相应的个体域记为 D），在 I 下，若 $\neg\forall xA(x)$ 取值 1，则 $\forall xA(x)$ 取值 0，因此存在 $a \in D$，使得 $A(a)$ 取值 0，即 $\neg A(a)$ 取值 1，从而 $\exists x\neg A(x)$ 取值 1；若 $\neg\forall xA(x)$ 取值 0，则 $\forall xA(x)$ 取值 1，因此对任意的 $x \in D$，$A(x)$ 都取值 1，即对任意的 $x \in D$，$\neg A(x)$ 都取值 0，从而 $\exists x\neg A(x)$ 取值 0. 由解释 I 的任意性可知式（1）成立.

（2）式（2）可类似地证明，从略.

该定理的直观意义是很明显的. 例如，"并非所有人都是大学生"和"有些人不是大学生"的含义是一样的. 式（1）可理解为"不是所有的个体都具有性质 A"等价于"至少有一个个体不具有性质 A"，当个体域为有限集时，定理是容易证明的.

设有限集个体域 $D = \{a_1, a_2, \cdots, a_n\}$，则式（1）可按下列演算得到：

$$\neg\forall xA(x) \Leftrightarrow \neg(A(a_1) \wedge A(a_2) \wedge \cdots \wedge A(a_n))$$
$$\Leftrightarrow \neg A(a_1) \vee \neg A(a_2) \vee \cdots \vee \neg A(a_n)$$
$$\Leftrightarrow \exists x\neg A(x)$$

式（2）可以用同样的方法进行理解.

例 2.15 证明下列等值式.

（1）$\neg\forall x(M(x) \rightarrow F(x)) \Leftrightarrow \exists x(M(x) \wedge \neg F(x))$；

（2）$\neg\forall x\forall y\forall zF(x,y,z) \Leftrightarrow \exists x\exists y\exists z\neg F(x,y,z)$.

证明 （1）$\neg\forall x(M(x) \rightarrow F(x))$

$$\Leftrightarrow \neg\forall x(\neg M(x) \vee F(x))$$
$$\Leftrightarrow \exists x\neg(\neg M(x) \vee F(x))$$
$$\Leftrightarrow \exists x(M(x) \wedge \neg F(x))$$

（2）$\quad\neg\forall x\forall y\forall zF(x,y,z)$

$$\Leftrightarrow \exists x(\neg\forall y\forall zF(x,y,z))$$
$$\Leftrightarrow \exists x\exists y(\neg\forall zF(x,y,z))$$
$$\Leftrightarrow \exists x\exists y\exists z\neg F(x,y,z)$$

定理 2.4（量词辖域的收缩和扩张等值式） 设 $A(x)$ 是任意的含自由出现个体变元 x 的公式，B 中不含 x，则有：

（1）$\forall x(A(x) \wedge B) \Leftrightarrow \forall xA(x) \wedge B$；

（2）$\forall x(A(x) \vee B) \Leftrightarrow \forall xA(x) \vee B$；

（3）$\forall x(A(x) \rightarrow B) \Leftrightarrow \exists xA(x) \rightarrow B$；

（4）$\forall x(B \rightarrow A(x)) \Leftrightarrow B \rightarrow \forall xA(x)$；

（5）$\exists x(A(x) \wedge B) \Leftrightarrow \exists xA(x) \wedge B$；

（6）$\exists x(A(x) \vee B) \Leftrightarrow \exists xA(x) \vee B$；

（7）$\exists x(A(x) \rightarrow B) \Leftrightarrow \forall xA(x) \rightarrow B$；

（8） $\exists x(B \to A(x)) \Leftrightarrow B \to \exists x A(x)$.

证明 （1）任给解释 I（相应的个体域记为 D），在 I 下，若 $\forall x(A(x) \wedge B)$ 取值 1，则对任意的 $x \in D$ ，$A(x)$ 和 B 都取值 1，从而 $\forall x A(x)$ 和 B 取值 1，因此 $\forall x A(x) \wedge B$ 取值 1；若 $\forall x(A(x) \wedge B)$ 取值 0，则存在 $a \in D$ ，使得 $A(a)$ 和 B 中至少有一个取值 0，若 $A(a)$ 取值 0，则 $\forall x A(x)$ 取值 0，从而 $\forall x A(x) \wedge B$ 取值 0，若 B 取值 0，则 $\forall x A(x) \wedge B$ 取值 0. 由解释 I 的任意性可知式（1）成立.

式（2）、（5）、（6）可类似地证明，从略.

式（3）、（4）、（7）、（8）可以由其他等值式推出. 例如，式（3）：

$\forall x(A(x) \to B)$

$\Leftrightarrow \forall x(\neg A(x) \vee B)$ （蕴涵等值式）

$\Leftrightarrow \forall x(\neg A(x)) \vee B$ （量词辖域收缩等值式）

$\Leftrightarrow \neg \exists x A(x) \vee B$ （量词否定等值式）

$\Leftrightarrow \exists x A(x) \to B$ （蕴涵等值式）

定理 2.4 表明若某公式不含有 x，则它可自由出入 $\forall x$ 和 $\exists x$ 的辖域，且不影响原公式的真值.

设有限集个体域 $D = \{a_1, a_2, \cdots, a_n\}$ ，则式（1）可按下列演算得到：

$$\forall x(A(x) \wedge B) \Leftrightarrow (A(a_1) \wedge B) \wedge (A(a_2) \wedge B) \wedge \cdots \wedge (A(a_n) \wedge B)$$
$$\Leftrightarrow (A(a_1) \wedge A(a_2) \wedge \cdots \wedge A(a_n)) \wedge B \quad \text{（结合律、交换律、幂等律）}$$
$$\Leftrightarrow \forall x A(x) \wedge B$$

式（2）、（5）、（6）可以用同样的方法进行理解.

定理 2.5（量词分配等值式） 设 $A(x)$ ，$B(x)$ 是任意的含自由出现个体变项 x 的公式，则有：

（1） $\forall x(A(x) \wedge B(x)) \Leftrightarrow \forall x A(x) \wedge \forall x B(x)$ ；

（2） $\exists x(A(x) \vee B(x)) \Leftrightarrow \exists x A(x) \vee \exists x B(x)$.

证明 （1）任给解释 I（相应的个体域记为 D），在 I 下，若 $\forall x(A(x) \wedge B(x))$ 取值 1，则对任意的 $x \in D$ ，$A(x)$ 和 $B(x)$ 都取值 1，从而 $\forall x A(x)$ 和 $\forall x B(x)$ 取值 1，因此 $\forall x A(x) \wedge \forall x B(x)$ 取值 1；若 $\forall x(A(x) \wedge B(x))$ 取值 0，则存在 $a \in D$ ，使得 $A(a)$ 和 $B(a)$ 中至少有一个取值 0，从而 $\forall x A(x)$ 和 $\forall x B(x)$ 中至少有一个取值 0，所以 $\forall x A(x) \wedge \forall x B(x)$ 取值 0. 由解释 I 的任意性可知式（1）成立.

（2）利用量词否定等值式，对式（1）两边取否定，把 $\neg A$ 看作 A 即得式（2）.

例 2.16 证明：

（1） $\forall x(A(x) \vee B(x)) \not\Leftrightarrow \forall x A(x) \vee \forall x B(x)$ ；

（2） $\exists x(A(x) \wedge B(x)) \not\Leftrightarrow \exists x A(x) \wedge \exists x B(x)$.

证明 对于解释 I：D 为实数集合，$A(x)$ 表示 $x \geqslant 0$ ，$B(x)$ 表示 $x < 0$ ，式（1）的左边取 1，右边取 0，式（2）的左边取 0，右边取 1，所以两组公式均不等值.

定理 2.6（量词交换等值式） 设 A，B 是任意的谓词公式，则有：

（1） $\forall x \forall y A(x, y) \Leftrightarrow \forall y \forall x A(x, y)$ ；

（2） $\exists x \exists y A(x, y) \Leftrightarrow \exists y \exists x A(x, y)$.

本定理的证明可以由量词的定义直接得到.

设个体变元 x 的个体域为甲村人，个体变元 y 的个体域为乙村人，二元谓词 $A(x, y)$ 表示 x 与 y 同姓，则有如下关系式：

$$\forall x \forall y\, A(x, y) \quad\Leftrightarrow\quad \forall y \forall x\, A(x, y)$$

$$\exists x \forall y\, A(x, y) \qquad\qquad\qquad \exists y \forall x\, A(x, y)$$

$$\forall y \exists x\, A(x, y) \qquad\qquad\qquad \forall x \exists y\, A(x, y)$$

$$\exists y \exists x\, A(x, y) \quad\Leftrightarrow\quad \exists x \exists y\, A(x, y)$$

例 2.17 证明：

$$\forall x \exists y A(x, y) \nLeftrightarrow \exists y \forall x A(x, y)$$

证明 对于解释 I：D 为实数集合，$A(x, y)$ 表示 $x + y = 0$，则 $\forall x \exists y A(x, y)$ 表示命题 "对于任意的实数 x，都存在 y，使得 $x + y = 10$"，它显然是真命题. 但 $\exists y \forall x A(x, y)$ 表示命题 "存在一个实数 y，对于任意的 x，都有 $x + y = 10$"，它显然是一个假命题. 所以题目所给等值式不成立.

定理 2.3～定理 2.6 都是用解释法进行证明的，即说明在任何解释下，"左边取 1 时右边也取 1，左边取 0 时右边也取 0"或"左边取 1 时右边也取 1，右边取 1 时左边也取 1".

这种方法是证明谓词公式等值的基本方法，但有局限性，下面来说明谓词公式的等值演算方法.

同命题公式的等值演算一样，要进行谓词公式的等值演算，除要使用上面介绍的重要等值公式外，有时还要用到下面的置换规则.

定理 2.7（置换规则） 设 $\varphi(A)$ 为含有公式 A 作为子公式的谓词公式，$\varphi(B)$ 是用公式 B 置换 $\varphi(A)$ 中的 A（不要求处处置换）所得到的谓词公式，若 $A \Leftrightarrow B$，则 $\varphi(A) \Leftrightarrow \varphi(B)$.

例 2.18 证明：

$$\exists x(A(x) \to B(x)) \Leftrightarrow \forall x A(x) \to \exists x B(x)$$

证明
$$\exists x(A(x) \to B(x)) \Leftrightarrow \exists x(\neg A(x) \vee B(x))$$
$$\Leftrightarrow \exists x \neg A(x) \vee \exists x B(x)$$
$$\Leftrightarrow \neg \forall x A(x) \vee \exists x B(x)$$
$$\Leftrightarrow \forall x A(x) \to \exists x B(x)$$

要注意，等值式

$$\forall x(A(x) \to B(x)) \Leftrightarrow \exists x A(x) \to \forall x B(x)$$

是不成立的，其不成立的一个解释是，D 为实数集合，$A(x)$ 表示 $x > 1$，$B(x)$ 表示 $x > 0$，此时左边取 1 而右边取 0.

2.3.2　前束范式

定义 2.12　一个谓词公式 A 称为**前束范式**，如果 A 具有如下形式：

$$Q_1 x_1 Q_2 x_2 \cdots Q_k x_k B(x_1, x_2, \cdots, x_k)$$

其中，Q_i 为量词 $\forall$ 或 $\exists$（$1 \leq i \leq k$）；$B(x_1, x_2, \cdots, x_k)$ 称为公式 A 的**母式**，B 中不含量词；$Q_1 x_1 Q_2 x_2 \cdots Q_k x_k$ 称为公式的**首标**.

例如，$\forall x F(x)$，$\forall y \exists x \neg F(x, y)$，$\exists y \forall x (F(x) \rightarrow \neg G(y))$ 是前束范式，而 $\neg \exists x (F(x) \wedge G(x))$，$\forall x Z(x) \rightarrow \exists y G(y)$ 不是前束范式.

特别地，若公式不含量词，则也称为前束范式. 可见，前束范式的特点是，所有量词均非否定地出现在公式最前面，且它的辖域一直延伸到公式之末.

定理 2.8（前束范式存在定理）　谓词逻辑中的任一公式都可化为与之等值的前束范式.

求谓词公式的前束范式的步骤如下：

（1）若存在同名的变元既有约束出现又有自由出现，则使用换名规则进行改名；

（2）量词前的否定联结词内移；

（3）使用量词辖域的扩充等值式将所有量词都提到公式的最前端.

例 2.19　求下列公式的前束范式.

（1）$\forall x F(x) \wedge \neg \exists x G(x)$；

（2）$\forall x F(x) \vee \neg \exists x G(x)$.

解　（1）法 1：$\forall x F(x) \wedge \neg \exists x G(x)$

$\quad\quad \Leftrightarrow \forall x F(x) \wedge \neg \exists y G(y)$　　　（换名规则）

$\quad\quad \Leftrightarrow \forall x F(x) \wedge \forall y \neg G(y)$　　　（量词否定等值式）

$\quad\quad \Leftrightarrow \forall x (F(x) \wedge \forall y \neg G(y))$　　　（量词辖域的扩张）

$\quad\quad \Leftrightarrow \forall x \forall y (F(x) \wedge \neg G(y))$　　　（量词辖域的扩张）

法 2：$\forall x F(x) \wedge \neg \exists x G(x)$

$\quad\quad \Leftrightarrow \forall x F(x) \wedge \forall x \neg G(x)$　　　（量词否定等值式）

$\quad\quad \Leftrightarrow \forall x (F(x) \wedge \neg G(x))$　　　（量词分配等值式）

由本例可知，谓词公式的前束范式不唯一.

（2）$\forall x F(x) \vee \neg \exists x G(x)$

$\quad\quad \Leftrightarrow \forall x F(x) \vee \neg \exists y G(y)$　　　（换名规则）

$\quad\quad \Leftrightarrow \forall x F(x) \vee \forall y \neg G(y)$　　　（量词否定等值式）

$\quad\quad \Leftrightarrow \forall x (F(x) \vee \forall y \neg G(y))$　　　（量词辖域的扩张）

$\quad\quad \Leftrightarrow \forall x \forall y (F(x) \vee \neg G(y))$　　　（量词辖域的扩张）

例 2.20　求公式 $\forall x F(x) \rightarrow \neg \exists x G(x)$ 的前束范式.

解　$\forall x F(x) \rightarrow \neg \exists x G(x)$

$\quad\quad \Leftrightarrow \forall x F(x) \rightarrow \neg \exists y G(y)$　　　（换名规则）

$\quad\quad \Leftrightarrow \forall x F(x) \rightarrow \forall y \neg G(y)$　　　（量词否定等值式）

$$\Leftrightarrow \exists x(F(x) \to \forall y \neg G(y)) \qquad \text{（量词辖域的扩张）}$$
$$\Leftrightarrow \exists x \forall y(F(x) \to \neg G(y)) \qquad \text{（量词辖域的扩张）}$$

例 2.21　求公式 $(\neg \exists x F(x) \vee \forall y G(y)) \to \forall x H(x)$ 的前束范式.

解　$(\neg \exists x F(x) \vee \forall y G(y)) \to \forall x H(x)$

$$\Leftrightarrow (\neg \exists x F(x) \vee \forall y G(y)) \to \forall z H(z) \qquad \text{（换名规则）}$$
$$\Leftrightarrow (\forall x \neg F(x) \vee \forall y G(y)) \to \forall z H(z) \qquad \text{（量词否定等值式）}$$
$$\Leftrightarrow \forall x \forall y(\neg F(x) \vee G(y)) \to \forall z H(z) \qquad \text{（量词辖域的扩张）}$$
$$\Leftrightarrow \exists x \exists y((\neg F(x) \vee G(y)) \to \forall z H(z)) \qquad \text{（量词辖域的扩张）}$$
$$\Leftrightarrow \exists x \exists y \forall z((\neg F(x) \vee G(y)) \to H(z)) \qquad \text{（量词辖域的扩张）}$$

例 2.22　求公式 $\forall x \forall y(F(x,z) \to \exists z G(y,z)) \to \neg \exists u H(x,y,u)$ 的前束范式.

解　$\forall x \forall y(F(x,z) \to \exists z G(y,z)) \to \neg \exists u H(x,y,u)$

$$\Leftrightarrow \forall x \forall y(F(x,v) \to \exists z G(y,z)) \to \neg \exists u H(s,t,u) \qquad \text{（换名规则）}$$
$$\Leftrightarrow \forall x \forall y(F(x,v) \to \exists z G(y,z)) \to \forall u \neg H(s,t,u) \qquad \text{（量词否定等值式）}$$
$$\Leftrightarrow \forall x \forall y \exists z(F(x,v) \to G(y,z)) \to \forall u \neg H(s,t,u) \qquad \text{（量词辖域的扩张）}$$
$$\Leftrightarrow \exists x \exists y \forall z((F(x,v) \to G(y,z)) \to \forall u \neg H(s,t,u)) \qquad \text{（量词辖域的扩张）}$$
$$\Leftrightarrow \exists x \exists y \forall z \forall u((F(x,v) \to G(y,z)) \to \neg H(s,t,u)) \qquad \text{（量词辖域的扩张）}$$

由于前束范式中量词的顺序有时可以不同，所以其前束范式可能不唯一.

2.3.3　斯柯林标准型

一阶谓词公式的前束范式将全部量词都集中到首标中，这种规范形式在量词的次序上有着严格的限制，在讨论中不能随意变动. 1920 年，斯柯林（Skolem）对前束范式进行了改进，提出了斯柯林范式. 斯柯林范式是一阶逻辑公式中的一种重要形式，在定理的机器证明中非常有用，机器定理证明中的消解原理就建立在斯柯林范式的基础之上.

定义 2.13　设谓词公式 A 的一个前束范式是 $Q_1 x_1 Q_2 x_2 \cdots Q_k x_k B(x_1, x_2, \cdots, x_k)$，其中 $B(x_1, x_2, \cdots, x_k)$ 为合取范式.

（1）如果 Q_i 是存在量词，且它左边没有全称量词，则用一个 B 中没出现过的个体常元符号 a 来代替 B 中的所有 x_i，同时在首标中删除 $Q_i x_i$；

（2）如果 Q_i 是存在量词，且 Q_i 的左边有 t 个全称量词 $\forall x_{i_1}, \forall x_{i_2}, \cdots, \forall x_{i_t}$ ($t \geqslant 1$，$1 \leqslant i_1 < i_2 < \cdots < i_t < i$)，则用一个 B 中没出现过的 t 元函数 $f(x_{i_1}, x_{i_2}, \cdots, x_{i_t})$ 来代替 B 中的所有 x_i，同时在首标中删除 $Q_i x_i$.

对首标中的所有存在量词做上述处理后，得到一个在首标中没有存在量词的前束范式，称该范式为公式 A 的**斯柯林标准型**，其中，用来代替 x_i 的那些个体常元和函数统称为公式 A 的**斯柯林函数**.

斯柯林标准型与原公式不等值.

任意一个公式 A 都有相应的斯柯林标准型存在，但需要注意的是，由于在消去存在量词时做了一些替换，所以一般情况下，公式 A 的斯柯林标准型与 A 并不等值. 例如，

$\exists xF(x)$ 的斯柯林标准型 $F(a)$ 与 $\exists xF(x)$ 并不等值. 因为取个体域 $D=\{1,2\}$，若 $F(x)$ 表示 x 是奇数，显然当 $a=2$ 时，$F(a)$ 与 $\exists xF(x)$ 是不等值的. 但是，公式 A 与其斯柯林标准型 B 之间的关系：A 不可满足当且仅当 B 不可满足.

将谓词公式 A 化为斯柯林标准型的步骤如下：

（1）将谓词公式 A 化为前束范式.

（2）母式化为合取范式：任何母式都可以写成由一些谓词和谓词否定的析取式的合取.

（3）消去全部存在量词. 这里分两种情况，一种情况是存在量词不出现在全称量词的辖域内，此时，只要用一个新的个体常元替换该存在量词约束的变元，就可以消去存在量词；另一种情况是存在量词位于一个或多个全称量词的辖域内，这时需要用一个斯柯林函数替换该存在量词约束的变元而将其消去.

例 2.23 求公式 $\exists x \forall y \forall z \exists u \forall v \exists w F(x,y,z,u,v,w,a)$ 的斯柯林标准型.

（1）消去 $\exists x$：由于其左边没有全称量词，所以直接用一个个体常元符号 b 来代替 F 中的 x；

（2）消去 $\exists u$：由于其左边有全称量词 $\forall y$，$\forall z$，所以用一个函数符号 $f(y,z)$ 来代替 F 中的 u；

（3）消去 $\exists w$：由于其左边有全称量词 $\forall y$，$\forall z$，$\forall v$，所以用一个函数符号 $g(y,z,v)$ 来代替 F 中的 w.

经上述几步得原公式的斯柯林标准型为

$$\forall y \forall z \forall v F(b,y,z,f(y,z),v,g(y,z,v),a)$$

例 2.24 求公式 $\neg(\forall xF(x) \rightarrow \exists y \forall zG(y,z))$ 的斯柯林标准型.

解 $\neg(\forall xF(x) \rightarrow \exists y \forall zG(y,z))$

$\Leftrightarrow \neg(\neg\forall xF(x) \vee \exists y \forall zG(y,z))$ （蕴涵等值式）

$\Leftrightarrow \forall xF(x) \wedge \neg(\exists y \forall zG(y,z))$ （德·摩根律）

$\Leftrightarrow \forall xF(x) \wedge \forall y \exists z \neg G(y,z)$ （量词否定等值式）

$\Leftrightarrow \forall x \forall y \exists z(F(x) \wedge \neg G(y,z))$ （量词辖域扩张等值式）

用 $f(x,y)$ 代替 z 得斯柯林标准型：

$$\forall x \forall y(F(x) \wedge \neg G(y,f(x,y)))$$

2.4 谓词逻辑的推理理论

谓词逻辑是命题逻辑的进一步深化和发展，命题逻辑中的等值式、推理规则及推理定律也可以在谓词逻辑中使用. 在谓词逻辑中，某些前提和结论可能受到量词的约束，为确立前提和结论之间的内部联系，有必要消去量词和添加量词，因此正确理解和运用有关量词规则是谓词逻辑推理理论的关键所在，下面介绍有关量词的消去及引入规则.

2.4.1 量词的消去及引入规则

1. 全称量词消去规则（简称 UI 规则）

全称量词消去规则有两种形式：

（1）$\forall x A(x) \Rightarrow A(a)$，$a$ 为任意个体常元；

（2）$\forall x A(x) \Rightarrow A(y)$，$y$ 为任意的不在 $A(x)$ 中约束出现的个体变元.

要正确理解该规则的成立条件，否则会导致错误推理. 试看下面例子.

例 2.25　设个体域为实数集，$F(x, y)$ 表示 $x > y$，分析下面推导过程中的错误.

（1）$\forall x \exists y F(x, y)$　　　　前提引入

（2）$\exists y F(y, y)$　　　　　　（1）UI 规则

解　$\forall x \exists y F(x, y)$ 的语意是"对任意的实数 x，存在实数 y，满足 $x > y$"，这是一个真命题. 但是在使用 UI 规则时违反了使用条件，$\exists y F(x, y)$ 中的 y 是约束变元，不可用 y 代替 x，从而导致得到错误的结论 $\exists y F(y, y)$，即"存在实数 y，满足 $y > y$".

2. 全称量词引入规则（简称 UG 规则）

全称量词引入规则：
$$A(y) \Rightarrow \forall x A(x)，y \text{ 为任意的不在 } A(x) \text{中约束出现的个体变元}$$

该式成立的条件：

（1）前提 $A(y)$ 中自由出现的个体变元 y 取任意值都成立；

（2）取代自由出现的 y 的 x 也不能在 $A(y)$ 中约束出现.

例 2.26　设个体域为实数集，$F(x, y)$ 表示 $x > y$，分析下面推导过程中的错误.

（1）$\exists x F(x, y)$　　　　前提引入

（2）$\forall x \exists x F(x, x)$　　　（1）UG 规则

解　对个体域中任意的个体变元 y，显示 $\exists x F(x, y)$ 都取值 1，但结论 $\forall x \exists x F(x, x) = \forall x \exists x(x > x)$ 是一个假命题. 产生错误的原因是违反了 UG 规则的使用条件（2）. 若不用 x 而用另一个变元 z，则得 $\exists x(x > y) \Rightarrow \forall z \exists x(x > z)$ 为真命题.

3. 存在量词消去规则（简称 EI 规则）

存在量词消去规则：
$$\exists x A(x) \Rightarrow A(a)$$

该式成立的条件：

（1）a 为使 $A(x)$ 为真的特定的个体常元；

（2）a 没有在前提或者已经推导出的公式中出现过；

（3）若 $A(x)$ 中有其他自由出现的变元，则不能使用本规则.

例 2.27　设个体域为自然数集，$F(x)$ 表示 x 是奇数，$G(x)$ 表示 x 是偶数，分析下面推导过程中的错误.

（1）$\exists x F(x)$　　　　　前提引入

（2）$F(a)$ （1）EI 规则

（3）$\exists xG(x)$ 前提引入

（4）$G(a)$ （3）EI 规则

（5）$F(a) \wedge G(a)$ （2）、（4）合取

解   前提 $\exists xF(x)$ 和 $\exists xG(x)$ 都是真命题，错误出现在步骤（4），它违反了 EI 规则的使用条件. 此处使用 EI 规则的正确推理为 $\exists xG(x) \Rightarrow G(b)$，要避免与步骤（2）使用同一个体常元符号 a.

例 2.28   设个体域为实数集，$F(x,y)$ 表示 $x > y$，分析下面推导过程中的错误.

（1）$\forall x\exists yF(x,y)$ 前提引入

（2）$\exists yF(z,y)$ （1）UI 规则

（3）$F(z,a)$ （2）EI 规则

解 $\forall x\exists yF(x,y)$ 的语意是"对任意的实数 x，存在实数 y，满足 $x > y$"，这是一个真命题，但结论 $F(z,a)$ 随 z 的不同可取 0 或取 1. 这是由于公式 $\exists yF(z,y)$ 中还有自由变元 z，违反了 EI 规则的使用条件，所以不能使用 EI 规则得到 $F(z,a)$. 实际上，$\exists yF(z,y)$ 中的个体变元 y 依赖个体变元 z.

4. 存在量词引入规则（简称 EG 规则）

存在量词引入规则有两种形式：

$$A(a) \Rightarrow \exists xA(x)$$
$$A(y) \Rightarrow \exists xA(x)$$

该式成立的条件：

（1）$A(a)$ 中无自由变元 x 和约束变元 x；

（2）x 不在 $A(y)$ 中约束出现.

例 2.29   设个体域为实数集，$F(x,y)$ 表示 $x \cdot y = 0$，分析下面推导过程中的错误.

（1）$\exists y\forall xF(x,y)$ 前提引入

（2）$\forall xF(x,a)$ （1）EI 规则

（3）$\exists x\forall xF(x,x)$ （2）EG 规则

（4）$\forall xF(x,x)$ （3）EI 规则

解 $\exists y\forall xF(x,y)$ 的语意是"存在一个实数 y，对任意的实数 x，都有 $x \cdot y = 0$"，这是一个真命题，但结论 $\forall xF(x,x)$ 的语意是"对任意的实数 x，都有 $x^2 = 0$"，这是一个假命题. 错误出现在步骤（3），它违反了 EG 规则的使用条件.

2.4.2 谓词逻辑推理实例

谓词逻辑的推理方法是命题逻辑推理方法的扩展，因此在谓词逻辑中利用的推理规则也是 T 规则、P 规则，还有已知的等值式及有关量词的消去和引入规则，使用的推理方法是直接构造法和间接证明法，下面举例说明.

例 2.30   试证明下面苏格拉底三段论：

所有的人都会死，苏格拉底是人，因此，苏格拉底会死.

证明　设 $M(x)$ 表示 x 是人，$F(x)$ 表示 x 会死的，a 表示苏格拉底，于是原三段论可符号化如下.

　　前提：$\forall x(M(x) \to F(x)), M(a)$；

　　结论：$F(a)$.

　　推证如下：

　（1）$\forall x(M(x) \to F(x))$　　　　　前提引入

　（2）$M(a) \to F(a)$　　　　　　　　（1）UI 规则

　（3）$M(a)$　　　　　　　　　　　前提引入

　（4）$F(a)$　　　　　　　　　　　（2）、（3）假言推理

　　例 2.31　证明下面的推理：

有些学生相信所有的教师；任何一个学生都不相信骗子. 所以，教师都不是骗子.

　　证明　设 $F(x)$ 表示 x 是学生，$G(x)$ 表示 x 是教师，$H(x)$ 表示 x 是骗子，$L(x,y)$ 表示 x 相信 y，于是原推理可符号化如下.

　　前提：$\exists x(F(x) \wedge \forall y(G(y) \to L(x,y))), \forall x(F(x) \to \forall y(H(y) \to \neg L(x,y)))$；

　　结论：$\forall x(G(x) \to \neg H(x))$.

　　推证如下：

　（1）$\exists x(F(x) \to \forall y(G(y) \to L(x,y)))$　　　　前提引入

　（2）$F(a) \wedge \forall y(G(y) \to L(a,y))$　　　　　　（1）EI 规则

　（3）$\forall x(F(x) \to \forall y(H(y) \to \neg L(x,y)))$　　　前提引入

　（4）$F(a) \to \forall y(H(y) \to \neg L(a,y))$　　　　　（3）UI 规则

　（5）$F(a)$　　　　　　　　　　　　　　　（2）化简规则

　（6）$\forall y(G(y) \to L(a,y))$　　　　　　　　（2）化简规则

　（7）$\forall y(H(y) \to \neg L(a,y))$　　　　　　　（4）、（5）假言推理

　（8）$H(y) \to \neg L(a,y)$　　　　　　　　　（7）UI 规则

　（9）$G(y) \to L(a,y)$　　　　　　　　　　（6）UI 规则

　（10）$L(a,y) \to \neg H(y)$　　　　　　　　　（8）置换

　（11）$G(y) \to \neg H(y)$　　　　　　　　　（9）、（10）假言三段论

　（12）$\forall x(G(x) \to \neg H(x))$　　　　　　　（11）UG 规则

　　注意：在推理过程中，若既要使用 UI 规则又要使用 EI 规则消去公式中的量词，而且选用的个体是同一个符号，则必须先使用 EI 规则，再使用 UI 规则. 在例 2.31 的推理过程中，（2）与（4）两条就不能颠倒，若先用 UI 规则得到 $F(a) \to \forall y(H(y) \to \neg L(a,y))$，则再用 EI 规则时，就不一定能得到 $F(a) \wedge \forall y(G(y) \to L(a,y))$，一般应为 $F(b) \wedge \forall y(G(y) \to L(b,y))$，从而无法推证下去.

　　例 2.32　在谓词逻辑中证明下面的推理.

　　前提：$\forall x(F(x) \to G(x))$；

　　结论：$\forall x F(x) \to \forall x G(x)$.

　　证明

　（1）$\forall x F(x)$　　　　　　　　　　　　附加前提引入

（2）$F(y)$	（1）UI 规则
（3）$\forall x(F(x) \rightarrow G(x))$	前提引入
（4）$F(y) \rightarrow G(y)$	（3）UI 规则
（5）$G(y)$	（2）、（4）假言推理
（6）$\forall x G(x)$	（5）UG 规则

由附加前提证明法可知，推理有效.

例 2.33　在谓词逻辑中证明下面的推理.

前提：$\exists x F(x) \rightarrow \forall x G(x)$；

结论：$\forall x(F(x) \rightarrow G(x))$.

证明

（1）$\neg \forall x(F(x) \rightarrow G(x))$	否定结论引入
（2）$\exists x \neg(F(x) \rightarrow G(x))$	（1）量词否定等值式
（3）$\exists x \neg(\neg F(x) \vee G(x))$	（2）置换
（4）$\exists x(F(x) \wedge \neg G(x))$	（3）置换
（5）$F(a) \wedge \neg G(a)$	（4）EI 规则
（6）$F(a)$	（5）化简
（7）$\neg G(a)$	（5）化简
（8）$\exists x F(x)$	（6）EG 规则
（9）$\exists x F(x) \rightarrow \forall x G(x)$	前提引入
（10）$\forall x G(x)$	（8）、（9）假言推理
（11）$G(a)$	（10）UI 规则
（12）$\neg G(a) \wedge G(a)$	（7）、（11）合取

根据间接证明法可知，推理有效.

谓词演算推证中使用的推理规则在原来命题逻辑的基础上增加了 4 个非常重要的有关量词的推理规则,利用 UI 规则和 EI 规则可将谓词演算的推证转化为命题演算的推证,再通过 UG 规则和 EG 规则转化回来.

关于 4 条规则使用的特别提示：

（1）若既要使用 UI 规则又要使用 EI 规则消去公式中的量词,而且选用的个体是同一个符号,则必须先使用 EI 规则,再使用 UI 规则,然后使用命题演算中的推理规则,最后使用 UG 规则或 EG 规则引入量词,得到所要的结论.

（2）若一个变元是用 EI 规则消去量词的,则当对该变元在添加量词时,只能使用 EG 规则,而不能使用 UG 规则；若使用 UI 规则消去量词,则当对该变元添加量词时,可使用 EG 规则和 UG 规则.

（3）若有两个含有存在量词的公式,则当用 EI 规则消去量词时,不能选用同一个常元符号来取代两个公式中的变元,而应用不同的常元符号来取代.

（4）在用 UI 规则和 EI 规则消去量词时,此量词必须位于整个公式的最前端（一般化为前束范式）.

习　题　2

1．在谓词逻辑中将下列命题符号化.

（1）小明不是学生；

（2）小李是体操或球类运动员；

（3）小王既勤奋又聪明；

（4）若 n 是奇数，则 $2n$ 不是奇数；

（5）有些整数是偶数；

（6）每个整数都是实数；

（7）并不是每个实数都是整数；

（8）有的人喜欢吃蛋糕，但并不是所有人都喜欢吃蛋糕；

（9）不是所有的人都不喜欢吃榴莲；

（10）没有人不犯错误.

2．在谓词逻辑中将下列命题符号化.

（1）兔子比乌龟跑得快；

（2）有的兔子比所有的乌龟跑得快；

（3）没有比兔子跑得快的乌龟；

（4）所有的兔子比有的乌龟跑得快.

3．将下列各式翻译成自然语言，并指出其真值. 其中，$F(x)$ 表示 x 是素数，$G(x)$ 表示 x 是偶数，$L(x,y)$ 表示 x 能整除 y.

（1）$\forall x(L(2,x) \to G(x))$；　　　（2）$\exists x(G(x) \wedge L(x,8))$；

（3）$\forall x(\neg G(x) \to \neg L(2,x))$；　　（4）$\forall x(G(x) \to \forall y(L(x,y) \to G(y)))$；

（5）$\forall x(F(x) \to \exists y(L(x,y) \wedge G(y)))$.

4．将下列命题符号化，设个体域是实数集 $\mathbf{R}$，并指出各个命题的真值.

（1）对每个 x，都存在 y，使得 $xy = 0$；

（2）存在 x，对所有的 y，使得 $xy = 0$；

（3）对所有的 x，都存在 y，使得 $y = x+1$；

（4）存在 x，对所有的 y，使得 $xy = 1$；

（5）对所有的 x，存在 y，使得 $xy = 1$.

5．在谓词逻辑中将下列命题符号化，要求只使用存在量词.

（1）有些人是大学生，但并非所有人都是大学生；

（2）所有的有理数都是实数.

6．在谓词逻辑中将下列命题符号化，要求只使用全称量词.

（1）有些实数是有理数，但并非所有实数都是有理数；

（2）有些偶数是素数.

7．指出下列各式的自由变元和约束变元，并指出量词的辖域.

（1）$\forall x(F(x)\to G(x))\wedge\exists yL(x,y)$；

（2）$\forall x\forall y(F(x,y)\to G(x,z))\wedge\exists zH(x,y,z)$；

（3）$\forall x\forall y\exists z(F(x,y,t)\to G(x,z))\to\exists x\exists s(H(x,y,z)\wedge P(s))$；

（4）$\exists x\forall y(F(x,z)\vee G(x))\leftrightarrow\exists y(H(x)\wedge P(y))$；

（5）$(\forall xF(x)\vee\exists xG(x))\to(\forall xF(x)\wedge L(x))$；

（6）$\forall x(F(x)\to G(x)\wedge H(x,y,z))\to(\forall xP(x)\wedge Q(x,y))$；

（7）$\forall x\exists y(F(x,y)\wedge\exists zG(x,z))\vee\forall x(P(x,y)\wedge Q(x,z))$；

（8）$\forall x\forall y(F(x,y,z)\wedge\forall xG(x,y)\wedge\exists xH(x,u))\to\exists yL(x,y)$.

8．试用换名规则对下列谓词公式进行个体变元替换，使得每个个体变元有唯一的出现形式．

（1）$\forall x\forall y(F(x)\to G(x,y))\to(P(x,y)\wedge Q(x))$；

（2）$\forall x\forall y(F(x,y,z)\wedge\exists zG(z,y))\to L(x,y)$；

（3）$\forall x(F(x)\to G(x))\wedge\exists yL(x,y)$；

（4）$\forall x\forall y\exists z(F(x,y,t)\to G(x,z))\to\exists x\exists s(H(x,y,z)\wedge P(s))$.

9．设个体域 $D=\{1,2,3\}$，消去下面谓词公式中的量词．

（1）$\forall xF(x)\wedge\exists x\neg G(x)$；   （2）$\forall x\exists y(F(x)\to G(y))$；

（3）$\forall x\exists yL(x,y)$；   （4）$\exists y\forall xL(x,y)$.

10．设有解释 I：个体域 $D=\{1,2\}$，$f(1)=2$，$f(2)=1$，$L(1,1)=1$，$L(1,2)=1$，$L(2,1)=0$，$L(2,2)=0$，$a=1$，$b=2$，求下列公式在解释 I 下的真值．

（1）$L(a,f(a))\wedge L(b,f(b))\wedge L(a,f(b))\wedge L(b,f(a))$；

（2）$\exists x\exists yL(x,y)$；

（3）$\forall x\forall yL(x,y)$；

（4）$\forall x\forall y(L(f(x),f(y))\to L(x,y))$.

11．设有解释 I：个体域 D 为实数集，$f(x,y)=x-y$，$g(x,y)=x+y$，$h(x,y)=x\cdot y$，$a=0$，$F(x,y)$ 表示 $x=y$，$G(x,y)$ 表示 $x>y$，$N(x)$ 表示 x 是自然数，$\sigma(x)=1$，$\sigma(y)=-2$（给公式中的每一个自由出现的个体变元指定个体域中的一个元素称作在解释 I 下的赋值．本题中的 σ 为解释 I 下的赋值）．求下列公式在解释 I 下的真值．

（1）$\forall x\forall yF(g(x,y),g(y,x))$；

（2）$N(x)\wedge\forall y(N(y)\to(G(y,x)\vee F(y,x)))$；

（3）$\forall y\exists zF(h(y,z),x)$；

（4）$\forall x\forall yF(h(f(x,y),g(x,y)),f(h(x,x),h(y,y)))$；

（5）$F(g(x,g(x,y)),a)$.

12．设有解释 I：个体域为自然数集，谓词 $F(x,y)$ 表示 $x\geq y$．求下列公式在解释 I 下的真值．

（1）$\forall x\forall y\,F(x,y)$；   （2）$\forall y\forall x\,F(x,y)$；

（3）$\exists x\forall y\,F(x,y)$ （4）$\exists y\forall x\,F(x,y)$；

（5）$\forall y\exists x\,F(x,y)$；   （6）$\forall x\exists y\,F(x,y)$；

（7）$\exists y\exists x\,F(x,y)$；   （8）$\exists x\exists y\,F(x,y)$.

13．判断下列谓词公式中，哪些是永真式，哪些是永假式，哪些是可满足式．

（1）$\forall x(\neg F(x) \to \neg F(x))$；

（2）$\neg(F(x) \to \forall y(G(x,y) \to F(x)))$；

（3）$\exists x F(x) \to \forall x F(x)$；

（4）$\forall x(F(x) \vee G(x)) \to (\forall x F(x) \vee \forall y G(y))$；

（5）$\forall x(F(x) \wedge G(x)) \to (\forall x F(x) \wedge \forall y G(y))$．

14．证明下列等值式．

（1）$\exists x(F(x) \to G(x)) \Leftrightarrow \forall x F(x) \to \exists x G(x)$；

（2）$\forall x \forall y(F(x) \to G(y)) \Leftrightarrow \exists x F(x) \to \forall y G(y)$．

15．求下列公式的前束范式．

（1）$F(a,y) \wedge F(x,b)$；

（2）$\forall x F(x) \to \neg \forall y G(x,y)$；

（3）$\neg \forall x(F(x,y) \to \exists y G(x,y,z))$；

（4）$\forall x(F(x,y) \to \exists y G(y)) \to (\neg \exists y H(x,y) \to \exists x G(x))$．

16．求下列公式的斯柯林范式．

（1）$\forall x F(x) \to \forall y G(y)$；

（2）$\exists x \forall y \forall z \exists u((F(x,y) \to G(u)) \wedge (\neg H(y,z) \to G(u)))$；

（3）$\forall x(\neg F(x,a) \to (\exists y(F(y,f(x)) \wedge \forall z(F(z,f(x)) \to F(y,z)))))$．

17．指出下列推理中的错误，并加以改正．

（1）① $\forall x F(x) \to G(x)$　　　　前提引入

　　　② $F(x) \to G(x)$　　　　　　①UI 规则

（2）① $F(a) \to G(b)$　　　　　　前提引入

　　　② $\exists x(F(x) \to G(x))$　　　①EG 规则

（3）① $F(x) \to G(a)$　　　　　　前提引入

　　　② $\exists x(F(x) \to G(x))$　　　①EG 规则

（4）① $\forall x(F(x) \to G(x))$　　　前提引入

　　　② $F(a) \to G(b)$　　　　　　①UI 规则

（5）① $\exists x F(x)$　　　　　　　前提引入

　　　② $F(a)$　　　　　　　　　　①EI 规则

　　　③ $\exists x G(x)$　　　　　　　前提引入

　　　④ $G(a)$　　　　　　　　　　③EI 规则

　　　⑤ $F(a) \wedge G(a)$　　　　　③、④合取

　　　⑥ $\exists x(F(x) \wedge G(x))$　　⑤EG 规则

（6）① $\forall x(F(x) \to G(x))$　　　前提引入

　　　② $F(a) \to G(a)$　　　　　　①UI 规则

　　　③ $\exists x F(x)$　　　　　　　前提引入

　　　④ $F(a)$　　　　　　　　　　③EI 规则

　　　⑤ $G(a)$　　　　　　　　　　②、④假言推理

	⑥$\exists x G(x)$	⑤EG 规则
(7)	①$\forall x \exists y(x > y)$	前提引入
	②$\exists y(x > y)$	①UI 规则
	③$x > a$	②EI 规则
	④$\forall x(x > a)$	③UG 规则
	⑤$\exists y \forall x(x > y)$	④EG 规则

18. 构造下列推理的证明.

（1）前提：$\forall x(\neg F(x) \rightarrow G(x))$，$\forall x \neg G(x)$；

结论：$\exists x F(x)$.

（2）前提：$\neg \forall x(F(x) \vee G(x))$；

结论：$\neg \forall x G(x)$.

（3）前提：$\forall x(F(x) \rightarrow (G(x) \wedge H(x)))$，$\exists x(F(x) \wedge P(x))$；

结论：$\exists x(H(x) \wedge P(x))$.

（4）前提：$\exists x(F(x) \rightarrow G(x))$；

结论：$\neg \forall x F(x) \vee \exists x G(x)$.

19. 将下列命题符号化，并用推理理论证明其结论是否有效.

（1）所有的自然数都是整数，任何一个整数不是奇数就是偶数，并非每个自然数都是偶数. 所以某些自然数是奇数.

（2）任何人如果他喜欢步行，他就不喜欢乘汽车. 每个人或者喜欢乘汽车或者喜欢骑自行车. 有的人不骑自行车，所以有的人不爱步行.

（3）每个旅客都可以坐一等座或二等座. 每个旅客当且仅当他愿意多花钱时才能坐一等座. 有些旅客愿意多花钱但并非所有旅客都愿意多花钱. 因此，有些旅客坐二等座.

（4）该来的都没来. 所以来了的都是不该来的.

第3章 集 合 论

集合论是现代数学的基础，几乎与现代数学的每个分支都有密切的联系，它已渗透到所有的科技领域，是不可缺少的数学工具和表达语言.

集合论的起源可以追溯到 16 世纪末期，为了追寻微积分的坚实基础，人们对数集进行了研究. 1879—1884 年，康托尔（Cantor）发表了一系列有关集合论研究的文章，这些文章为集合论奠定了深厚的基础. 1904—1908 年，策梅洛（Zermelo）列出了第一个集合论的公理系统，并逐步形成了公理化集合论.

这里学习集合论，是因为计算机科学及其应用的研究与集合论有着极其密切的关系，集合不仅可以表示数，而且可以像数一样进行运算，更可以用于非数值信息的表示和处理，如数据的增加、删除、排序及数据之间关系的描述等；有些问题很难用传统的数值计算来处理，却可以用集合运算来处理. 因此，集合论在程序语言、数据结构、编译原理、数据库与知识库、形式语言和人工智能等领域都有着广泛的应用，并且得到了进一步的发展.

本章主要介绍集合、子集的基本概念及相关性质，集合之间的各种运算及其运算性质，以及有限集和无限集的基本概念，但对集合论本身及其公理化系统不做深入探讨.

3.1 集 合

3.1.1 集合的概念

1. 集合的定义

集合是由具有某种特定性质的对象汇集成的一个整体. 作为数学上的基本概念，如同几何中的点、线、面等概念一样，集合是一个很难用其他概念精确定义的原始概念. 那么，集合的定义是什么呢？集合论的创始人德国数学家康托尔于 1874 年最先给出了集合的经典定义.

定义 3.1 人们直观上或思想上能够明确区分的一些对象所构成的一个整体称为**集合**. 其中，集合是总体，而集合中含有的对象或客体称为集合中的**元素**或**成员**，是组成总体的个体.

在日常生活和科学实践中经常会遇到各种用文字语言表示的集合，如下面这些语句都可以表示一个集合：

（1）计算机学院的全体学生；

（2）本教材的所有字符；

（3）所有的正整数；

（4）程序设计语言 Pascal 的全部数据类型；

（5）离散数学课程中的所有概念．

从上面的例子可以看出集合具有下面一些特点：

（1）集合中的元素所表示的事物可以是具体的，也可以是抽象的，如学生、字符等是具体事物，概念、数据类型等是抽象描述．

（2）集合的元素可以是任意的，如一个学生、一张课桌、一个字母、一双鞋子、离散数学等元素可以组成一个集合．尽管这样的集合可能没人关心，但将这些元素集中在一起，也符合集合的概念．

（3）集合中的元素具有互异性．例如，"计算机学院的全体学生"这个集合中，计算机学院的每个学生，都只能是该集合中的一个元素，不允许在集合中重复出现；再如，$\{1,2,2,2,3,3\}$ 与 $\{1,2,3\}$ 是完全相同的集合，并且 $\{1,2,2,2,3,3\}$ 应写成 $\{1,2,3\}$ 的形式．

（4）集合的元素必须是确定的和可区分的．例如，"计算机学院的高个子学生"这种客体就不表示一个集合，因为"高个子"是一个相对概念，多高才能算高个子？没有一个明确的划分或界定，不同情况有不同的界定方法．这种由不清晰的对象构成的集合属于模糊集合论的研究范畴．

一般情况下，集合的名称用大写英文字母 A, B, C 等表示，而小写英文字母 a, b, c 等常用来表示集合的元素．

元素和集合之间是隶属关系，即"属于"或"不属于"的关系．若元素 a 属于集合 A，则用 $a \in A$ 表示，亦称 a 是集合 A 的元素；若元素 a 不属于集合 A，则用 $a \notin A$ 表示，亦称 a 不是集合 A 的元素．

由于元素和集合之间是"属于"或"不属于"的关系，因此集合与命题之间有很紧密的联系．元素"属于"或"不属于"某集合可以看作一个命题．若元素 a 确实属于集合 A，则命题"$a \in A$"的真值为"真"，相应地，命题"$a \notin A$"的真值为"假"；若元素 a 不属于集合 A，则命题"$a \in A$"的真值为"假"，相应地，命题"$a \notin A$"的真值为"真"．因此，在处理集合之间的关系时，也可以借用命题的相关理论和方法进行分析和处理．

2. 集合的基数

集合中元素的个数称为集合的基数．

定义 3.2 一个集合中的元素个数称为**集合的基数**．集合 A 的基数用 $|A|$ 或 $\mathrm{card}(A)$ 表示．称 $k(k \geq 0)$ 个元素的集合为 k **元集**．

例如，由一个汉堡、一张桌子、一个字母、一双鞋子、离散数学这些元素组成的集合，其元素个数是 5，即这个集合的基数就是 5．

3. 集合的分类

按集合中元素个数是否有限来分类，可将集合分为有限集和无限集两种．如果组成一个集合的元素个数是有限的，则称该集合为**有限集合**，简称**有限集**，否则称为**无限集合**，简称**无限集**．例如，26 个英语字母组成的集合就是有限集，全体实数组成的集合就是无限集.

3.1.2 集合的表示

集合是由它所包含的元素完全确定的,为了表示一个集合,可以有许多种方法.

1. 列举法(显式法)

列出集合中全部元素或部分元素且能看出其他元素规律的方法称为**列举法(显式法)**,一般来说,当一个集合仅含有限个元素或元素之间有明显关系时,通常采用列举法.

例 3.1 指出下列集合的表示方法.

(1) $A = \{a, b, c, d\}$;

(2) $B = \{1, 3, 5, \cdots, 2n+1, \cdots\}$.

解 (1) 集合 A 中仅含 4 个元素,将其全部列出,即采用了列举法表示.

(2) 集合 B 中的元素是部分列出的,并且存在着明显的规律:自然数的 2 倍加 1 都是集合 B 中的元素,因而也是列举法.

上述表示方法实际上是一种显式表示法,其优点在于具有直观性.但是,对某些集合,列出其所有的元素是不可能的.并且,从计算机的角度看,显式法是一种"静态"表示法,如果同时将所有的"数据"都输入计算机中,就会占据大量的内存,为此,给出另一种描述集合的方法——描述法(隐式法).

2. 描述法(隐式法)

通过刻画集合中元素所具有的某种特性来表示集合的方法称为**描述法(隐式法)**,通常用符号 $P(x)$ 来表示不同对象 x 所具有的性质 P,由 $P(x)$ 所定义的集合常记为 $\{x \mid P(x)\}$.

例 3.2 指出下列集合的表示方法.

(1) $A = \{x \mid x$ 是"discrete mathematics"中的所有字母$\}$;

(2) $\mathbf{Z} = \{x \mid x$ 是一个整数$\}$;

(3) $S = \{x \mid x$ 是整数,并且 $x^2 + 1 = 0\}$;

(4) $\mathbf{Q}^+ = \{x \mid x$ 是一个正有理数$\}$.

解 (1)"discrete mathematics"中共有 19 个字母,但根据集合元素的互异性,不同的字母只有"d, i, s, c, r, e, t, m, a, h"共 10 个,因此,$A = \{d, i, s, c, r, e, t, m, a, h\}$.

(2) $\mathbf{Z}$ 包含的元素为$\cdots$, -3, -2, -1, 0, 1, 2, 3, $\cdots$.

(3) 没有任何整数满足 $x^2 + 1 = 0$,因此集合 S 中没有元素.

(4) $\mathbf{Q}^+$ 包含的元素可以写成 a/b,其中 a 和 b 都是整数,b 不为零并且 a, b 同号.

上述(1)~(4)都是通过刻画集合中元素所具备的某种特性来表示集合的,所以都是用描述法表示集合.

描述法的特点在于所表示集合的元素可以有有限个也可以有无穷个,而且从计算机的角度看,描述法是一种"动态"的表示法,计算机在处理数据时不用占据大量内存.

3. 归纳法

归纳法是一种通过归纳定义集合的方法，主要由以下三部分组成.

第一部分：基础，指出某些最基本的元素属于某集合；

第二部分：归纳，指出由基本元素构造新元素的方法；

第三部分：极小性，指出该集合的界限.

第一部分和第二部分指出一个集合至少要包含的元素，第三部分指出一个集合至多要包含的元素.

例 3.3 集合 A 按如下方式定义，试指出集合 A 的定义方式.

（1）0 和 1 都是 A 中的元素；

（2）如果 a, b 是 A 中的元素，则 ab, ba, aa, bb 也是 A 中的元素；

（3）有限次使用（1）和（2）后所得到的字符串都是 A 中的元素.

解 （1）指出了集合 A 中最基本的元素是 0 和 1；（2）给出了由 0 和 1 构造新元素的方法，如 00, 01, 11 等都是由 0 和 1 构造的集合 A 中的新元素；（3）指出了集合 A 的界限. 显然，（1）是基础，（2）是归纳，（3）是极小性，根据归纳法的定义，集合 A 就是利用归纳法定义的.

4. 递归指定集合法

递归指定集合法是指通过计算规则定义集合中的元素的方法.

例 3.4 设 $a_0 = 1$，$a_{k+1} = 2a_k (k \geq 0)$，定义 $S = \{a_0, a_1, \cdots, a_k, \cdots\} = \{a_k \mid k \geq 0\}$，试写出集合 S 中的所有元素.

解 根据给出的计算规则计算出集合 S 为

$$S = \{1, 2, 2^2, \cdots, 2^k, \cdots\} = \{2^k \mid k \geq 0\}$$

5. 文氏（Venn）图法

英国数学家维恩（Venn）在 1881 年介绍了文氏图的使用方法. 文氏图用于展示不同的集合之间的数学或逻辑联系，尤其适合用来表示集合之间的"大致关系"，也常常被用来帮助推导（或理解推导过程）关于集合运算的一些规律. 在文氏图中，全集 E 用矩形表示，其他集合由各自不同的圆表示，圆的内部表示集合中的元素，有时用点来表示集合中特定的元素. 如果没有关于集合不交的说明，任何两个圆应该彼此相交.

3.1.3 特殊集合

1. 常用的数集

一些常用的特定数的集合，一般约定用特定的大写字母来表示，如 **N**：所有自然数组成的集合；**Z**：所有整数组成的集合；**Q**：所有有理数组成的集合；**R**：所有实数组成的集合.

2．空集与全集

定义 3.3　不含任何元素的集合称为**空集**，记作 $\varnothing$，空集可符号化为
$$\varnothing = \{x \mid x \neq x\}$$

例如，$P = \{x \mid x$ 是整数，且 $x^2 + 1 = 0\}$ 就是一个空集．

定义 3.4　在以集合作为模型研究问题时，都有一个相对固定的范围，由该范围内所有元素组成的集合，称为**全集**，全集一般用 E 或 U 表示．

例如，在讨论区间 $(0,1)$ 上的实数的性质时，$E_1 = (0,1)$，$E_2 = (0,1]$，$E_3 = [0,1)$，$E_4 = [0,1]$，$E_5 = (0,+\infty)$，…都可以当作全集，最小的是 E_1，可见就是对同一个问题，全集也是不唯一的．

3.1.4　集合之间的关系

集合中元素的顺序并不十分重要，例如，$\{1,2,3\}$ 和 $\{2,3,1\}$ 是相同的集合．集合是由人们直观上或思想上能够明确区分的一些元素所构成的一个整体．一个元素，按不同的分类方式，可以属于不同的集合．因此，从元素是否属于某集合的观点出发，不同的集合可能存在一定的关系．

1．子集

定义 3.5　对于两个集合 A 和 B，如果集合 B 中的每个元素都是集合 A 中的元素，则称集合 B 是集合 A 的**子集**．集合 B 是集合 A 的子集也称集合 B 包含于集合 A，或者集合 A 包含集合 B，或者集合 B 被集合 A 包含，记作 $B \subseteq A$ 或 $A \supseteq B$，符号"$\subseteq$"读作包含于，"$\supseteq$"读作包含．称"$\subseteq$"为**包含关系**．如果集合 B 不被集合 A 所包含，则记作 $B \nsubseteq A$．

子集的定义用谓词语言描述为
$$B \subseteq A \Leftrightarrow \forall x (x \in B \to x \in A)$$

由子集的定义不难得出：

（1）空集是任何集合的子集，即 $\varnothing \subseteq A$．因为
$$\varnothing \subseteq A \Leftrightarrow \forall x (x \in \varnothing \to x \in A) \Leftrightarrow \forall x (0 \to x \in A) \Leftrightarrow 1.$$

（2）任意集合 A 是它自身的子集，即 $A \subseteq A$．因为
$$A \subseteq A \Leftrightarrow \forall x (x \in A \to x \in A) \Leftrightarrow 1.$$

（3）任意集合 A 是全集的子集，即 $A \subseteq E$．因为
$$A \subseteq E \Leftrightarrow \forall x (x \in A \to x \in E) \Leftrightarrow \forall x (x \in A \to 1) \Leftrightarrow 1.$$

例 3.5　设 $A = \{a,b,c,d\}$，$B = \{a,b,d\}$，$C = \{b,c\}$，$D = \{b,c\}$，判断 A, B, C, D 之间的包含关系．

解　根据子集的定义有
$$B \subseteq A, \quad C \subseteq A, \quad D \subseteq A, \quad C \subseteq D, \quad D \subseteq C$$

定义 3.6　对于两个集合 A 和 B，如果 $B \subseteq A$ 且 $A \neq B$，则称集合 B 是集合 A 的**真子集**．这时也称集合 B 被集合 A 真包含，或者集合 B 真包含于集合 A，或者集合 A 真包

含集合 B，记作 $B \subsetneqq A$ 或 $A \supsetneqq B$，称 "$\subsetneqq$" 为真包含于，"$\supsetneqq$" 为真包含. 称 "$\subsetneqq$" 为**真包含关系**. 如果集合 B 不是集合 A 的真子集，则记作 $B \not\subset A$.

真子集的定义用谓词语言描述为

$$B \subsetneqq A \Leftrightarrow \forall x(x \in B \to x \in A) \land \exists x(x \in A \land x \notin B)$$

例 3.6 试判断下列集合之间是否具有真包含关系.

（1）$A = \{a,b\}$，$B = \{a,b,c,d\}$；

（2）$C = \{a,b,c,d\}$，$D = \{a,b,c,d\}$.

解 根据真子集的定义有：（1）$A \subsetneqq B$；（2）$C \not\subset D$，$D \not\subset C$.

2. 集合相等

定义 3.7 设 A,B 为集合，如果 A,B 有完全相同的元素，则称这两个集合**相等**，记作 $A=B$；集合 A 和 B 不相等记为 $A \neq B$.

集合相等的定义用谓词语言描述为

$$A = B \Leftrightarrow \forall x(x \in A \leftrightarrow x \in B)$$

例如，集合 $\{a, b, c\}$ 与集合 $\{b, a, c\}$，很显然这两个集合中的元素一样，只是排列的顺序不同，所以有 $\{a, b, c\} = \{b, a, c\}$.

又例，集合 $\{\{a, b\}, c\}$ 与集合 $\{a, b, c\}$，前一个集合的元素是 $\{a, b\}$ 与 c，后一个集合的元素是 a, b, c，两个集合的元素不同，所以 $\{\{a, b\}, c\} \neq \{a, b, c\}$.

定理 3.1 对于任意两个集合 A 和 B，$A=B$ 的充要条件是 $A \subseteq B$ 且 $B \subseteq A$.

证明 ① 充分性（用反证法证明）：

假设当 $A \subseteq B$ 且 $B \subseteq A$ 时，$A \neq B$.

由于 $A \neq B$，所以至少存在一个元素 x，使得 $x \in A$ 且 $x \notin B$ 或者 $x \in B$ 且 $x \notin A$. 若 $x \in A$ 且 $x \notin B$，则 $A \not\subseteq B$；若 $x \in B$ 且 $x \notin A$，则 $B \not\subseteq A$. 因此，若 $A \neq B$，则必有 $A \not\subseteq B$ 或者 $B \not\subseteq A$，与假设 $A \subseteq B$ 且 $B \subseteq A$ 矛盾. 所以，当 $A \subseteq B$ 且 $B \subseteq A$ 时，必有 $A=B$.

② 必要性：

由于 $A=B$，所以对于任意的 $x \in A$，必有 $x \in B$. 根据集合包含的定义可知 $A \subseteq B$；同理可知，若 $A=B$，则有 $B \subseteq A$.

综上可知，两个集合 A 和 B 相等的充要条件是 $A \subseteq B$ 且 $B \subseteq A$. 定理 3.1 是证明两个集合相等的最基本方法.

3. 幂集

定义 3.8 对于任意集合 A，由集合 A 的所有不同子集为元素组成的集合称为集合 A 的**幂集**. 集合 A 的幂集一般记作 $P(A)$. 其符号化表示为

$$P(A) = \{x \mid x \subseteq A\}$$

事实上，把集合作为元素而构成的集合称为**集族**. 显然，幂集是集族.

例 3.7 设 $A = \{a,b,c\}$，求出 A 的幂集 $P(A)$.

解 A 的 0 元子集：$\varnothing$，共有 C_3^0 个；

A 的 1 元子集：$\{a\}$，$\{b\}$，$\{c\}$，共有 C_3^1 个；

A 的 2 元子集：$\{a,b\}$，$\{a,c\}$，$\{b,c\}$，共有 C_3^2 个；

A 的 3 元子集：$\{a,b,c\}$，共有 C_3^3 个．所以 A 的幂集为
$$P(A)=\{\varnothing,\{a\},\{b\},\{c\},\{a,b\},\{a,c\},\{b,c\},\{a,b,c\}\}$$

一般地，对于含有 n 个元素的集合 A，有如下结论：

A 的 0 元子集有 C_n^0 个；A 的 1 元子集有 C_n^1 个……A 的 n 元子集有 C_n^n 个．所以 A 的幂集元素个数为
$$|P(A)|=C_n^0+C_n^1+\cdots+C_n^n=2^n$$

例 3.8 计算下列幂集.

（1）$P(\varnothing)$；（2）$P(P(\varnothing))$；（3）$P(\{\{a,b\},c\})$．

解 （1）由于 $|\varnothing|=0$，因此 $\varnothing$ 仅有 0 元子集 $\varnothing$，所以 $P(\varnothing)=\{\varnothing\}$．

（2）由于 $|P(\varnothing)|=1$，因此 $P(\varnothing)$ 有 0 元子集 $\varnothing$ 和 1 元子集 $\{\varnothing\}$，所以 $P(P(\varnothing))=\{\varnothing,\{\varnothing\}\}$．

（3）由于 $|\{\{a,b\},c\}|=2$，因此 $\{\{a,b\},c\}$ 有 0 元子集 $\varnothing$，1 元子集 $\{\{a,b\}\}$ 和 $\{c\}$，2 元子集 $\{\{a,b\},c\}$，所以 $P(\{\{a,b\},c\})=\{\varnothing,\{\{a,b\}\},\{c\},\{\{a,b\},c\}\}$．

3.2 集合的运算

3.2.1 集合运算的概念

集合运算是指以给定集合为对象，按照确定的运算规则得到另一个集合的过程．集合的基本运算有并、交、补、差和对称差，它们的定义如下．

定义 3.9 设 A,B 是集合，则集合 A 与 B 的**并**$(A\bigcup B)$ 和**交**$(A\bigcap B)$ 分别定义如下：
$$A\bigcup B=\{x\,|\,x\in A\vee x\in B\}$$
$$A\bigcap B=\{x\,|\,x\in A\wedge x\in B\}$$

由定义可以看出，$A\bigcup B$ 是由集合 A 或 B 中的元素构成的；$A\bigcap B$ 是由集合 A 和 B 中的公共元素构成的．集合的并运算和交运算相当于算术运算中的加法和乘法，进一步，可以得到 n 个集合的并集和交集，即
$$\bigcup_{i=1}^{n}A_i=A_1\bigcup A_2\bigcup\cdots\bigcup A_n=\{x\,|\,x\in A_1\text{ 或 }x\in A_2\text{ 或 }\cdots\text{ 或 }x\in A_n\}$$
$$\bigcap_{i=1}^{n}A_i=A_1\bigcap A_2\bigcap\cdots\bigcap A_n=\{x\,|\,x\in A_1\text{ 且 }x\in A_2\text{ 且 }\cdots\text{ 且 }x\in A_n\}$$

当 n 无限增大时，可以记为
$$\bigcup_{i=1}^{\infty}A_i=A_1\bigcup A_2\bigcup\cdots\bigcup A_i\bigcup\cdots$$
$$\bigcap_{i=1}^{\infty}A_i=A_1\bigcap A_2\bigcap\cdots\bigcap A_i\bigcap\cdots$$

定义 3.10 设 A, B 是集合，E 是全集，A **的补** $(\overline{A})$、A **与** B **的差** $(A-B)$ 及 A **与** B **的对称差** $(A \oplus B)$ 定义如下：

$$\overline{A} = \{x \mid x \in E \land x \notin A\}$$

$$A - B = \{x \mid x \in A \land x \notin B\}$$

$$A \oplus B = (A-B) \bigcup (B-A)$$

$$= \{x \mid (x \in A \land x \notin B) \lor (x \in B \land x \notin A)\}$$

由定义可以看出，$\overline{A}$ 是由不在集合 A 中的元素构成的，$A-B$ 是由属于 A 但不属于 B 的元素构成的，$A \oplus B$ 是由属于 A 或属于 B 但不同时属于 A 和 B 的元素构成的，所以对称差运算的另一种定义是

$$A \oplus B = (A \bigcup B) - (A \bigcap B)$$

例 3.9 设 $A=\{1,2,3\}$，$B=\{1,4,5\}$，全集 $E=\{1,2,3,4,5,6\}$，试写出 $A \bigcup B$，$A \bigcap B$，$\overline{A}$，$A-B$ 和 $A \oplus B$．

解 $A \bigcup B = \{1,2,3,4,5\}$；$A \bigcap B = \{1\}$；$\overline{A} = \{4,5,6\}$；

$A - B = \{2,3\}$；$A \oplus B = \{2,3,4,5\}$．

以上集合之间的关系和运算可以用文氏图形象、直观地描述．图 3-1 是一些文氏图的实例，其中图中阴影区域表示新组成的集合．

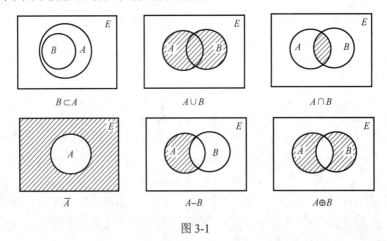

图 3-1

文氏图能够对一些问题给出简单、直观的解释，这种解释对分析问题有很大的帮助．不过，文氏图只是起一种示意作用，可以启发我们发现集合之间的某些关系，但不能用文氏图来证明恒等式，因为这种证明是不严密的．

3.2.2 集合运算的算律

任何代数运算都遵循一定的算律，下面的恒等式给出了集合运算的主要算律．

定理 3.2 设 A,B,C 是全集 E 的任意子集，则有：

（1）幂等律：

$$A \bigcup A = A$$

$$A \bigcap A = A$$

（2）交换律：
$$A \cup B = B \cup A$$
$$A \cap B = B \cap A$$

（3）结合律：
$$(A \cup B) \cup C = A \cup (B \cup C)$$
$$(A \cap B) \cap C = A \cap (B \cap C)$$

（4）分配律：
$$A \cup (B \cap C) = (A \cup B) \cap (A \cup C)$$
$$A \cap (B \cup C) = (A \cap B) \cup (A \cap C)$$

（5）同一律：
$$A \cup \varnothing = A$$
$$A \cap E = A$$

（6）零律：
$$A \cup E = E$$
$$A \cap \varnothing = \varnothing$$

（7）排中律：
$$A \cup \overline{A} = E$$

（8）矛盾律：
$$A \cap \overline{A} = \varnothing$$

（9）吸收律：
$$A \cup (A \cap B) = A$$
$$A \cap (A \cup B) = A$$

（10）德·摩根律：
$$\overline{A \cup B} = \overline{A} \cap \overline{B}$$
$$\overline{A \cap B} = \overline{A} \cup \overline{B}$$
$$A - (B \cup C) = (A - B) \cap (A - C)$$
$$A - (B \cap C) = (A - B) \cup (A - C)$$

（11）双重否定律：
$$\overline{\overline{A}} = A$$

（12）补交转换律：
$$A - B = A \cap \overline{B}$$

除以上的算律外，还有一些关于集合运算性质的重要结果：

（1）$A \cap B \subseteq A$，$A \cap B \subseteq B$；

（2）$A \subseteq A \cup B$，$B \subseteq A \cup B$；

（3）$A - B \subseteq A$；

（4）$A \subseteq B \Leftrightarrow A \cup B = B \Leftrightarrow A \cap B = A \Leftrightarrow A - B = \varnothing$.

定理 3.2 中的恒等式可以利用文氏图加以理解，也可以用多种方法加以证明，下面我们选证其中的一部分，其他的留给读者自己证明．我们采用形式化的证明方法，在证明中将大量用到数理逻辑的有关符号和等值公式．

例 3.10 证明分配律：
$$A\cup(B\cap C)=(A\cup B)\cap(A\cup C)$$

证明 对 $\forall x$，有

$$
\begin{aligned}
x\in A\cup(B\cap C)&\Leftrightarrow x\in A\vee x\in(B\cap C) & \text{（并集的定义）}\\
&\Leftrightarrow x\in A\vee(x\in B\wedge x\in C) & \text{（交集的定义）}\\
&\Leftrightarrow(x\in A\vee x\in B)\wedge(x\in A\vee x\in C) & \text{（}\vee\text{对}\wedge\text{的分配律）}\\
&\Leftrightarrow(x\in(A\cup B))\wedge(x\in(A\cup C)) & \text{（并集的定义）}\\
&\Leftrightarrow x\in((A\cup B)\cap(A\cup C)) & \text{（交集的定义）}
\end{aligned}
$$

所以
$$A\cup(B\cap C)=(A\cup B)\cap(A\cup C)$$

例 3.11 证明德·摩根律：
$$A-(B\cup C)=(A-B)\cap(A-C)$$

证明 对 $\forall x$，有

$$
\begin{aligned}
x\in(A-(B\cup C))&\Leftrightarrow x\in A\wedge x\notin(B\cup C) & \text{（差集的定义）}\\
&\Leftrightarrow x\in A\wedge\neg(x\in B\vee x\in C) & \text{（并集的定义）}\\
&\Leftrightarrow x\in A\wedge(\neg x\in B\wedge\neg x\in C) & \text{（德·摩根律）}\\
&\Leftrightarrow x\in A\wedge(x\notin B\wedge x\notin C) & \\
&\Leftrightarrow(x\in A\wedge x\notin B)\wedge(x\in A\wedge x\notin C) & \text{（幂等律、交换律、结合律）}\\
&\Leftrightarrow(x\in(A-B))\wedge(x\in(A-C)) & \text{（差集的定义）}\\
&\Leftrightarrow x\in((A-B)\cap(A-C)) & \text{（交集的定义）}
\end{aligned}
$$

所以
$$A-(B\cup C)=(A-B)\cap(A-C)$$

例 3.12 化简：
$$((A\cup B\cup C)\cap(A\cup B))-((A\cup(B-C))\cap A)$$

解

$$
\begin{aligned}
&((A\cup B\cup C)\cap(A\cup B))-((A\cup(B-C))\cap A) & \\
&\Leftrightarrow(((A\cup B)\cup C)\cap(A\cup B))-((A\cup(B-C))\cap A) & \text{（结合律）}\\
&\Leftrightarrow(A\cup B)-A & \text{（吸收律）}\\
&\Leftrightarrow(A\cup B)\cap\overline{A} & \text{（补交转换律）}\\
&\Leftrightarrow(A\cap\overline{A})\cup(B\cap\overline{A}) & \text{（分配律）}\\
&\Leftrightarrow\varnothing\cup(B\cap\overline{A}) & \text{（矛盾律）}\\
&\Leftrightarrow B\cap\overline{A} & \text{（同一律）}\\
&\Leftrightarrow B-A & \text{（补交转换律）}
\end{aligned}
$$

3.2.3 集合的计算机表示

要在计算机中实现集合的各种运算，必须首先确定集合在计算机中的表示方法．计

算机表示集合的方式各种各样, 首先想到的是将集合用数组来表示, 即将集合的元素依次放在数组中, 这样在求集合的交、并、差等运算时会非常浪费时间, 因为这些运算需要大量的元素查找和移动.

我们这里介绍一种利用位串表示集合的方法, 这种表示方法会使计算集合的运算变得很容易.

假定全集 E 是有限的 (而且大小合适, 即 E 的元素个数不超过计算机能使用的内存量). 首先为 E 中的元素任意规定一个顺序, 如 $a_1, a_2, \cdots, a_n$. 于是, 可以用长度为 n 的二进制位串表示 E 的子集 A: 如果 a_i 属于 A, 则位串中第 i 位是 1; 如果 a_i 不属于 A, 则位串中第 i 位是 0.

例 3.13 设 $E = \{a, b, c, d, e, f, g, h\}$, 则 $A = \{b, d, f, g\}$, $B = \{a, d, e, f\}$, $\varnothing$, E 对应的二进制位串分别是什么?

解 将 E 中的元素按字典顺序排列, 即 a 对应第 1 位, b 对应第 2 位, $\cdots$, h 对应第 8 位, 则集合 A 对应的 8 位二进制串为 0101 0110; 集合 B 对应的 8 位二进制串为 1001 1100; $\varnothing$ 对应的 8 位二进制串为 0000 0000; 集合 E 对应的 8 位二进制串为 1111 1111.

用位串表示集合便于计算集合的补集、并集和交集. 要从表示集合的位串计算它的补集的位串, 只需简单地把每个 1 改为 0, 每个 0 改为 1, 因为 $x \in A$ 当且仅当 $x \notin \bar{A}$. 因此补集的位串是原集合位串的按位非, 即在位串的每个字位上进行逻辑非运算.

要得到两个集合的并集和交集的位串, 我们可以对表示这两个集合的位串按位做字位运算. 只要两个位串的第 i 位有一个是 1, 则并集的位串的第 i 位是 1, 当两个位串的第 i 位都是 0 时, 并集位串的第 i 位为 0. 因此并集的位串是两个集合位串的按位或, 即在位串的每个字位上进行逻辑或运算.

当两个位串的第 i 位均为 1 时, 交集的位串的第 i 位是 1, 否则为 0. 因此交集的位串是两个集合位串的按位与, 即在位串的每个字位上进行逻辑与运算.

当两个位串的第 i 位仅有一个 1 时, 对称差运算的位串的第 i 位是 1, 否则为 0. 因此对称差运算的位串是两个集合位串的按位异或, 即在位串的每个字位上进行逻辑异或运算.

例 3.14 设 $E = \{a, b, c, d, e, f, g, h\}$, $A = \{b, d, f, g\}$, $B = \{a, d, e, f\}$, 求 $\bar{A}$, $A \cup B$, $A \cap B$, $A \oplus B$.

解 集合 A 对应的 8 位二进制串为 0101 0110, 对该二进制串的各位求反, 得到 $\bar{A}$ 对应的二进制串为 1010 1001, 所以

$$\bar{A} = \{a, c, e, h\}$$

将集合 A, B 对应的二进制串按位求或:

$$0101\,0110 \vee 1001\,1100 = 1101\,1110$$

得 $A \cup B$ 对应的二进制串为 1101 1110, 所以

$$A \cup B = \{a, b, d, e, f, g\}$$

将集合 A, B 对应的二进制串按位求与:

$$0101\,0110 \wedge 1001\,1100 = 0001\,0100$$

得 $A \cap B$ 对应的二进制串为 0001 0100，所以
$$A \cap B = \{d, f\}$$

将集合 A, B 对应的二进制串按位求异或：
$$0101\ 0110 \triangledown 1001\ 1100 = 1100\ 1010$$

得 $A \oplus B$ 对应的二进制串为 1100 1010，所以
$$A \oplus B = \{a, b, e, g\}$$

3.3　包含排斥原理与鸽巢原理

3.3.1　包含排斥原理

有限集交与并的计数问题是计算机科学及其应用中遇到的许多问题的抽象计算模型，这类问题的处理涉及有限集合的计数与包含排斥原理.

1. 有限集合的计数

设 A, B 为有限集合，其元素个数分别为 $|A|$ 和 $|B|$，根据集合运算的定义，显然以下各式成立：

（1）$\max\{|A|, |B|\} \leqslant |A \cup B| \leqslant |A| + |B|$；

（2）$|A \cap B| \leqslant \min\{|A|, |B|\}$；

（3）$|A| - |B| \leqslant |A - B| \leqslant |A|$；

（4）$|A \oplus B| = |A| + |B| - 2|A \cap B|$.

2. 包含排斥原理

包含排斥原理主要讨论有限集元素的计数问题. 设 A, B 是有限集合，当集合 A 和 B 不相交时，即集合 A 和 B 没有公共元素时，显然有 $|A \cup B| = |A| + |B|$，对于一般情况有如下定理.

定理 3.3（包含排斥原理）　设 A, B 是任意有限集合，则有
$$|A \cup B| = |A| + |B| - |A \cap B|$$

证明　由集合并运算的文氏图可以看出，
$$A \cup B = (A - B) \cup (B - A) \cup (A \cap B)$$
$$A = (A - B) \cup (A \cap B)$$
$$B = (A \cap B) \cup (B - A)$$

同时，集合 $(A - B)$，$(A \cap B)$，$(B - A)$ 之间都不含有相同元素. 所以
$$|A \cup B| = |A - B| + |B - A| + |A \cap B|$$
$$|A| = |A - B| + |A \cap B|$$
$$|B| = |A \cap B| + |B - A|$$

结合上面 3 个式子，有
$$|A \cup B| = |A| + |B| - |A \cap B|$$

推论 设 E 为全集，A, B 是任意有限集合，则有
$$|\bar{A} \cap \bar{B}| = |E| - (|A| + |B|) + |A \cap B|$$

证明 因为 $\bar{A} \cap \bar{B} = \overline{A \cup B}$，所以
$$|\bar{A} \cap \bar{B}| = |\overline{A \cup B}| = |E| - |A \cup B| = |E| - (|A| + |B|) + |A \cap B|$$

定理 3.4 设 A, B, C 是任意有限集合，则有
$$|A \cup B \cup C| = (|A| + |B| + |C|) - (|A \cap B| + |A \cap C| + |B \cap C|) + |A \cap B \cap C|$$

证明 由集合的运算性质和定理 3.3，有
$$
\begin{aligned}
|A \cup B \cup C| &= |(A \cup B) \cup C| \\
&= |A \cup B| + |C| - |(A \cup B) \cap C| \\
&= |A \cup B| + |C| - |(A \cap C) \cup (B \cap C)| \\
&= |A| + |B| - |A \cap B| + |C| - (|A \cap C| + |B \cap C| - |(A \cap C) \cap (B \cap C)|) \\
&= (|A| + |B| + |C|) - (|A \cap B| + |A \cap C| + |B \cap C|) + |A \cap B \cap C|
\end{aligned}
$$

推论 设 E 为全集，A, B, C 是任意有限集合，则有
$$|\bar{A} \cap \bar{B} \cap \bar{C}| = |E| - (|A| + |B| + |C|) + (|A \cap B| + |A \cap C| + |B \cap C|) - |A \cap B \cap C|$$

例 3.15 求 $1 \sim 1000$ 范围内能被 $5, 6, 8$ 中任一数整除的整数个数.

解 设 $1 \sim 1000$ 范围内分别能被 $5, 6, 8$ 整除的整数集合为 A, B, C，且用 $\lfloor x \rfloor$ 表示小于等于 x 的最大整数，那么

$$|A| = \left\lfloor \frac{1000}{5} \right\rfloor = 200 , \quad |B| = \left\lfloor \frac{1000}{6} \right\rfloor = 166 , \quad |C| = \left\lfloor \frac{1000}{8} \right\rfloor = 125$$

$$|A \cap B| = \left\lfloor \frac{1000}{[5,6]} \right\rfloor = \left\lfloor \frac{1000}{30} \right\rfloor = 33 , \quad |A \cap C| = \left\lfloor \frac{1000}{[5,8]} \right\rfloor = \left\lfloor \frac{1000}{40} \right\rfloor = 25$$

$$|B \cap C| = \left\lfloor \frac{1000}{[6,8]} \right\rfloor = \left\lfloor \frac{1000}{24} \right\rfloor = 41 , \quad |A \cap B \cap C| = \left\lfloor \frac{1000}{[5,6,8]} \right\rfloor = \left\lfloor \frac{1000}{120} \right\rfloor = 8$$

根据定理 3.4，可知
$$
\begin{aligned}
|A \cup B \cup C| &= (|A| + |B| + |C|) - (|A \cap B| + |A \cap C| + |B \cap C|) + |A \cap B \cap C| \\
&= 200 + 166 + 125 - (33 + 25 + 41) + 8 = 400
\end{aligned}
$$

例 3.16 调查某大学 120 名四年级外语学院学生，获得如下数据：有 75 人会英语，45 人会法语，52 人会德语，24 人同时会英语和法语，27 人同时会英语和德语，16 人同时会法语和德语，有 6 人同时会 3 种语言，问：仅会其中一门语言的学生有多少？3 门外语都不会的学生有多少？

解 设会英语、法语、德语的学生集合分别为 A, B, C，那么
$$|E| = 120 , \quad |A| = 75 , \quad |B| = 45 , \quad |C| = 52 , \quad |A \cap B| = 24 , \quad |A \cap C| = 27 , \quad |B \cap C| = 16 ,$$
$$|A \cap B \cap C| = 6$$

下面用文氏图的方法求解. 在图 3-2 中，把全集 E 被集合 A, B, C 所划分的 8 个独立区域标记为 $1 \sim 8$，在图 3-3 中，根据题目所给数据从区域 1 开始填上相应的人数，直到 8 为止.

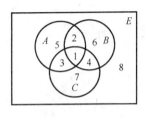

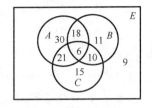

图 3-2   图 3-3

根据图 3-3 的填写结果可知，仅会其中一门语言的学生为区域 5，6，7 的人数，共有 30+11+15＝56（人）；三门外语都不会的学生为区域 8 的人数，有 9 人.

3.3.2 鸽巢原理

鸽巢原理又名抽屉原理或狄利克雷原理，它由德国数学家狄利克雷（Dirichlet）首先发现. 鸽巢原理在组合学中占据着非常重要的地位，常被用来证明一些关于存在性的数学问题，并且鸽巢原理在数论和密码学中也有着广泛的应用. 使用鸽巢原理解题的关键是巧妙构造鸽巢或抽屉，即如何找出合乎问题条件的分类原则.

定理 3.5（鸽巢原理的简单形式）   若有 $(n+1)$ 只鸽子飞进 n 个鸽巢，则有一个鸽巢至少飞进 2 只鸽子.

证明（反证法）   假设每个鸽巢至多飞进 1 只鸽子，则 n 个鸽巢至多飞进 n 只鸽子，这与有 $(n+1)$ 只鸽子矛盾，故存在一个鸽巢至少飞进 2 只鸽子.

注意：（1）鸽巢原理仅提供了存在性证明；

（2）使用鸽巢原理，必须能够正确识别鸽子（对象）和鸽巢（某类要求的特征），并且能够计算出鸽子数和鸽巢数.

例如，根据鸽巢原理，如果有 13 个人，那么至少有两个人的生日在同一个月；如果一个老师每周有 6 节课，在周末不上课的前提下，那么这个老师至少有一天要上两节课.

定理 3.6（鸽巢原理的加强形式）   令 $Q_1, Q_2, \cdots, Q_n$ 为 n 个正整数，如果将 $Q_1 + Q_2 + \cdots + Q_n - n + 1$ 个物体放入 n 个盒子内，那么，或者第一个盒子至少含有 Q_1 个物体，或者第二个盒子至少含有 Q_2 个物体，$\cdots$，或者第 n 个盒子至少含有 Q_n 个物体.

证明   设将 $Q_1 + Q_2 + \cdots + Q_n - n + 1$ 个物体分放到 n 个盒子中，如果对于每个 $i = 1, 2, \cdots, n$，第 i 个盒子中含有少于 Q_i 个物体，那么所有盒子中的物体总数不超过 $(Q_1 - 1) + (Q_2 - 1) + \cdots + (Q_n - 1) = Q_1 + Q_2 + \cdots + Q_n - n$，该数比所分发的物体总数少 1，所以我们断定，对于某一个 $i = 1, 2, \cdots, n$，第 i 个盒子至少包含 Q_i 个物体.

由上面的原理可得如下推论：

推论   若有大于或等于 $n(m-1)+1$ 只鸽子飞进 n 个鸽巢，则有一个鸽巢中至少飞进 m 只鸽子.

这个推论的等价形式：如果把 n 个物体分配到 m 个容器中，则有一个容器至少装了 $\left\lceil \dfrac{n}{m} \right\rceil$ 个物体（$\left\lceil \dfrac{n}{m} \right\rceil$ 表示大于或等于 $\dfrac{n}{m}$ 的最小整数）.

例 3.17 抽屉里有 3 双大小型号互不相同的手套，从中至少取多少只，才能保证配成一双？

解 将 6 只手套看成 6 个鸽子，3 双手套看成 3 个鸽巢，按照同型手套飞入同一个鸽巢的原则，根据鸽巢原理知，需要至少取 4 只手套，才能保证配成一双.

例 3.18 现有 300 人到招聘会求职，其中，软件设计专业有 100 人，市场营销专业有 80 人，财务管理专业有 70 人，人力资源管理专业有 50 人，那么至少有多少人找到工作才能保证一定有 70 人所找的工作专业相同？

解 法 1：我们考虑最差的情况，软件设计专业、市场营销专业和财务管理专业各录取 69 人，人力资源管理专业的 50 人全部录取，则此时再录取 1 人就能保证有 70 人找到的工作专业相同. 因此至少需要找到工作的人数为 $69 \times 3 + 50 + 1 = 258$.

法 2：根据定理 3.6 的推论，$(mn+1)$ 人的时候必有 $(m+1)$ 人找到的工作专业相同，所以需要求出 $(mn+1)$ 的人数，已知 $n=3$，$m+1=70$，考虑到人力资源专业只有 50 人（这个条件属于干扰项），于是得出至少需要找到工作的人数为 $mn+1 = (69 \times 3 + 50) + 1 = 258$.

例 3.19 在 1, 2, $\cdots$, 12 这 12 个正整数中任取 7 个数，证明：一定存在两个数，其中一个数是另一个数的整数倍.

证明 若能把前 12 个自然数划分成 6 个集合，即构成 6 个抽屉，每个抽屉内的数或只有一个，或有任意的两个数，其中一个是另一个的整数倍，这样就可以由鸽巢原理推出结论. 那么，如何对这 12 个自然数进行分组呢？我们知道，一个自然数，它要么是奇数，要么是偶数. 若是偶数，我们总能把它表达为奇数 $\times 2^k (k=1,2,3,\cdots)$ 的形式. 这样，如果允许上述乘积中的因子 2^k 的指数 k 等于零，则每一个自然数都可表示成奇数 $\times 2^k (k=0,1,2,\cdots)$ 的形式. 于是，把这 12 个自然数用上述表达式进行表达，并把式中"奇数"部分相同的自然数作为一组，构成一个抽屉，从而可划分为如下 6 个抽屉：

$$A_1 = \{1 \times 2^0, 1 \times 2^1, 1 \times 2^2, 1 \times 2^3\} = \{1, 2, 4, 8\}$$

$$A_2 = \{3 \times 2^0, 3 \times 2^1, 3 \times 2^2\} = \{3, 6, 12\}$$

$$A_3 = \{5 \times 2^0, 5 \times 2^1\} = \{5, 10\}$$

$$A_4 = \{7 \times 2^0\} = \{7\}$$

$$A_5 = \{9 \times 2^0\} = \{9\}$$

$$A_6 = \{11 \times 2^0\} = \{11\}$$

显然，上述 6 个抽屉内的任意两个抽屉无公共元素，且 $A_1 \cup A_2 \cup A_3 \cup A_4 \cup A_5 \cup A_6 = \{1,2,3,\cdots,12\}$. 由鸽巢原理，对于前 12 个正整数不论以何种方式从其中取出 7 个数，必定存在两个数同在 A_1 或 A_2 或 A_3 抽屉里，那么这两个数之间必定存在倍数关系，即一个数是另一个数的整数倍.

习 题 3

1. 用列举法写出下列集合.

（1） $A = \{x \mid x \in \mathbf{N} \wedge x \leqslant 3\}$；

（2）$A=\{x^2\,|\,x\in\mathbf{N}\wedge x\leqslant 3\}$；

（3）$A=\{x+1\,|\,x\in\mathbf{N}\wedge x\leqslant 3\}$；

（4）$A=\{<x,x>\,|\,x\in\mathbf{N}\wedge x\leqslant 3\}$；

（5）$A=\{x\,|\,x\in\mathbf{N}\wedge x是30的因数\}$．

2．用描述法写出下列集合．

（1）全体奇数；

（2）能被 5 整除的整数集合；

（3）平面直角坐标系中单位圆内的点集；

（4）二进制数．

3．判断下列命题的真假．

（1）$\varnothing\in\varnothing$；　　　　　　（2）$\varnothing\subseteq\varnothing$；　　　　　　（3）$\varnothing\in\{\varnothing\}$；

（4）$\varnothing\subseteq\{\varnothing\}$；　　　　（5）$\{a\}\in\{a,\{a\}\}$；　　（6）$\{a\}\subseteq\{a,\{a\}\}$．

4．设 A 为任意集合，判断下列命题的真假．

（1）$\varnothing\in P(A)$；　　　　　　（2）$\varnothing\subseteq P(A)$；　　　　　　（3）$\{\varnothing\}\in P(A)$；

（4）$\{\varnothing\}\subseteq P(A)$；　　　（5）$\{\varnothing\}\in P(P(A))$；

（6）$\{\varnothing,\{\varnothing\}\}\subseteq P(P(A))$；　　（7）$\{\varnothing,\{\varnothing\}\}\in P(P(P(A)))$．

5．设 A,B,C 为任意集合，判断下列命题的真假，并对真命题进行证明，对假命题举反例．

（1）$A\in B$，$B\subseteq C\Rightarrow A\in C$；　　　　（2）$A\in B$，$B\subseteq C\Rightarrow A\subseteq C$；

（3）$A\subseteq B$，$B\in C\Rightarrow A\in C$；　　　　（4）$A\subseteq B$，$B\in C\Rightarrow A\subseteq C$；

（5）$A\in B$，$B\not\subseteq C\Rightarrow A\notin C$；　　　（6）$A\subseteq B$，$B\in C\Rightarrow A\not\in C$．

6．判断下列命题的真假．

（1）若 $A-B=B-A$，则 $A=B$；　　　　（2）空集是任何集合的真子集；

（3）空集只是非空集合的子集；　　　　（4）若 A 的一个元素属于 B，则 $A\subseteq B$；

（5）$P(A\cup B)=P(A)\cup P(B)$；　　　　（6）$P(A\cap B)=P(A)\cap P(B)$；

（7）若 A 为非空集合，则 $A\neq A\cup A$ 成立；（8）若 A 为非空集合，则 $A\subsetneqq A$ 成立．

7．判断下列命题的真假．

（1）若 $A\cup C=B\cup C$，则 $A=B$；　　　　（2）若 $A\cap C=B\cap C$，则 $A=B$；

（3）若 $A-C=B-C$，则 $A=B$；　　　　（4）若 $A\oplus C=B\oplus C$，则 $A=B$．

8．设集合 $A=\{x\,|\,x是素数,\ x\leqslant 6\}$，$B=\{x\,|\,x是整数,\ 4\leqslant x\leqslant 12\}$，$C=\{1,4,5,7,8\}$，全集 $E=A\cup B\cup C$，求下列集合．

（1）$A\cup B\cup C$；　　　　（2）$A-(B\cup C)$；　　　　（3）$(B\cap C)-(A\cup B)$；

（4）$(A\oplus B)-(A\oplus C)$　　（5）$A\cup\overline{B\cap C}$．

9．设全集 $E=\{1,2,3,4\}$，其子集 $A=\{1,3\}$，$B=\{1,2,4\}$，求下列集合．

（1）$P(A)\cap P(B)$；　　　　（2）$P(A)\cap\overline{P(B)}$．

10．设集合 $S_1=\{1,2,\cdots,9\}$，$S_2=\{2,4,6,8\}$，$S_3=\{1,3,5,7,9\}$，$S_4=\{3,4,5\}$，$S_5=\{3,5\}$，确定在以下条件下 X 可能与 $S_1,\cdots,S_5$ 中哪个集合相等．

（1）若 $X \cap S_5 = \varnothing$；　　　　（2）若 $X \subseteq S_4$，但 $X \cap S_2 = \varnothing$；

（3）若 $X \subseteq S_1$ 且 $X \nsubseteq S_3$；　　（4）若 $X \subseteq S_3$ 且 $X \nsubseteq S_1$；

（5）若 $X - S_3 = \varnothing$．

11．设 $|A| = 10$，求：

（1）$|P(A)|$；

（2）元素个数为奇数的子集数．

12．求下列集合的幂集．

（1）$\{1, a, \varnothing\}$；　　　　（2）$\{1, \{1\}\}$；　　　　（3）$\{\{1\}, \{1, 2\}\}$；

（4）$\{\{1, \{2\}\}\}$；　　　　（5）$\{\varnothing, \{\varnothing\}\}$．

13．画出下列集合的文氏图．

（1）$(A \oplus B) \oplus C$；　　　　（2）$A - (B \cap C)$；

（3）$(A \cap \bar{B}) \cup (C - B)$；　　（4）$A \cup (\bar{B} \cap C)$．

14．请用集合表达式表示图 3-4 中阴影的部分（图中 E 表示全集）．

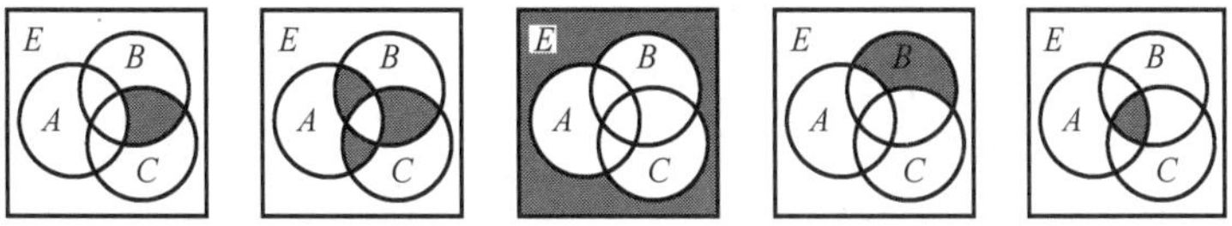

　　（1）　　　　（2）　　　　（3）　　　　（4）　　　　（5）

图 3-4

15．如果集合 A 和 B 具有相同的幂集，那么能肯定 $A = B$ 吗？

16．如果集合 A 和 B 分别满足下列条件，那么能得出 A 和 B 之间有什么联系？

（1）$A \cup B = A$；　　　　（2）$A \cap B = A$；　　　　（3）$A - B = A$；

（4）$A \cap B = A - B$；　　（5）$A - B = B - A$；　　（6）$A \oplus B = A$．

17．对任意集合 A, B, C，证明下列各式．

（1）$(A - B) \cup B = A \cup B$；

（2）$(A - B) \cap B = \varnothing$；

（3）$A \cap (B - C) = (A \cap B) - C$；

（4）$(A - C) \cap (B \cup C) = (A \cap B) - C$；

（5）$A - (B \cup C) = (A - B) - C$；

（6）$A - (B - C) = (A - B) \cup (A \cap C)$；

（7）$(A \cap B) \cup (A \cap \bar{B}) \cup (\bar{A} \cap B) = A \cup B$；

（8）$A \cap (B \oplus C) = (A \cap B) \oplus (A \cap C)$．

18．化简下列集合表达式．

（1）$((A \cap B) \cup A) - (A \cup B)$；

（2）$((A \cup B \cup C) - (B \cup C)) \cup A$；

（3）$(A - (B \cap C)) \cup (A \cap B \cap C)$；

（4）$(A \cap B) - (C - (A \cup B))$．

19．设全集 $E=\{1,2,3,4,5,6,7,8,9,10\}$，用位串表示下列集合．

（1）$\{1,3,5\}$；　　　　　（2）$\{2,3,5,7\}$；　　　　　（3）$\{1,2,3,8,9,10\}$．

20．设全集 $E=\{1,2,3,4,5,6,7,8,9,10\}$，求下列位串所表示的集合．

（1）01 0101 0101；　　　（2）01 1011 0110；　　　（3）01 1111 1110．

21．求 1～1000 内不能被 3，5 和 7 中任一数整除的整数个数及只能被 3，5，7 中的一个数整除的整数个数．

22．求在闭区间[1,1000000]内有多少个整数既不是完全平方数，也不是完全立方数．

23．已知有 200 名学生选修 3 门课程，其中 120 人选修网络课程，130 名选修人工智能课程，110 人选修多媒体制作课程．已知同时选修网络和人工智能课程的有 80 人，同时选修多媒体制作与网络课程的有 90 人，同时选修人工智能和多媒体制作课程的有 70 人，同时选修 3 门课程的学生有 60 人，问：1 门课程都没有选的学生有多少？

24．假设在离散数学课程的第一次考试中有 14 名学生得优，第二次考试中 18 名学生得优，如果 22 名学生在第一次或者第二次考试得优，问：有多少名学生两次考试都得优？

25．证明：在 1～200 的自然数中，任意选出 101 个，那么必定存在两个整数，其中一个被另一个整除．

26．已知 $(n+1)$ 个互不相同的正整数，它们全都小于或等于 $2n$，证明其中一定有两个数是互质的．

27．在任意大于 2 人的团队中，如果每人至少认识一个人，那么必有两人所认识的人数一样多．

28．已知任意的 $(n+1)$ 个正整数，试证明其中必有两个数之差能被 n 整除．

第4章 二 元 关 系

在许多情况下集合的元素之间都存在某种关系,每天我们都要涉及各种关系.例如,两数之间有大于、等于、小于关系;元素与集合之间有属于和不属于关系;人与人之间有父子、兄弟、师生关系;计算机科学中的程序间有调用关系……集合论为刻画这种关系提供了一种数学模型——关系,它仍然是一个集合,以具有那种关系的对象组合为其成员.换言之,集合论中的关系不是通过描述关系的内涵来刻画的,而是通过列举其外延(具有那种关系的对象组合全体)来刻画的.这使关系的研究可以方便地使用集合论的概念、运算及研究方法和研究成果.

在离散数学中,"关系"被抽象为一个基本概念,在通常情况下,"关系"是至少由两个集合在给定条件下产生的新集合,它提供了一种描述事物间多值依赖的工具,为计算机科学提供了一种很好的数学模型.需要指出的是,集合论中的关系研究,并不以个别的关系为主要对象,而是关注关系的一般特性、关系的分类等.

4.1 关系及其表示

4.1.1 序偶

在日常生活中,有许多事物都是成对出现的,而且这种成对出现的事物具有一定的顺序,如上、下、左、右,中国的首都、北京,平面上一个点的坐标等.为此,给出下面的定义.

定义 4.1 由两个元素 x, y(允许 $x = y$)按照一定的次序组成的二元组称为**序偶**(有序对),记作 $< x, y >$,称 x 为它的**第一元素**,y 为它的**第二元素**.

例 4.1 用序偶表示下列语句中的次序关系.

(1)平面上点 A 的横坐标是 1,纵坐标是 2;

(2)张三是中国科技大学的学生;

(3)李玲是李华的女儿.

解 (1)$<1, 2>$.

(2)$<$张三,中国科技大学$>$.

(3)$<$李玲,李华$>$.

在上面的问题(3)中,$<$李玲,李华$>$表示李玲是李华的女儿,如果反过来,即$<$李华,李玲$>$,就变成李华是李玲的女儿,两人的关系就颠倒了.因此,尽管$<$李玲,李华$>$和$<$李华,李玲$>$这两个序偶具有相同的元素,但是因为顺序不同,从而表示两种不同的关系,因此序偶中的两个元素的顺序是不能随意交换的.这是序偶与两个元素构成的集合的不同之处.

序偶具有以下性质:

(1) 当 $x \neq y$ 时,$<x,y> \neq <y,x>$;

(2) $<x,y> = <u,v>$ 当且仅当 $x = u$ 且 $y = v$.

推广序偶的思想,可以定义任意 n 个元素的有序序列.

定义 4.2 一个**有序 n 元组** $(n \geq 3)$ 是一个序偶,它的第一元素是一个有序 $(n-1)$ 元组,一个有序 n 元组记作 $<x_1, x_2, \cdots, x_n>$,即

$$<x_1, x_2, \cdots, x_n> = <<x_1, x_2, \cdots, x_{n-1}>, x_n>$$

例如,空间直角坐标系中点的坐标 $<1,-2,3>$ 是有序 3 元组,n 维向量是有序 n 元组.

同样地,两个 n 元组相等的充要条件是两个 n 元组的对应元素分别相等,即 $<x_1, x_2, \cdots, x_n> = <y_1, y_2, \cdots, y_n>$ 的充要条件是 $x_i = y_i (1 \leq i \leq n)$.

形式上也可以把 $<x>$ 看成有序 1 元组,只不过这里的顺序没有什么实际意义. 以后提到有序 n 元组,其中的 n 可以是任何正整数.

4.1.2 笛卡儿积

定义 4.3 设 A, B 是两个集合,称集合

$$A \times B = \{<x,y> \mid x \in A \wedge y \in B\}$$

为集合 A 与 B 的**笛卡儿(Descartes)积**.

由笛卡儿积的定义可以看出:

(1) 集合 A 与 B 的笛卡儿积 $A \times B$ 仍然是集合;

(2) 集合 $A \times B$ 中的元素是序偶,序偶中的第一元素取自 A,第二元素取自 B;

(3) $<x,y> \in A \times B \Leftrightarrow x \in A \wedge y \in B$.

例 4.2 设 $A = \{1\}$,$B = \{2,3\}$,$C = \varnothing$,$D = \{a,b\}$,试分别写出下列笛卡儿积中的元素.

(1) $A \times B$,$B \times A$;

(2) $A \times C$,$C \times A$;

(3) $A \times (B \times D)$,$(A \times B) \times D$.

解 (1) $A \times B = \{<1,2>, <1,3>\}$,$B \times A = \{<2,1>, <3,1>\}$.

(2) $A \times C = \varnothing$,$C \times A = \varnothing$.

(3) 因为 $B \times D = \{<2,a>, <3,a>, <2,b>, <3,b>\}$,所以

$$A \times (B \times D) = \{<1,<2,a>>, <1,<3,a>>, <1,<2,b>>, <1,<3,b>>\}$$

同理,有

$$(A \times B) \times D = \{<<1,2>,a>, <<1,2>,b>, <<1,3>,a>, <<1,3>,b>\}$$

由例 4.2 可以看出:

(1) 设 A, B 是任意两个集合,则不一定有 $A \times B = B \times A$,即笛卡儿积不满足交换律;

(2) $A \times B = \varnothing$ 当且仅当 $A = \varnothing$ 或者 $B = \varnothing$;

（3）设 A, B, C 是任意 3 个集合，则不一定有 $A \times (B \times C) = (A \times B) \times C$，即笛卡儿积不满足结合律；

（4）当集合 A，B 都是有限集时，$|A \times B| = |B \times A| = |A| \times |B|$．

定理 4.1 设 A, B, C 是任意 3 个集合，则

（1）$A \times (B \cup C) = (A \times B) \cup (A \times C)$；

（2）$A \times (B \cap C) = (A \times B) \cap (A \times C)$；

（3）$(B \cup C) \times A = (B \times A) \cup (C \times A)$；

（4）$(B \cap C) \times A = (B \times A) \cap (C \times A)$．

证明 （1）对 $\forall <x, y>$，有

$$<x, y> \in A \times (B \cup C) \Leftrightarrow x \in A \wedge y \in B \cup C$$
$$\Leftrightarrow x \in A \wedge (y \in B \vee y \in C)$$
$$\Leftrightarrow (x \in A \wedge y \in B) \vee (x \in A \wedge y \in C)$$
$$\Leftrightarrow (<x, y> \in A \times B) \vee (<x, y> \in A \times C)$$
$$\Leftrightarrow <x, y> \in (A \times B) \cup (A \times C)$$

所以

$$A \times (B \cup C) = (A \times B) \cup (A \times C)$$

（2）对 $\forall <x, y>$，有

$$<x, y> \in A \times (B \cap C) \Leftrightarrow x \in A \wedge y \in B \cap C$$
$$\Leftrightarrow x \in A \wedge (y \in B \wedge y \in C)$$
$$\Leftrightarrow (x \in A \wedge x \in A) \wedge (y \in B \wedge y \in C)$$
$$\Leftrightarrow (x \in A \wedge y \in B) \wedge (x \in A \wedge y \in C)$$
$$\Leftrightarrow (<x, y> \in A \times B) \wedge (<x, y> \in A \times C)$$
$$\Leftrightarrow <x, y> \in (A \times B) \cap (A \times C)$$

所以

$$A \times (B \cap C) = (A \times B) \cap (A \times C)$$

（3）、（4）的证明方法同上．

例 4.3 设 $A = \{a, b\}$，求 $A \times P(A)$．

解 $A \times P(A) = \{a, b\} \times \{\varnothing, \{a\}, \{b\}, \{a, b\}\}$
$$= \{<a, \varnothing>, <b, \varnothing>, <a, \{a\}>, <b, \{a\}>, <a, \{b\}>, <b, \{b\}>,$$
$$<a, \{a, b\}>, <b, \{a, b\}>\}$$

例 4.4 设 A, B, C, D 为任意集合，判断以下等式是否成立，并说明理由．

（1）$(A \cup B) \times (C \cup D) = (A \times C) \cup (B \times D)$；

（2）$(A \cap B) \times (C \cap D) = (A \times C) \cap (B \times D)$；

（3）$(A - B) \times (C - D) = (A \times C) - (B \times D)$；

（4）$(A \oplus B) \times (C \oplus D) = (A \times C) \oplus (B \times D)$．

解 （1）不成立．举一反例如下：取 $A = D = \varnothing$，$B = C = \{1\}$，则有

$$(A \cup B) \times (C \cup D) = B \times C = \{<1, 1>\}$$
$$(A \times C) \cup (B \times D) = \varnothing \cup \varnothing = \varnothing$$

（2）成立. 因为对 $\forall <x,y>$ ，有

$$<x,y> \in (A \cap B) \times (C \cap D)$$
$$\Leftrightarrow x \in A \cap B \wedge y \in C \cap D$$
$$\Leftrightarrow (x \in A \wedge x \in B) \wedge (y \in C \wedge y \in D)$$
$$\Leftrightarrow (x \in A \wedge y \in C) \wedge (x \in B \wedge y \in D)$$
$$\Leftrightarrow (<x,y> \in A \times C) \wedge (<x,y> \in B \times D)$$
$$\Leftrightarrow <x,y> \in (A \times C) \cap (B \times D)$$

所以

$$(A \cap B) \times (C \cap D) = (A \times C) \cap (B \times D)$$

（3）不成立. 举一反例如下：取 $A = C = \{1,2\}$ ，$B = D = \{1\}$ ，则有

$$(A - B) \times (C - D) = \{2\} \times \{2\} = \{<2,2>\}$$
$$(A \times C) - (B \times D) = \{<1,1>,<1,2>,<2,1>,<2,2>\} - \{<1,1>\}$$
$$= \{<1,2>,<2,1>,<2,2>\}$$

（4）不成立. 举一反例如下：取 $A = D = \varnothing$ ，$B = C = \{1\}$ ，则有

$$(A \oplus B) \times (C \oplus D) = B \times C = \{<1,1>\}$$
$$(A \times C) \oplus (B \times D) = \varnothing \oplus \varnothing = \varnothing$$

例 4.5 设 A, B, C, D 为任意集合，判断以下命题的真假.

（1）若 $A \subseteq C$ 且 $B \subseteq D$ ，则有 $A \times B \subseteq C \times D$ ；

（2）若 $A \times B \subseteq C \times D$ ，则有 $A \subseteq C$ 且 $B \subseteq D$.

解 （1）命题为真. 因为对 $\forall <x,y>$ ，有

$$<x,y> \in A \times B \Rightarrow x \in A \wedge y \in B$$
$$\Rightarrow x \in C \wedge y \in D$$
$$\Rightarrow <x,y> \in C \times D$$

所以

$$A \times B \subseteq C \times D$$

（2）命题为假. 举一反例如下：取 $A = C = D = \varnothing$ ，$B = \{1\}$ ，有 $A \times B \subseteq C \times D$ 成立，但 $B \nsubseteq D$.

序偶是两个集合笛卡儿积中的元素，类似地，n 元组是 n 个集合笛卡儿积中的元素.

定义 4.4 设 $A_1, A_2, \cdots, A_n$ 是 n 个集合，称集合

$$A_1 \times A_2 \times \cdots \times A_n = \{<a_1, a_2, \cdots, a_n> | a_i \in A_i (1 \leqslant i \leqslant n)\}$$

为集合 $A_1, A_2, \cdots, A_n$ 的 n 阶笛卡儿积.

当 $A_1 = A_2 = \cdots = A_n = A$ 时，可记 $A_1 \times A_2 \times \cdots \times A_n = A^n$. 例如，空间直角坐标系中所有点的集合是 $\mathbf{R}^3$.

4.1.3 关系的定义

先看下面两个例子.

例 4.6 设 $A=\{$张三，李四，王五$\}$ 为学生集合，$B=\{$离散数学，数据结构，操作系

统}为课程集合. 学生与课程之间存在着一种联系,不妨称为"选修关系",一种容易想到的方法是用具有这种联系的对象的序偶的集合来表示这些关系. 设 R 表示选修关系,若 R={<张三,离散数学>,<李四,数据结构>,<李四,操作系统>,<王五,操作系统>}表示张三选修了离散数学课程,李四选修了数据结构和操作系统课程,王五选修了操作系统课程. 而有序对<李四,离散数学>不在集合 R 中,表示李四没有选修离散数学课程.

例 4.7　设 A={1,2,3}, A 中各元素之间的小于关系可定义为 R={<1,2>,<1,3>,<2,3>},则<2,3>和<3,2>分别表示什么?

解　<2,3>$\in R$ 表示 2 小于 3,而<3,2>$\notin R$ 表示 3 不小于 2.

由例 4.7 可以看出集合之间的关系本质上取决于它们的元素所构成的序偶的集合.

定义 4.5　由序偶为元素所构成的集合称为**二元关系**,简称**关系**,一般用 R 表示.

任一序偶的集合确定了一个二元关系 R,若<x,y>$\in R$,则称 x 与 y 有关系 R,记作 xRy. 若<x,y>$\notin R$,则称 x 与 y 没有关系 R,记作 $x\not\!Ry$.

定义 4.6　设 A 和 B 是两个非空集合,称 $A\times B$ 的任意子集 R 为**从集合 A 到集合 B 的二元关系**,即 $R\subseteq A\times B$.

换句话说,一个从集合 A 到集合 B 的二元关系 R 是有序对的集合,其中每个有序对的第一元素来自集合 A,而第二元素来自集合 B.

例 4.8　设 A={1,2,3}, B={a,b},试判断下列集合是否为从集合 A 到集合 B 的关系.

(1) R_1={<1,a>,<2,a>,<3,b>};

(2) R_2={<a,1>};

(3) $R_3=A\times B$;

(4) $R_4=\varnothing$.

解　根据子集的定义, R_1,R_3,R_4 都是 $A\times B$ 的子集,所以它们是从集合 A 到集合 B 的关系,而<a,1>的第一元素不属于集合 A,第二元素不属于集合 B,所以 R_2 不是 $A\times B$ 的子集,不是从集合 A 到集合 B 的关系.

特别地,集合 A 到它自身的关系是非常令人感兴趣的.

定义 4.7　设 A 是非空集合,称 $A\times A$ 的任意子集 R 为集合 A **上的二元关系**,即 $R\subseteq A\times A$.

通常集合 A 上不同关系的数目依赖于集合 A 的基数.如果 $|A|=n$,那么 $|A\times A|=n^2$,从而 $A\times A$ 的子集有 2^{n^2} 个,因为一个子集代表一个集合 A 上的关系,所以集合 A 上有 2^{n^2} 个不同的二元关系.

例如,设集合 A={1,2,3},则在 A 上可以定义 2^{3^2}=512 个不同的关系. 当然,其中大部分关系没有实际意义. 我们注意到,对于任意非空集合 A 都有 3 种特殊的关系,具体如下.

定义 4.8　称 $\varnothing\subseteq A\times A$ 为集合 A 上的**空关系**,称 $E_A=A\times A$ 为集合 A 上的**全关系**,称 I_A={<x,x>|$x\in A$}为集合 A 上的**恒等关系**.

例 4.9　设集合 A={1,2,3},请写出集合 A 上的恒等关系和全关系.

解 恒等关系 $I_A = \{<1,1>,<2,2>,<3,3>\}$，全关系 $E_A = \{<1,1>,<1,2>,<1,3>,<2,1>,$
$<2,2>,<2,3>,<3,1><3,2>,<3,3>\}$．

例 4.10 设 $A = \{a,b\}$，R 是 $P(A)$ 上的包含关系，$R = \{<x,y>|x,y \in P(A) \wedge x \subseteq y\}$，试写出 R 的集合．

解 $P(A) = \{\varnothing,\{a\},\{b\},\{a,b\}\}$；
$R = \{<\varnothing,\varnothing>,<\varnothing,\{a\}>,<\varnothing,\{b\}>,<\varnothing,\{a,b\}>,<\{a\},\{a\}>,<\{a\},\{a,b\}>,<\{b\},\{b\}>,$
$\quad <\{b\},\{a,b\}>,<\{a,b\},\{a,b\}>\}$．

定义 4.9 在关系 R 中，由所有序偶的第一元素构成的集合称为 R 的**定义域**，记作 $\mathrm{dom}R$；由所有序偶的第二元素构成的集合称为 R 的**值域**，记作 $\mathrm{ran}R$；定义域和值域的并集称为 R 的**域**，记作 $\mathrm{fld}R$，即

$$\mathrm{dom}R = \{x|\exists y(<x,y> \in R)\}$$
$$\mathrm{ran}R = \{y|\exists x(<x,y> \in R)\}$$
$$\mathrm{fld}R = \mathrm{dom}R \bigcup \mathrm{ran}R$$

例 4.11 求下列定义在整数集 $\mathbf{Z}$ 上的关系的定义域、值域和域．

（1）$R_1 = \{<x,y>|x,y \in \mathbf{Z} \wedge y = 2x\}$；

（2）$R_2 = \{<x,y>|x,y \in \mathbf{Z} \wedge |x| = |y| = 5\}$．

解 （1）$\mathrm{dom}R_1 = \mathbf{Z}$，$\mathrm{ran}R_1 = \{2x|x \in \mathbf{Z}\}$，$\mathrm{fld}R_1 = \mathbf{Z}$．

（2）$\mathrm{dom}R_2 = \{-5, 5\}$，$\mathrm{ran}R_2 = \{-5, 5\}$，$\mathrm{fld}R_2 = \{-5, 5\}$．

4.1.4 二元关系的表示

二元关系是笛卡儿积的子集，因此可以用列举法和描述法来表示．除此之外，对于有限集之间的二元关系，常用的表示方法有关系矩阵和关系图．

定义 4.10 设集合 $A = \{a_1,a_2,\cdots,a_m\}$，$B = \{b_1,b_2,\cdots,b_n\}$，$R \subseteq A \times B$，令

$$m_{ij} = \begin{cases} 1, & <a_i,b_j> \in R \\ 0, & <a_i,b_j> \notin R \end{cases}$$

则称 $\boldsymbol{M}_R = (m_{ij})_{m \times n}$ 为 R 的**关系矩阵**．也就是说，当 a_i 和 b_j 有关系时，表示 R 的关系矩阵的 (i,j) 项为 1，否则为 0．

例 4.12 设 $A = \{1,2\}$，$B = \{a,b,c\}$，$R = \{<1,a>,<1,b>,<2,a>,<2,c>\}$，求 R 的关系矩阵 $\boldsymbol{M}_R$．

解 R 的关系矩阵为

$$\boldsymbol{M}_R = \begin{bmatrix} 1 & 1 & 0 \\ 1 & 0 & 1 \end{bmatrix}$$

例 4.13 设 $A = \{1,2,3\}$，A 上的二元关系 $R = \{<x,y>|x \leqslant y\}$，求 R 的关系矩阵 $\boldsymbol{M}_R$．

解 由题得

$$R = \{<1,1>,<1,2>,<1,3>,<2,2>,<2,3>,<3,3>\}$$

于是 R 的关系矩阵为

$$M_R = \begin{bmatrix} 1 & 1 & 1 \\ 0 & 1 & 1 \\ 0 & 0 & 1 \end{bmatrix}$$

当给定关系 R，可求出关系矩阵 M_R，反之亦然. 关系的矩阵表示法很好地解决了关系在计算机中的存储问题.

对于集合 A 上的关系，还可以用更直观的有向图表示，具体做法如下.

定义 4.11 将集合 A 中的每个元素用一个点来表示，称为图的顶点，若 $<a_i,a_j> \in R$，则从顶点 a_i 开始画一条有向边至顶点 a_j（若 $a_i = a_j$，则绕 a_i 画一个环），这样得到的有向图称为 A 上的关系 R 的**关系图**.

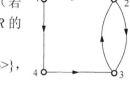

例 4.14 设 $A=\{1,2,3,4\}$，$R=\{<1,2>,<1,4>,<2,2>,<2,3>,<3,2>,<4,3>\}$，试画出 R 的关系图.

解 R 的关系图如图 4-1 所示.

图 4-1

关系的图形表示法将关系转换为图形，可以通过对相应图形的分析，更直观地理解、把握关系的性质.

4.2 关系的运算

二元关系是序偶的集合，所以集合的所有基本运算都适用于关系，集合的并、交、补、差、对称差等运算结果是一种新的关系.

关系的运算除集合的基本运算外，还可以进行一些关系特有的运算，如合成运算与逆运算等. 这些运算也会产生新的关系，分别称为合成关系和逆关系.

例如，a,b,c 三人，其中 a,b 是兄妹关系，b,c 是母子关系，则 a,c 是舅甥关系. 若设 R 是兄妹关系，S 是母子关系，则 R 与 S 合成后的新关系 T 就是舅甥关系. 又如，R 是父子关系，R 与 R 合成就是祖孙关系.

4.2.1 关系的合成运算

1. 关系的合成运算

定义 4.12 设 A,B,C 是 3 个集合，若 R 是从 A 到 B 的关系，S 是从 B 到 C 的关系，经过对 R 和 S 的合成运算，得到一个新的从 A 到 C 的关系，称为 R 和 S 的**合成关系**，记为 $R \circ S$，表示为

$$R \circ S = \{<x,y> | \exists z(<x,z> \in R \land <z,y> \in S)\}$$

关系的合成运算是关系之间的一种传递，通过传递的方式产生一种新的关系.

例 4.15 设集合 $A=\{1,2,3,4,5\}$，R,S 均为 A 上的关系，且 $R = \{<x,y> | x+y=5\}$，$S = \{<x,y> | x-y=2\}$，试求 R 和 S 的合成关系 $R \circ S$.

解 由题得

$$R = \{<x,y> | x+y=5\} = \{<1,4>,<2,3>,<3,2>,<4,1>\}$$

$$S = \{<x,y>|x-y=2\} = \{<3,1>,<4,2>,<5,3>\}$$

于是

$$R \circ S = \{<1,2>,<2,1>\}$$

例 4.16 设集合 $A = \{a,b,c,d,e\}$，关系 $R = \{<a,b>,<b,b>,<c,d>\}$，$S = \{<d,b>,<b,e>,<c,a>\}$，试求合成关系 $R \circ S$，$S \circ R$，$R \circ (S \circ R)$，$(R \circ S) \circ R$，$R \circ R$.

解 由题得

$$R \circ S = \{<a,e>,<b,e>,<c,b>\}$$
$$S \circ R = \{<d,b>,<c,b>\}$$
$$R \circ (S \circ R) = \{<c,b>\}$$
$$(R \circ S) \circ R = \{<c,b>\}$$
$$R \circ R = \{<a,b>,<b,b>\}$$

由例 4.16 可以看出，关系的合成运算不满足交换律.

2. 合成关系的矩阵求解

上述通过关系的集合表达式的方式求合成关系的过程中，需要对两个关系中的每一个序偶进行检查，当序偶较多时，容易出现漏判、误判的情况，从而导致合成关系求解出错. 为了避免合成关系求解出错，可以利用矩阵相乘的方法求解合成关系，此法特别适合计算机编程实现.

设集合 $A = \{a_1,a_2,\cdots,a_m\}$，$B = \{b_1,b_2,\cdots,b_n\}$，$C = \{c_1,c_2,\cdots,c_p\}$，$R$ 是从 A 到 B 的关系，其关系矩阵为 $\boldsymbol{M}_R = (u_{ij})_{m \times n}$，$S$ 是从 B 到 C 的关系，其关系矩阵为 $\boldsymbol{M}_S = (v_{jk})_{n \times p}$，合成关系 $R \circ S$ 是 A 到 C 的关系，其关系矩阵为 $\boldsymbol{M}_{R \circ S} = \boldsymbol{M}_R \cdot \boldsymbol{M}_S = (w_{ik})_{m \times p}$，其中，

$$w_{ik} = \bigvee_{j=1}^{n} (u_{ij} \wedge v_{jk})$$

上式中"$\vee$"表示逻辑或（逻辑加），"$\wedge$"表示逻辑与（逻辑乘）.

利用矩阵求合成关系的计算技巧：从第 1 行开始，合成关系矩阵第 k 行的值由参与合成运算的前一个矩阵第 k 行中的 1 决定，第 k 行哪些列为 1，就将参与合成运算的后一个矩阵对应的行做逻辑加，相加的结果作为合成关系矩阵第 k 行的值. 若参与合成运算的前一个矩阵第 k 行全为 0，则合成关系矩阵的第 k 行全为 0.

例 4.17 设 $A = \{a,b,c,d,e\}$，A 上的关系 $R = \{<a,b>,<b,a>,<b,c>,<c,b>,<c,d>,<c,e>\}$，$S = \{<a,a>,<a,c>,<b,e>,<c,d>,<d,a>,<d,b>,<e,d>\}$，试利用矩阵的方法求合成关系 $R \circ S$.

解 $R \circ S$ 的关系矩阵为

$$\boldsymbol{M}_{R \circ S} = \boldsymbol{M}_R \cdot \boldsymbol{M}_S = \begin{bmatrix} 0 & 1 & 0 & 0 & 0 \\ 1 & 0 & 1 & 0 & 0 \\ 0 & 1 & 0 & 1 & 1 \\ 0 & 0 & 0 & 0 & 0 \\ 0 & 0 & 0 & 0 & 0 \end{bmatrix} \cdot \begin{bmatrix} 1 & 0 & 1 & 0 & 0 \\ 0 & 0 & 0 & 0 & 1 \\ 0 & 0 & 0 & 1 & 0 \\ 1 & 1 & 0 & 0 & 0 \\ 0 & 0 & 0 & 1 & 0 \end{bmatrix}$$

$$=\begin{bmatrix} 0 & 0 & 0 & 0 & 1 \\ 1 & 0 & 1 & 1 & 0 \\ 1 & 1 & 0 & 1 & 1 \\ 0 & 0 & 0 & 0 & 0 \\ 0 & 0 & 0 & 0 & 0 \end{bmatrix}$$

所以合成关系
$$R \circ S = \{<a,e>,<b,a>,<b,c>,<b,d>,<c,a>,<c,b>,<c,d>,<c,e>\}$$

例 4.17 按前述技巧的计算过程如下：

（1）合成关系矩阵的第 1 行：因合成运算的前一个矩阵第 1 行、第 2 列为 1，则将参与合成运算的后一个矩阵的第 2 行（00001）作为运算结果第 1 行的值．

（2）合成关系矩阵的第 2 行：因合成运算的前一个矩阵第 2 行第 1、3 列为 1，则将后一个矩阵的第 1 行和第 3 行进行逻辑加，结果作为合成关系矩阵第 2 行的值．

（3）合成关系矩阵的第 3 行：因合成运算的前一个矩阵第 3 行第 2、4、5 列为 1，则将后一个矩阵的第 2 行、第 4 行和第 5 行进行逻辑加，结果作为合成关系矩阵第 3 行的值．

（4）合成关系矩阵的第 4、5 行：因合成运算的前一个矩阵第 4、5 行全为 0，则合成关系矩阵的第 4、5 行全为 0．

3. 合成运算的相关定理

定理 4.2 设 R 是 A 上的关系，则
$$R \circ I_A = I_A \circ R = R$$

证明 对 $\forall <x,y>$，有
$$<x,y> \in R \circ I_A \Leftrightarrow \exists z(<x,z> \in R \wedge <z,y> \in I_A)$$
$$\Leftrightarrow \exists z(<x,z> \in R \wedge z = y)$$
$$\Rightarrow <x,y> \in R$$
所以
$$R \circ I_A \subseteq R$$
类似地，对 $\forall <x,y>$，有
$$<x,y> \in R \Leftrightarrow <x,y> \in R \wedge <y,y> \in I_A$$
$$\Rightarrow <x,y> \in R \circ I_A$$
所以
$$R \subseteq R \circ I_A$$
综上有 $R \circ I_A = R$．同理可证 $I_A \circ R = R$．

定理 4.3 设 R, S, T 是任意的关系，则
$$R \circ (S \circ T) = (R \circ S) \circ T$$

证明 对 $\forall <x,y>$，有

$$<x,y> \in R \circ (S \circ T) \Leftrightarrow \exists z(<x,z> \in R \wedge <z,y> \in S \circ T)$$
$$\Leftrightarrow \exists z(<x,z> \in R \wedge \exists t(<z,t> \in S \wedge <t,y> \in T))$$
$$\Leftrightarrow \exists z \exists t(<x,z> \in R \wedge (<z,t> \in S \wedge <t,y> \in T))$$
$$\Leftrightarrow \exists z \exists t((<x,z> \in R \wedge <z,t> \in S) \wedge <t,y> \in T)$$
$$\Leftrightarrow \exists t \exists z((<x,z> \in R \wedge <z,t> \in S) \wedge <t,y> \in T)$$
$$\Leftrightarrow \exists t(\exists z(<x,z> \in R \wedge <z,t> \in S) \wedge <t,y> \in T)$$
$$\Leftrightarrow \exists t(<x,t> \in R \circ S \wedge <t,y> \in T)$$
$$\Leftrightarrow <x,y> \in (R \circ S) \circ T$$

所以

$$R \circ (S \circ T) = (R \circ S) \circ T$$

定理 4.3 表明关系的合成运算满足结合律.

定理 4.4 设 R, S, T 是任意的关系，则

（1）$R \circ (S \cup T) = (R \circ S) \cup (R \circ T)$；

（2）$(S \cup T) \circ R = (S \circ R) \cup (T \circ R)$；

（3）$R \circ (S \cap T) \subseteq (R \circ S) \cap (R \circ T)$；

（4）$(S \cap T) \circ R \subseteq (S \circ R) \cap (T \circ R)$.

证明 这里仅对（1）、（3）进行证明，其他的请读者自行证明.

（1）对 $\forall <x,y>$，有

$$<x,y> \in R \circ (S \cup T) \Leftrightarrow \exists z(<x,z> \in R \wedge <z,y> \in S \cup T)$$
$$\Leftrightarrow \exists z(<x,z> \in R \wedge (<z,y> \in S \vee <z,y> \in T))$$
$$\Leftrightarrow \exists z((<x,z> \in R \wedge <z,y> \in S) \vee (<x,z> \in R \wedge <z,y> \in T))$$
$$\Leftrightarrow \exists z(<x,z> \in R \wedge <z,y> \in S) \vee \exists z(<x,z> \in R \wedge <z,y> \in T)$$
$$\Leftrightarrow <x,y> \in R \circ S \vee <x,y> \in R \circ T$$
$$\Leftrightarrow <x,y> \in (R \circ S) \cup (R \circ T)$$

所以

$$R \circ (S \cup T) = (R \circ S) \cup (R \circ T)$$

（3）对 $\forall <x,y>$，有

$$<x,y> \in R \circ (S \cap T) \Leftrightarrow \exists z(<x,z> \in R \wedge <z,y> \in S \cap T)$$
$$\Leftrightarrow \exists z(<x,z> \in R \wedge (<z,y> \in S \wedge <z,y> \in T))$$
$$\Leftrightarrow \exists z((<x,z> \in R \wedge <x,z> \in R) \wedge (<z,y> \in S \wedge <z,y> \in T))$$
$$\Leftrightarrow \exists z((<x,z> \in R \wedge <z,y> \in S) \wedge (<x,z> \in R \wedge <z,y> \in T))$$
$$\Rightarrow \exists z(<x,z> \in R \wedge <z,y> \in S) \wedge \exists z(<x,z> \in R \wedge <z,y> \in T)$$
$$\Leftrightarrow <x,y> \in R \circ S \wedge <x,y> \in R \circ T$$
$$\Leftrightarrow <x,y> \in (R \circ S) \cap (R \circ T)$$

所以

$$R \circ (S \cap T) \subseteq (R \circ S) \cap (R \circ T)$$

4.2.2 关系的逆运算

1. 关系的逆运算

定义 4.13 设 R 是从集合 A 到 B 的二元关系,将 R 中每一序偶中的元素顺序互换,所得到的集合称为 R 的**逆关系**,记作 R^{-1},表示为

$$R^{-1} = \{<x,y> \mid <y,x> \in R\}$$

说明:R^{-1} 的关系矩阵是 R 的关系矩阵的转置,即 $\boldsymbol{M}_{R^{-1}} = (\boldsymbol{M}_R)^{\mathrm{T}}$,$R^{-1}$ 的关系图是将 R 的关系图中的有向弧线改变方向.

例 4.18 设集合 $A = \{1,2,3,4,5\}$,A 上的关系 $R = \{<1,4>,<1,5>,<2,2>,<4,1>\}$,试求 R 的逆关系 R^{-1}.

解 $R^{-1} = \{<4,1>,<5,1>,<2,2>,<1,4>\}$.

例 4.19 设集合 $A = \{1,2,3\}$,A 上的关系 R 的关系矩阵如下,试求 R^{-1} 和 $R \circ R^{-1}$ 的关系矩阵.

$$\boldsymbol{M}_R = \begin{bmatrix} 1 & 0 & 1 \\ 0 & 0 & 1 \\ 1 & 0 & 0 \end{bmatrix}$$

解 $\boldsymbol{M}_{R^{-1}} = (\boldsymbol{M}_R)^{\mathrm{T}} = \begin{bmatrix} 1 & 0 & 1 \\ 0 & 0 & 0 \\ 1 & 1 & 0 \end{bmatrix}$

$$\boldsymbol{M}_{R \circ R^{-1}} = \boldsymbol{M}_R \cdot \boldsymbol{M}_{R^{-1}} = \begin{bmatrix} 1 & 0 & 1 \\ 0 & 0 & 1 \\ 1 & 0 & 0 \end{bmatrix} \cdot \begin{bmatrix} 1 & 0 & 1 \\ 0 & 0 & 0 \\ 1 & 1 & 0 \end{bmatrix} = \begin{bmatrix} 1 & 1 & 1 \\ 1 & 1 & 0 \\ 1 & 0 & 1 \end{bmatrix}$$

2. 逆运算的相关定理

定理 4.5 设 R,S 是任意的关系,则

（1）$\operatorname{dom} R^{-1} = \operatorname{ran} R$,$\operatorname{ran} R^{-1} = \operatorname{dom} R$;

（2）$(R^{-1})^{-1} = R$;

（3）$(R \circ S)^{-1} = S^{-1} \circ R^{-1}$.

证明 （1）对 $\forall x$,有

$$x \in \operatorname{dom} R^{-1} \Leftrightarrow \exists y (<x,y> \in R^{-1})$$
$$\Leftrightarrow \exists y (<y,x> \in R)$$
$$\Leftrightarrow x \in \operatorname{ran} R$$

所以

$$\operatorname{dom} R^{-1} = \operatorname{ran} R$$

类似可证

$$\operatorname{ran} R^{-1} = \operatorname{dom} R$$

（2）对 $\forall <x,y>$，有

$$<x,y>\in (R^{-1})^{-1} \Leftrightarrow <y,x>\in R^{-1} \Leftrightarrow <x,y>\in R$$

所以

$$(R^{-1})^{-1} = R$$

（3）对 $\forall <x,y>$，有

$$<x,y>\in (R\circ S)^{-1} \Leftrightarrow <y,x>\in R\circ S$$
$$\Leftrightarrow \exists z(<y,z>\in R \wedge <z,x>\in S)$$
$$\Leftrightarrow \exists z(<z,y>\in R^{-1} \wedge <x,z>\in S^{-1})$$
$$\Leftrightarrow <x,y>\in S^{-1}\circ R^{-1}$$

所以

$$(R\circ S)^{-1} = S^{-1}\circ R^{-1}$$

4.2.3 关系的幂运算

定义 4.14 设 R 是 A 上的二元关系，$n\in \mathbf{N}$，则关系 R 的 **n 次幂**规定：

（1）$R^0 = I_A$；

（2）$R^n = R^{n-1}\circ R\ (n\geqslant 1)$．

显然，R^n 仍然是 A 上的关系，由于合成运算"$\circ$"满足结合律，所以有如下定理成立．

定理 4.6 设 R 是 A 上的关系，$m,n\in \mathbf{N}$，则

（1）$R^m\circ R^n = R^{m+n}$；

（2）$(R^m)^n = R^{mn}$．

由定理 4.2，有 $R^1 = R^0\circ R = I_A\circ R = R$．

例 4.20 设集合 $A = \{1,2,3,4,5,6\}$，A 上的关系 $R = \{<1,2>,<2,1>,<4,5>,<5,6>,<6,4>\}$，计算：

（1）$R^n(n\in \mathbf{Z}^+)$；

（2）$\bigcup\limits_{i=1}^{6} R^i$ 和 $\bigcup\limits_{i=1}^{\infty} R^i$．

解 （1）$R^1 = R = \{<1,2>,<2,1>,<4,5>,<5,6>,<6,4>\}$；

$R^2 = R\circ R = \{<1,1>,<2,2>,<4,6>,<5,4>,<6,5>\}$；

$R^3 = R^2\circ R = \{<1,2>,<2,1>,<4,4>,<5,5>,<6,6>\}$；

$R^4 = R^3\circ R = \{<1,1>,<2,2>,<4,5>,<5,6>,<6,4>\}$；

$R^5 = R^4\circ R = \{<1,2>,<2,1>,<4,6>,<5,4>,<6,5>\}$；

$R^6 = R^5\circ R = \{<1,1>,<2,2>,<4,4>,<5,5>,<6,6>\}$；

$R^7 = R^6\circ R = R$；

…

$R^n = R^i\ (n\geqslant 7, n = 6k+i, 1\leqslant i\leqslant 6, k\geqslant 1)$．

（2）$\bigcup\limits_{i=1}^{6} R^i = \{<1,1>,<1,2>,<2,1>,<2,2>,<4,4>,<4,5>,<4,6>,$
$<5,4>,<5,5>,<5,6>,<6,4>,<6,5>,<6,6>\}.$

因为当 $n \geqslant 7$ 时，$R^n \in \{R^i | 1 \leqslant i \leqslant 6\}$，所以

$$\bigcup_{i=1}^{\infty} R^i = \bigcup_{i=1}^{6} R^i$$

求集合 A 上的关系 R 的 n 次幂除直接利用关系表达式合成的方法外，还可以利用关系矩阵来求 $M_{R^n} = (M_R)^n$，当然，此法适合用计算机编程实现. 下面介绍一种利用关系图求集合 A 上的关系 R 的 n 次幂 R^n 的方法：

（1）设 $A = \{a_1, a_2, \cdots, a_n\}$，首先画出关系 R 的关系图；

（2）从 a_1 开始，检查从 a_1 出发的所有沿有向边走两步的路径，这些路径的起点和终点有 R^2 关系，从而在 R^2 的关系图中在相应的起点和终点上连接有向边；

（3）对 $a_2, \cdots, a_n$ 重复步骤（2）即可求出 R^2 的关系图.

类似地，在步骤（2）中走 3 步的路径，可求出 R^3 的关系图，走 n 步的路径，可求出 R^n 的关系图.

例 4.21 设集合 $A = \{1,2,3,4\}$，A 上的关系 $R = \{<1,2>,<2,3>,<3,4>,<4,3>\}$，利用关系图求 R^2, R^3, R^4.

解 结果如图 4-2 所示.

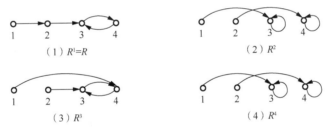

图 4-2

关于幂运算还有以下一些性质.

定理 4.7 设 A 是 n 元集，R 是 A 上的关系，则存在自然数 s 和 t，使得 $R^s = R^t$.

证明 由于 $|A| = n$，$|A \times A| = n^2$，从而 $A \times A$ 的子集有 2^{n^2} 个. 因为一个子集代表一个 A 上的关系，所以 A 上有 2^{n^2} 个不同的二元关系. 列出 R 的所有自然数次幂：

$$R^0, R^1, R^2, \cdots, R^{2^{n^2}}, \cdots$$

由于这些幂里只有 2^{n^2} 个不同的关系，所以当列出的幂的个数超过 2^{n^2} 时，必有两个幂相等，即存在自然数 s 和 t，使得 $R^s = R^t$.

定理 4.8 设 R 是 A 上的关系，若存在自然数 $s, t(s < t)$，使得 $R^s = R^t$，则

（1）对任意的 $k \in \mathbf{N}$，有 $R^{s+k} = R^{t+k}$，

（2）对任意的 $k, i \in \mathbf{N}$，有 $R^{s+kp+i} = R^{s+i}$，其中 $p = t - s$；

（3）令 $S = \{R^0, R^1, \cdots, R^{t-1}\}$，则对于任意的 $q \in \mathbf{N}$，有 $R^q \in S$.

证明　（1）$R^{s+k} = R^s \circ R^k = R^t \circ R^k = R^{t+k}$．

（2）对 k 归纳：

若 $k=0$，则有 $R^{s+0p+i} = R^{s+i}$，结论成立．

假设 $R^{s+kp+i} = R^{s+i}$，其中 $p = t-s$，则

$$R^{s+(k+1)p+i} = R^{s+kp+i+p} = R^{s+kp+i} \circ R^p = R^{s+i} \circ R^p$$
$$= R^{s+i+p} = R^{s+i+t-s}$$
$$= R^{t+i} = R^{s+i}$$

由归纳法知命题得证．

（3）任取 $q \in \mathbf{N}$，若 $q < t$，显然有 $R^q \in S$．若 $q \geqslant t$，由 $t > s$，有 $q-s > 0$，用 p 去除 $q-s$，设得到的商为 k，余数为 i，即 $q = s+kp+i$，$0 \leqslant i \leqslant p-1$．于是有

$$R^q = R^{s+kp+i} = R^{s+i}$$

而

$$s+i \leqslant s+p-1 = s+t-s-1 = t-1$$

这就证明了 $R^q \in S$．

定理 4.8 给出了 R 的不同幂的个数的一个上界，也就是说，如果 $R^s = R^t$，那么 R 的不同的幂至多有 t 个．如果 s 和 t 是使得 $R^s = R^t$ 成立的最小的自然数，那么 R 恰好有 t 个不同的幂．这里的 $(t-s)$ 可以看作幂变化的周期．利用幂的周期性，在某些情况下可以将 R 的比较高的幂化成比较低的幂．回顾例 4.20，由于 $R^7 = R^1$，因此 R 的不同的幂恰好有 7 个，利用这个性质，有 $R^{100} = R^4$．

4.3　关系的性质

本节讨论的是集合 A 上的关系的性质．n 元集 A 上有 2^{n^2} 个不同的二元关系，随着 n 的增大，二元关系数量增长的速度是惊人的，但是其中有许多关系是没有意义的，人们关心和感兴趣的是一些具有良好性质的关系．这些性质包括自反性和反自反性、对称性和反对称性及传递性．

4.3.1　关系的几种性质

1.　自反性和反自反性

定义 4.15　设 R 是非空集合 A 上的二元关系，如果对于每一个 $x \in A$，都有 $<x,x> \in R$，则称关系 R 是**自反的**，或称关系 R 具有**自反性**，即

$$R \text{ 是 } A \text{ 上的自反关系} \Leftrightarrow \forall x(x \in A \rightarrow <x,x> \in R)$$

定义 4.16　设 R 是非空集合 A 上的二元关系，如果对于每一个 $x \in A$，都有 $<x,x> \notin R$，则称关系 R 是**反自反的**，或称关系 R 具有**反自反性**，即

$$R \text{ 是 } A \text{ 上的反自反关系} \Leftrightarrow \forall x(x \in A \rightarrow <x,x> \notin R)$$
$$\Leftrightarrow \neg \exists x(x \in A \wedge <x,x> \in R)$$

例如，任意非空集合 A 上的恒等关系 I_A 和全关系 E_A 是自反的；在实数集合中，"$\leqslant$"是自反的，因为对于任意实数，$x \leqslant x$ 成立；任意非空集合 A 上的空关系 $\varnothing$ 是反自反的；在实数集合中，"$<$"是反自反的，因为对于任意实数，$x < x$ 不成立．

例 4.22 设集合 $A = \{1,2,3,4\}$，判断下列 A 上的关系哪些是自反的，哪些是反自反的．
（1） $R_1 = \{<1,1>,<1,2>,<2,1>,<2,2>,<3,4>,<4,1>\}$；
（2） $R_2 = \{<2,1>,<3,1>,<3,2>,<4,1>,<4,2>,<4,3>\}$；
（3） $R_3 = \{<1,1>,<1,2>,<1,4>,<2,1>,<2,2>,<3,3>,<4,1>,<4,4>\}$．

解 （1）因为关系 R_1 不含 $<3,3>$，所以它不是自反的；因为它含 $<1,1>$，所以它也不是反自反的．

（2）因为关系 R_2 不含 $<1,1>,<2,2>,<3,3>$ 和 $<4,4>$，所以关系 R_2 是反自反的．

（3）因为关系 R_3 含 $<1,1>,<2,2>,<3,3>$ 和 $<4,4>$，所以关系 R_3 是自反的．

自反性和反自反性可以在关系图和关系矩阵上非常直观地反映出来．

例 4.22 中的关系 R_2 和 R_3 的关系图如图 4-3 所示．

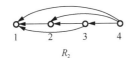 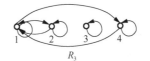

图 4-3

可见反自反关系的关系图的每个顶点上均没有环，自反关系的关系图的每个顶点上均有环．

例 4.22 中的关系 R_2 和 R_3 的关系矩阵分别为

$$M_{R_2} = \begin{bmatrix} 0 & 0 & 0 & 0 \\ 1 & 0 & 0 & 0 \\ 1 & 1 & 0 & 0 \\ 1 & 1 & 1 & 0 \end{bmatrix}, \quad M_{R_3} = \begin{bmatrix} 1 & 1 & 0 & 1 \\ 1 & 1 & 0 & 0 \\ 0 & 0 & 1 & 0 \\ 1 & 0 & 0 & 1 \end{bmatrix}$$

可见反自反关系的关系矩阵对角线上的元素全是 0，自反关系的关系矩阵对角线上的元素全是 1．

例 4.23 设集合 $|A| = n$，试计算 A 上具有自反关系的个数．

解 由于 A 上的自反关系必须包含所有的 $<x,x>$，这些序偶的全体是 I_A，所以求 A 上所有自反关系的个数等价于求 $A \times A - I_A$ 的所有子集的个数，即 2^{n^2-n}．

例 4.24 设集合 $|A| = n$，试计算 A 上具有反自反关系的个数．

解 由于 A 上的反自反关系不包含任一 $<x,x>$，所以 $A \times A - I_A$ 的子集就是 A 上的反自反关系，即 A 上具有反自反关系的个数为 2^{n^2-n}．

由上面的两个例子可知，在任一非空集合 A 上定义的具有自反关系的个数等于具有反自反关系的个数．因此，A 上既不是自反的也不是反自反的关系的个数为 $2^{n^2} - 2 \times 2^{n^2-n} = 2^{n^2-n+1}(2^{n-1}-1)$．

2. 对称性和反对称性

定义 4.17   设 R 是非空集合 A 上的二元关系,对于任意的 $x,y \in A$,如果 $<x,y>\in R$,那么 $<y,x>\in R$,则称关系 R 是**对称的**,或称关系 R 具有**对称性**,即

R 是 A 上的对称关系 $\Leftrightarrow \forall x \forall y (x \in A \wedge y \in A \wedge <x,y>\in R \rightarrow <y,x>\in R)$.

定义 4.18   设 R 是非空集合 A 上的二元关系,对于任意的 $x,y \in A$,如果 $x \neq y$ 且 $<x,y>\in R$,那么 $<y,x>\notin R$,则称关系 R 是**反对称的**,或称关系 R 具有**反对称性**,即

R 是 A 上的反对称关系 $\Leftrightarrow \forall x \forall y (x \in A \wedge y \in A \wedge x \neq y \wedge <x,y>\in R \rightarrow <y,x>\notin R)$

$\Leftrightarrow \forall x \forall y (x \in A \wedge y \in A \wedge <x,y>\in R \wedge <y,x>\in R \rightarrow x = y)$.

例 4.25   设集合 $A=\{1,2,3,4\}$,判断下列 A 上的关系是否具有对称性和反对称性,写出它们的关系矩阵并画出相应的关系图.

(1) $R_1=\{<1,1>,<1,3>,<3,1>,<4,4>\}$;

(2) $R_2=\{<1,1>,<1,3>,<1,4>,<2,4>\}$;

(3) $R_3=\{<1,1>,<1,2>,<1,3>,<3,1>,<1,4>\}$;

(4) $R_4=\{<1,1>,<2,2>,<3,3>,<4,4>\}$.

解   (1) 在关系 R_1 中,只要 $<x,y>\in R_1$,就有 $<y,x>\in R_1$,所以它是对称的. 由于 $<1,3>\in R_1$ 但 $<3,1>\in R_1$,所以它不是反对称的.

(2) 在关系 R_2 中,只要 $x \neq y$ 且 $<x,y>\in R_2$,就有 $<y,x>\notin R_2$,所以它是反对称的. 由于 $<1,3>\in R_2$ 且 $<3,1>\notin R_2$,所以它不是对称的.

(3) 在关系 R_3 中,由于 $<1,3>\in R_3$ 且 $<3,1>\in R_3$,所以它不是反对称的. 又由于 $<1,2>\in R_3$ 且 $<2,1>\notin R_3$,所以它不是对称的.

(4) 在关系 R_4 中,对 $\forall x,y \in A$,只要 $x \neq y$,就有 $<x,y>\notin R_4$,所以它既是对称的,又是反对称的.

关系 R_1,R_2,R_3,R_4 的关系矩阵分别为

$$M_{R_1}=\begin{bmatrix} 1 & 0 & 1 & 0 \\ 0 & 0 & 0 & 0 \\ 1 & 0 & 0 & 0 \\ 0 & 0 & 0 & 1 \end{bmatrix}, \quad M_{R_2}=\begin{bmatrix} 1 & 0 & 1 & 1 \\ 0 & 0 & 0 & 1 \\ 0 & 0 & 0 & 0 \\ 0 & 0 & 0 & 0 \end{bmatrix},$$

$$M_{R_3}=\begin{bmatrix} 1 & 1 & 1 & 1 \\ 0 & 0 & 0 & 0 \\ 1 & 0 & 0 & 0 \\ 0 & 0 & 0 & 0 \end{bmatrix}, \quad M_{R_4}=\begin{bmatrix} 1 & 0 & 0 & 0 \\ 0 & 1 & 0 & 0 \\ 0 & 0 & 1 & 0 \\ 0 & 0 & 0 & 1 \end{bmatrix}$$

关系 R_1 , R_2 , R_3 , R_4 的关系图如图 4-4 所示.

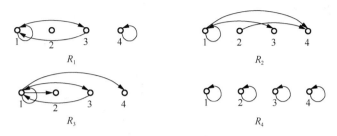

图 4-4

由例 4.25 可知，关系 R 是对称的当且仅当在 R 的关系图中，任何一对顶点之间，要么有方向相反的两条边，要么无任何边，即没有单边；关系 R 是反对称的当且仅当在 R 的关系图中，任何一对顶点之间至多有一条边，即没有双边.

关系 R 是对称的当且仅当 R 的关系矩阵为对称矩阵，即 $\boldsymbol{M}_R = (M_R)^{\mathrm{T}}$；关系 R 是反对称的当且仅当 R 的关系矩阵为反对称矩阵，即满足 $m_{ij} \wedge m_{ji} = 0$，$i, j = 1, 2, \cdots, n$，$i \neq j$.

3. 传递性

定义 4.19　设 R 是非空集合 A 上的二元关系，对于任意的 $x, y, z \in A$，如果 $<x, y> \in R$ 且 $<y, z> \in R$，那么 $<x, z> \in R$，则称关系 R 是**传递的**，或称关系 R 具有**传递性**，即

　　　R 是 A 上的传递关系

$\Leftrightarrow \forall x \forall y \forall z (x \in A \wedge y \in A \wedge z \in A \wedge <x, y> \in R \wedge <y, z> \in R \rightarrow <x, z> \in R)$.

例 4.26　设集合 $A = \{1, 2, 3\}$，判断下列 A 上的关系是否具有传递性，写出它们的关系矩阵并画出相应的关系图.

（1）$R_1 = \{<1,1>, <1,2>, <2,3>, <1,3>\}$；

（2）$R_2 = \{<1,2>\}$；

（3）$R_3 = \{<1,1>, <1,2>, <2,3>\}$；

（4）$R_4 = \{<1,2>, <2,3>, <1,3>, <2,1>\}$.

解　（1）在关系 R_1 中，因为对 $\forall x, y, z \in A$，只要 $<x, y> \in R_1$，$<y, z> \in R_1$，就有 $<x, z> \in R_1$，所以它是传递的.

（2）在关系 R_2 中，虽然只有一个序偶，但它没有违反传递性的定义，所以它是传递的.

（3）在关系 R_3 中，由于 $<1,2> \in R_3$ 且 $<2,3> \in R_3$，但 $<1,3> \notin R_3$，所以它不是传递的.

（4）在关系 R_4 中，由于 $<1,2> \in R_4$ 且 $<2,1> \in R_4$，但 $<1,1> \notin R_4$，所以它不是传递的.

关系 R_1, R_2, R_3, R_4 的关系矩阵分别为

$$\boldsymbol{M}_{R_1} = \begin{bmatrix} 1 & 1 & 1 \\ 0 & 0 & 1 \\ 0 & 0 & 0 \end{bmatrix}, \quad \boldsymbol{M}_{R_2} = \begin{bmatrix} 0 & 1 & 0 \\ 0 & 0 & 0 \\ 0 & 0 & 0 \end{bmatrix}, \quad \boldsymbol{M}_{R_3} = \begin{bmatrix} 1 & 1 & 0 \\ 0 & 0 & 1 \\ 0 & 0 & 0 \end{bmatrix}, \quad \boldsymbol{M}_{R_4} = \begin{bmatrix} 0 & 1 & 1 \\ 1 & 0 & 1 \\ 0 & 0 & 0 \end{bmatrix}$$

关系 R_1, R_2, R_3, R_4 的关系图如图 4-5 所示.

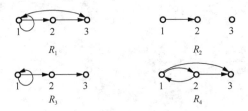

图 4-5

由例 4.26 可知,关系 R 是传递的当且仅当在 R 的关系图中,任何三个顶点 x, y, z(可以相同)之间,若从 x 到 y 有一条边,从 y 到 z 有一条边(称从 x 可达 z),则从 x 到 z 一定有一条边(称从 x 直达 z). 也就是说,从 x 可达 z 必有从 x 直达 z.

关系 R 是传递的当且仅当在 R 的关系矩阵中,若 $m_{ij} = 1 \wedge m_{jk} = 1$,则必有 $m_{ik} = 1$,$i, j, k = 1, 2, \cdots, n$.

例 4.27　设集合 $A = \{1,2\}$,求出 A 上的所有传递关系.

解　因为 $|A| = 2$,所以 A 上不同的关系共有 $2^{2^2} = 16$(个). 其中,$A \times A$ 的 0 元子集:
$$R_1 = \varnothing$$

1 元子集:
$$R_2 = \{<1,1>\}, \quad R_3 = \{<2,2>\}, \quad R_4 = \{<1,2>\}, \quad R_5 = \{<2,1>\}$$

2 元子集:
$$R_6 = \{<1,1>, <2,2>\}, \quad R_7 = \{<1,1>, <1,2>\}$$
$$R_8 = \{<1,1>, <2,1>\}, \quad R_9 = \{<1,2>, <2,2>\}$$
$$R_{10} = \{<2,1>, <2,2>\}, \quad R_{11} = \{<1,2>, <2,1>\}$$

3 元子集:
$$R_{12} = \{<1,1>, <1,2>, <2,2>\}$$
$$R_{13} = \{<1,1>, <2,1>, <2,2>\}$$
$$R_{14} = \{<2,1>, <1,2>, <2,2>\}$$
$$R_{15} = \{<1,1>, <1,2>, <2,1>\}$$

4 元子集:
$$R_{16} = \{<1,1>, <1,2>, <2,1>, <2,2>\}$$

当关系中同时包含 <1,2> 和 <2,1> 时,要想具有传递性就必须包含 <1,1> 和 <2,2>,据此可知 R_{11}, R_{14}, R_{15} 不具有传递性,其余关系都具有传递性.

至此,已经讲述了关系的 5 种性质,对任意给定的 A 上的关系 R,可以采用下面的 3 种方法判定它所具有的性质:

(1)关系的集合表达式判定法;

(2)关系矩阵判定法;

(3)关系图判定法.

如果题目没有具体判别要求,采用上述任何一种方法均可. 下面再给出几个实例,判定这些关系所具有的性质.

例 4.28 判定下列关系所具有的性质.

（1）非空集合 A 上的全关系 E_A；

（2）非空集合 A 上的空关系 $\varnothing$；

（3）非空集合 A 上的恒等关系 I_A.

解 可取 $A=\{1,2,3\}$，利用 A 上的全关系、空关系和恒等关系的关系图来判别.

（1）集合 A 上的全关系 E_A 具有自反性、对称性和传递性.

（2）集合 A 上的空关系 $\varnothing$ 具有反自反性、对称性、反对称性和传递性.

（3）集合 A 上的恒等关系 I_A 具有自反性、对称性、反对称性和传递性.

例 4.29 判定下列关系所具有的性质.

（1）幂集 $P(A)$ 上的包含关系 $R_\subseteq$；

（2）正整数集 $\mathbf{Z}^+$ 的非空子集 A 上的整除关系 D.

解 可利用关系性质的定义来判别.

（1）幂集 $P(A)$ 上的包含关系 $R_\subseteq$ 具有自反性、反对称性和传递性.

（2）正整数集 $\mathbf{Z}^+$ 的非空子集 A 上的整除关系 D 具有自反性、反对称性和传递性.

4.3.2 关系性质的判别

对于给定集合上的关系，可以根据关系的定义、性质在关系矩阵或者关系图中的特征来进行其性质的判别. 下面的定理也可以用来判别关系的性质.

定理 4.9 设 R 是非空集合 A 上的关系，则

（1）R 是自反的当且仅当 $I_A \subseteq R$；

（2）R 是反自反的当且仅当 $R \cap I_A = \varnothing$；

（3）R 是对称的当且仅当 $R^{-1} = R$；

（4）R 是反对称的当且仅当 $R \cap R^{-1} \subseteq I_A$；

（5）R 是传递的当且仅当 $R \circ R \subseteq R$.

证明 （1）必要性：由于 $I_A = \{<x,x>|x \in A\}$，对 $\forall <x,x> \in I_A$，因为 R 是自反的，所以 $<x,x> \in R$，即 $I_A \subseteq R$.

充分性：对 $\forall x \in A$，$<x,x> \in I_A$，因为 $I_A \subseteq R$，所以 $<x,x> \in R$，由自反性的定义可知，R 是自反的.

（2）必要性（反证法）：假设 $\exists <x,y> \in R \cap I_A$，可得 $<x,y> \in I_A$，由 I_A 的定义有 $x = y$，从而 $<x,x> \in R$，这与 R 是反自反的是矛盾的，所以 $R \cap I_A = \varnothing$.

充分性（反证法）：假设 $\exists a \in A$，$<a,a> \in R$，由于 $I_A = \{<x,x>|x \in A\}$，所以 $<a,a> \in R \cap I_A$，这与 $R \cap I_A = \varnothing$ 矛盾，所以 R 是反自反的.

（3）必要性：对 $\forall <x,y> \in R^{-1}$，有 $<y,x> \in R$，因为 R 是对称的，所以 $<x,y> \in R$，即 $R^{-1} \subseteq R$；对 $\forall <x,y> \in R$，因为 R 是对称的，有 $<y,x> \in R$，所以 $<x,y> \in R^{-1}$，即 $R \subseteq R^{-1}$.

综上有 $R^{-1} = R$.

充分性：对 $\forall x,y\in A$，若 $<x,y>\in R$，有 $<y,x>\in R^{-1}$，因为 $R^{-1}=R$，所以 $<y,x>\in R$，由对称性的定义可知，R 是对称的.

（4）必要性：对 $\forall <x,y>\in R\cap R^{-1}$，有 $<x,y>\in R$ 且 $<x,y>\in R^{-1}$，即 $<x,y>\in R$ 且 $<y,x>\in R$，由反对称性的定义，有 $x=y$，所以 $<x,y>\in I_A$，即 $R\cap R^{-1}\subseteq I_A$.

充分性：对 $\forall x,y\in A$，若 $<x,y>\in R$ 且 $<y,x>\in R$，由 $<y,x>\in R$，有 $<x,y>\in R^{-1}$，所以 $<x,y>\in R\cap R^{-1}$. 因为 $R\cap R^{-1}\subseteq I_A$，所以 $x=y$，由反对称性的定义可知，R 是反对称的.

（5）必要性：对 $\forall <x,y>\in R\circ R$，由合成的定义，$\exists z$，使得 $<x,z>\in R\wedge <z,y>\in R$. 因为 R 是传递的，所以 $<x,y>\in R$，即 $R\circ R\subseteq R$.

充分性：对 $\forall x,y,z\in A$，若 $<x,y>\in R$ 且 $<y,z>\in R$，由合成的定义，有 $<x,z>\in R\circ R$. 因为 $R\circ R\subseteq R$，所以 $<x,z>\in R$，由传递性的定义可知，R 是传递的.

现将上述关系性质的判别方法总结成表 4-1.

表 4-1

判别方法	自反性	反自反性	对称性	反对称性	传递性
定义	对 $\forall x\in A$，有 $<x,x>\in R$	对 $\forall x\in A$，有 $<x,x>\notin R$	对 $\forall x,y\in A$，若 $<x,y>\in R$，则 $<y,x>\in R$	对 $\forall x,y\in A$，若 $<x,y>\in R$ 且 $<y,x>\in R$，则 $x=y$	对 $\forall x,y,z\in A$，若 $<x,y>\in R$ 且 $<y,z>\in R$，则 $<x,z>\in R$
集合	$I_A\subseteq R$	$R\cap I_A=\varnothing$	$R^{-1}=R$	$R\cap R^{-1}\subseteq I_A$	$R\circ R\subseteq R$
关系矩阵	主对角线元素全为 1	主对角线元素全为 0	对称矩阵	反对称矩阵，即 $m_{ij}\wedge m_{ji}=0$，$i,j=1,2,\cdots,n,i\neq j$	若 $m_{ij}=1\wedge m_{jk}=1$，必有 $m_{ik}=1$，$i,j,k=1,2,\cdots,n$
关系图	每个顶点都有环	每个顶点都没有环	任意两顶点之间没有单向边	任意两顶点之间没有双向边	若从 x 到 y 有一条边，从 y 到 z 有一条边，则从 x 到 z 一定有一条边

例 4.30 判断图 4-6 中给出的集合 $A=\{1,2,3\}$ 上的关系的性质.

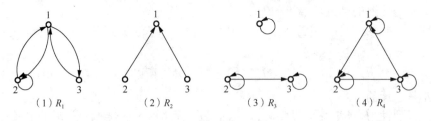

图 4-6

解 （1）R_1：既不是自反的，也不是反自反的，因为有些顶点有环，有些顶点无环；是对称的，因为无单向边；不是反对称的，因为存在双向边；不是传递的，因为有边 $<1,2>$ 和 $<2,1>$，但没有环 $<1,1>$.

（2）R_2：不是自反的，因为所有顶点无环，是反自反的；不是对称的，因为有单向边；是反对称的，因为无双向边；是传递的，因为所有路径都是可达必直达的.

（3）R_3：是自反的，因为所有顶点有环，不是反自反的；不是对称的，因为有单向边；是反对称的，因为无双向边；是传递的，因为所有路径都是可达必直达的.

（4）R_4：是自反的，因为所有顶点有环，不是反自反的；不是对称的，因为有单向边；是反对称的，因为无双向边；不是传递的，因为有边<1,2>和<2,3>，但没有边<1,3>.

4.3.3 关系性质的保守性

我们知道，关系是一种特殊的集合，它可以进行集合的各种基本运算，以及其特有的复合运算和求逆运算，但具有特殊性质的关系通过各种运算后产生的新关系是否仍然保持原有的特殊性质呢？下面就来研究关系性质的保守性问题.

定理 4.10 设 R, S 是非空集合 A 上的二元关系，则

（1）若 R, S 是自反的，则 $R^{-1}, R \cap S, R \cup S, R \circ S$ 也是自反的；

（2）若 R, S 是反自反的，则 $R^{-1}, R \cap S, R \cup S, R - S$ 也是反自反的；

（3）若 R, S 是对称的，则 $R^{-1}, R \cap S, R \cup S, R - S$ 也是对称的；

（4）若 R, S 是反对称的，则 $R^{-1}, R \cap S, R - S$ 也是反对称的；

（5）若 R, S 是传递的，则 $R^{-1}, R \cap S$ 也是传递的.

证明 下面仅证明"若 R, S 是传递的，则 $R \cap S$ 也是传递的"，其余略.

对 $\forall x, y, z \in A$，若 $<x,y> \in R \cap S$ 且 $<y,z> \in R \cap S$，则有 $<x,y> \in R$ 且 $<y,z> \in R$，由 R 是传递的，有 $<x,z> \in R$；同时还有 $<x,y> \in S$ 且 $<y,z> \in S$，再由 S 是传递的，又有 $<x,z> \in S$. 所以 $<x,z> \in R \cap S$，由传递性的定义可知，$R \cap S$ 是传递的.

由定理 4.10 可以看出：

（1）逆运算与交运算具有较好的保守性；

（2）并运算、差运算的保守性较差，复合运算的保守性最差.

将以上结果总结成表 4-2，其中，R, S 是非空集合 A 上的二元关系，如果经过某种运算后仍保持原来的性质，则在相对应的格内画"√"，如果不一定则画"×".

表 4-2

关系运算	关系性质				
	自反性	反自反性	对称性	反对称性	传递性
R^{-1}	√	√	√	√	√
$R \cap S$	√	√	√	√	√
$R \cup S$	√	√	√	×	×
$R - S$	×	√	√	√	×
$R \circ S$	√	×	×	×	×

例 4.31 举例说明：

（1）若 R, S 是反自反的，则 $R \circ S$ 不一定是反自反的；

（2）若 R, S 是对称的，则 $R \circ S$ 不一定是对称的；

（3）若 R, S 是反对称的，则 $R \circ S$ 不一定是反对称的；

（4）若 R, S 是传递的，则 $R \circ S$ 不一定是传递的.

解 设 $A = \{1,2,3,4,5\}$.

（1）取 $R = \{<1,2>\}$，$S = \{<2,1>\}$，R, S 都是反自反的，但 $R \circ S = \{<1,1>\}$ 不是反自反的.

（2）取 $R = \{<1,2>,<2,1>\}$，$S=\{<1,1>\}$，R, S 都是对称的，但 $R \circ S = \{<2,1>\}$ 不是对称的.

（3）取 $R = \{<1,2>,<2,2>\}$，$S=\{<2,1>,<2,2>\}$，R, S 都是反对称的，但 $R \circ S = \{<1,1>, <1,2>,<2,1>,<2,2>\}$ 不是反对称的.

（4）取 $R=\{<1,2>,<3,4>\}$，$S=\{<2,3>,<4,5>\}$，R, S 都是传递的，但 $R \circ S = \{<1,3>,<3,5>\}$ 不是传递的.

4.4　关系的闭包

在实际应用中，有时会遇到这样的问题，即某一个关系并不具有某种特性（如自反性、对称性、传递性），但可以对它进行扩充，使它具有这种特性，而且所进行的扩充又要求是最经济的，即增加尽可能少的序偶. 这种关系的扩充正是本节要讨论的关系闭包.

4.4.1　关系闭包的概念

定义 4.20　设 R 是非空集合 A 上的二元关系，如果另外有一个关系 R' 满足：

（1）R' 是自反的（对称的、传递的）；

（2）$R \subseteq R'$；

（3）对于任何自反的（对称的、传递的）关系 R''，如果有 $R \subseteq R''$，就有 $R' \subseteq R''$，

则称关系 R' 为 R 的**自反（对称、传递）闭包**，记作 $r(R)(s(R),t(R))$.

关系的自反（对称、传递）闭包其实是指包含原关系的最小（序偶元素最少）自反（对称、传递）关系. 闭包的"闭"是闭合的意思，也就是完整具有某些性质，而"包"指包含原来的关系.

例 4.32　设 $A=\{a,b,c,d\}$，$R=\{<a,a>,<a,b>,<b,a>,<b,c>,<c,d>\}$，求 $r(R)$，$s(R)$，$t(R)$.

解　（1）关系 R 不是自反的. 如何构造一个包含 R 的尽可能小的自反关系呢？显然，可以通过增加 $<b,b>,<c,c>,<d,d>$ 到 R 中来做到. 因为只有它们是不在 R 中的形如 $<x,x>$ 的序偶，得到的新关系 $R'=\{<a,a>,<a,b>,<b,a>,<b,c>,<c,d>,<b,b>,<c,c>,<d,d>\}$ 中才包含 I_A. 此外，任何包含 R 的自反关系 R'' 必须包含 $<b,b>,<c,c>,<d,d>$，故 $R' \subseteq R''$，所以 R' 是 R 的自反闭包.

（2）关系 R 不是对称的. 如何构造一个包含 R 的尽可能小的对称关系呢？显然，可以通过增加 $<c,b>,<d,c>$ 到 R 中来做到. 因为只有它们是具有 $<x,y>\in R$ 而 $<y,x>\notin R$ 的那种序偶，产生的新关系 $R'=\{<a,a>,<a,b>,<b,a>,<b,c>,<c,d>,<c,b>,<d,c>\}$ 才是包含 R 的对称关系. 它是向 R 中添边最少的对称关系，所以它是 R 的对称闭包.

（3）关系 R 不是传递的. 如何构造一个包含 R 的尽可能小的传递关系呢？对于已经在 R 中的任意的 $<x,y>,<y,z>$，是否可以通过增加形如 $<x,z>$ 来构成 R 的传递闭包

呢？本例中若增加 $<a,c>,<b,b>,<b,d>$ 序偶，则得到的关系 $\{<a,a>,<a,b>,<b,a>,$ $<b,c>,<c,d>,<a,c>,<b,b>,<b,d>\}$ 并不是传递的. 因此，构造传递闭包比较复杂，必须重复这个过程，此时可再增加 $<a,d>$ 序偶，直到没有必须增加的序偶为止，这样得到的新关系 $R'=\{<a,a>,<a,b>,<b,a>,<b,c>,<c,d>,<a,c>,<b,b>,<b,d>,<a,d>\}$ 是 R 的传递闭包.

4.4.2　关系闭包的相关定理

定理 4.11　设 R 是非空集合 A 上的二元关系，则
（1）R 是自反的当且仅当 $r(R)=R$；
（2）R 是对称的当且仅当 $s(R)=R$；
（3）R 是传递的当且仅当 $t(R)=R$.

证明　（1）必要性：如果 R 是自反的，那么 R 具有自反闭包定义对 R' 所要求的性质，因此 $r(R)=R$.

充分性：如果 $r(R)=R$，因为 $r(R)$ 具有自反性，所以 R 是自反的.

（2）、（3）证明类似，此处省略.

通过例 4.32 可得到如下求关系闭包的定理.

定理 4.12　设 R 是非空集合 A 上的二元关系，则
（1）$r(R)=R\cup I_A$；
（2）$s(R)=R\cup R^{-1}$；
（3）$t(R)=R\cup R^2\cup R^3\cup\cdots=\bigcup_{i=1}^{\infty}R^i$.

证明　（1）用自反闭包的定义证明.

① 对 $\forall x\in A$，$<x,x>\in I_A$，所以 $<x,x>\in R\cup I_A$. 由自反性的定义可知，$R\cup I_A$ 是自反的.

② $R\subseteq R\cup I_A$.

③ 设有其他关系 R'' 是自反的，且满足 $R\subseteq R''$. 因为 R'' 是自反的，所以有 $I_A\subseteq R''$，再结合 $R\subseteq R''$，可得 $R\cup I_A\subseteq R''$.

综上，由自反闭包的定义可得，$R\cup I_A$ 是 R 的自反闭包，即 $r(R)=R\cup I_A$.

（2）用对称闭包的定义证明.

① 对 $\forall x,y\in A$，若 $<x,y>\in R\cup R^{-1}$，即 $<x,y>\in R$ 或 $<x,y>\in R^{-1}$，从而 $<y,x>\in R^{-1}$ 或 $<y,x>\in R$，即 $<y,x>\in R\cup R^{-1}$，所以 $R\cup R^{-1}$ 是对称的.

② $R\subseteq R\cup R^{-1}$.

③ 设有其他关系 R'' 是对称的，且满足 $R\subseteq R''$，则对 $\forall<x,y>\in R\cup R^{-1}$，有
$$<x,y>\in R\cup R^{-1}\Leftrightarrow<x,y>\in R\vee<x,y>\in R^{-1}$$

若 $<x,y>\in R$，因为 $R\subseteq R''$，所以 $<x,y>\in R''$；若 $<x,y>\in R^{-1}$，则 $<y,x>\in R$，因为 $R\subseteq R''$，所以 $<y,x>\in R''$. 又 R'' 是对称的，所以 $<x,y>\in R''$，故有 $R\cup R^{-1}\subseteq R''$.

综上，由对称闭包的定义可得，$R\cup R^{-1}$ 是 R 的对称闭包，即 $s(R)=R\cup R^{-1}$.

（3）先证明 $R \cup R^2 \cup R^3 \cup \cdots \subseteq t(R)$．用数学归纳法来证明 $R^n \subseteq t(R)$．

① 当 $n=1$ 时，由传递闭包的定义，有 $R \subseteq t(R)$．

② 假设 $n=k$ 时，$R^k \subseteq t(R)$．于是对 $\forall <x,y> \in R^{k+1}$，因为 $R^{k+1}=R^k \circ R$，所以有

$$<x,y> \in R^k \circ R \Leftrightarrow \exists z(<x,z> \in R^k \wedge <z,y> \in R)$$
$$\Rightarrow \exists z(<x,z> \in t(R) \wedge <z,y> \in t(R))$$
$$\Rightarrow <x,y> \in t(R)$$

所以

$$R^{k+1} \subseteq t(R)$$

由归纳法可知，对于任意的正整数 n，$R^n \subseteq t(R)$，从而 $R \cup R^2 \cup R^3 \cup \cdots \subseteq t(R)$．

再证明 $t(R) \subseteq R \cup R^2 \cup R^3 \cup \cdots$，只要证明 $R \cup R^2 \cup R^3 \cup \cdots$ 是传递关系即可．

对 $\forall <x,y>,<y,z>$，若 $<x,y> \in R \cup R^2 \cup R^3 \cup \cdots$ 且 $<y,z> \in R \cup R^2 \cup R^3 \cup \cdots$，则必存在正整数 m,n，使得

$$<x,y> \in R^m \ 且 \ <y,z> \in R^n$$

从而

$$<x,z> \in R^m \circ R^n = R^{m+n} \subseteq R \cup R^2 \cup R^3 \cup \cdots$$

所以关系 $R \cup R^2 \cup R^3 \cup \cdots$ 是传递的，即 $t(R) \subseteq R \cup R^2 \cup R^3 \cup \cdots$．

综上，有

$$t(R)=R \cup R^2 \cup R^3 \cup \cdots = \bigcup_{i=1}^{\infty} R^i$$

定理 4.13　设 A 是含有 n 个元素的集合，R 是 A 上的二元关系，则
$$t(R)=R \cup R^2 \cup R^3 \cup \cdots \cup R^n$$

证明　首先，因为 $t(R)=R \cup R^2 \cup R^3 \cup \cdots$，所以 $R \cup R^2 \cup R^3 \cup \cdots \cup R^n \subseteq t(R)$．

其次，证明 $t(R) \subseteq R \cup R^2 \cup R^3 \cup \cdots \cup R^n$．

对 $\forall <x,y> \in t(R)=\bigcup_{i=1}^{\infty} R^i$，令 k_0 为使 $<x,y> \in R^k$ 成立的最小值，现证明 $k_0 \leqslant n$．

用反证法．若 $k_0 > n$，则有 k_0 个 A 中的元素 $x_1,x_2,\cdots,x_{k_0-1}$，$x_{k_0}(=y)$，使得 $<x,x_1> \in R$，$<x_1,x_2> \in R,\cdots,<x_{k_0-1},y> \in R$．因为 A 中只有 n 个不同的元素，所以这 k_0 个元素中至少有 2 个是相同的（鸽巢原理）．不妨设 $x_i=x_j(i<j)$，于是由 $<x,x_1> \in R$，$<x_1,x_2> \in R,\cdots$，$<x_{i-1},x_i> \in R,<x_j,x_{j+1}> \in R,\cdots,<x_{k_0-1},y> \in R$，得到 $<x,y> \in R^{k_0-(j-i)}$，这与 k_0 是使 $<x,y> \in R^k$ 成立的最小值矛盾．故 $k_0 \leqslant n$，从而得

$$t(R)=\bigcup_{i=1}^{\infty} R^i \subseteq \bigcup_{i=1}^{n} R^i$$

综上可得

$$t(R)=R \cup R^2 \cup R^3 \cup \cdots \cup R^n$$

根据定理 4.12 和定理 4.13 可知，可以利用关系图和关系矩阵来求有限集 A 上的二元关系的各种闭包．

（1）用关系图求关系闭包的方法如下：

① 检查 R 的关系图，哪个顶点没有环就加上一个环，从而得到 $r(R)$ 的关系图.

② 检查 R 的关系图，将所有单向边改成双向边，就得到了 $s(R)$ 的关系图.

③ 检查 R 的关系图的每个顶点 x，把从 x 出发的长度不超过 n（n 是图中顶点的个数）的所有路径的终点找到，如果 x 到这样的终点没有边，就加上一条边. 例如，从 1 出发的路径可以到达 1,2,3,4. 而关系图中没有 $1 \to 1$，$1 \to 3$ 的边，于是在 $t(R)$ 的关系图中要加上 $1 \to 1$，$1 \to 3$ 的边，同理，对其他 3 个顶点 2,3,4 也加上相应的边，就得到了 $t(R)$ 的关系图.

例 4.33 设 $A = \{1,2,3,4\}$，$R = \{<1,2>,<2,1>,<2,3>,<3,4>,<4,4>\}$，求 R 和 $r(R), s(R)$，$t(R)$ 的关系图.

解 R 和 $r(R), s(R), t(R)$ 的关系图如图 4-7 所示.

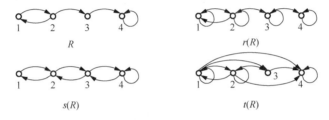

图 4-7

（2）用关系矩阵求关系闭包的方法如下：设 A 是 n 元集，R 的关系矩阵为 $\boldsymbol{M}$，则

① $\boldsymbol{M}_{r(R)} = \boldsymbol{M} + \boldsymbol{E}$；

② $\boldsymbol{M}_{s(R)} = \boldsymbol{M} + \boldsymbol{M}^{\mathrm{T}}$；

③ $\boldsymbol{M}_{t(R)} = \boldsymbol{M} + \boldsymbol{M}^2 + \cdots + \boldsymbol{M}^n$.

例 4.34 设 $A = \{1,2,3,4\}$，$R = \{<1,2>,<2,1>,<2,3>,<3,4>,<4,4>\}$，求 R 和 $r(R), s(R)$，$t(R)$ 的关系矩阵.

解 设 R 的关系矩阵为 $\boldsymbol{M}$，则

$$\boldsymbol{M} = \begin{bmatrix} 0 & 1 & 0 & 0 \\ 1 & 0 & 1 & 0 \\ 0 & 0 & 0 & 1 \\ 0 & 0 & 0 & 1 \end{bmatrix}$$

$r(R), s(R), t(R)$ 的关系矩阵分别为

$$\boldsymbol{M}_{r(R)} = \boldsymbol{M} + \boldsymbol{E} = \begin{bmatrix} 0 & 1 & 0 & 0 \\ 1 & 0 & 1 & 0 \\ 0 & 0 & 0 & 1 \\ 0 & 0 & 0 & 1 \end{bmatrix} + \begin{bmatrix} 1 & 0 & 0 & 0 \\ 0 & 1 & 0 & 0 \\ 0 & 0 & 1 & 0 \\ 0 & 0 & 0 & 1 \end{bmatrix} = \begin{bmatrix} 1 & 1 & 0 & 0 \\ 1 & 1 & 1 & 0 \\ 0 & 0 & 1 & 1 \\ 0 & 0 & 0 & 1 \end{bmatrix}$$

$$M_{s(R)} = M + M^{\mathrm{T}} = \begin{bmatrix} 0 & 1 & 0 & 0 \\ 1 & 0 & 1 & 0 \\ 0 & 0 & 0 & 1 \\ 0 & 0 & 0 & 1 \end{bmatrix} + \begin{bmatrix} 0 & 1 & 0 & 0 \\ 1 & 0 & 0 & 0 \\ 0 & 1 & 0 & 0 \\ 0 & 0 & 1 & 1 \end{bmatrix} = \begin{bmatrix} 0 & 1 & 0 & 0 \\ 1 & 0 & 1 & 0 \\ 0 & 1 & 0 & 1 \\ 0 & 0 & 1 & 1 \end{bmatrix}$$

$$M^2 = M \times M = \begin{bmatrix} 0 & 1 & 0 & 0 \\ 1 & 0 & 1 & 0 \\ 0 & 0 & 0 & 1 \\ 0 & 0 & 0 & 1 \end{bmatrix} \cdot \begin{bmatrix} 0 & 1 & 0 & 0 \\ 1 & 0 & 1 & 0 \\ 0 & 0 & 0 & 1 \\ 0 & 0 & 0 & 1 \end{bmatrix} = \begin{bmatrix} 1 & 0 & 1 & 0 \\ 0 & 1 & 0 & 1 \\ 0 & 0 & 0 & 1 \\ 0 & 0 & 0 & 1 \end{bmatrix}$$

$$M^3 = M^2 \times M = \begin{bmatrix} 1 & 0 & 1 & 0 \\ 0 & 1 & 0 & 1 \\ 0 & 0 & 0 & 1 \\ 0 & 0 & 0 & 1 \end{bmatrix} \cdot \begin{bmatrix} 0 & 1 & 0 & 0 \\ 1 & 0 & 1 & 0 \\ 0 & 0 & 0 & 1 \\ 0 & 0 & 0 & 1 \end{bmatrix} = \begin{bmatrix} 0 & 1 & 0 & 1 \\ 1 & 0 & 1 & 1 \\ 0 & 0 & 0 & 1 \\ 0 & 0 & 0 & 1 \end{bmatrix}$$

$$M^4 = M^3 \times M = \begin{bmatrix} 0 & 1 & 0 & 1 \\ 1 & 0 & 1 & 1 \\ 0 & 0 & 0 & 1 \\ 0 & 0 & 0 & 1 \end{bmatrix} \cdot \begin{bmatrix} 0 & 1 & 0 & 0 \\ 1 & 0 & 1 & 0 \\ 0 & 0 & 0 & 1 \\ 0 & 0 & 0 & 1 \end{bmatrix} = \begin{bmatrix} 1 & 0 & 1 & 1 \\ 0 & 1 & 0 & 1 \\ 0 & 0 & 0 & 1 \\ 0 & 0 & 0 & 1 \end{bmatrix}$$

$$M_{t(R)} = M + M^2 + M^3 + M^4$$

$$= \begin{bmatrix} 0 & 1 & 0 & 0 \\ 1 & 0 & 1 & 0 \\ 0 & 0 & 0 & 1 \\ 0 & 0 & 0 & 1 \end{bmatrix} + \begin{bmatrix} 1 & 0 & 1 & 0 \\ 0 & 1 & 0 & 1 \\ 0 & 0 & 0 & 1 \\ 0 & 0 & 0 & 1 \end{bmatrix} + \begin{bmatrix} 0 & 1 & 0 & 1 \\ 1 & 0 & 1 & 1 \\ 0 & 0 & 0 & 1 \\ 0 & 0 & 0 & 1 \end{bmatrix} + \begin{bmatrix} 1 & 0 & 1 & 1 \\ 0 & 1 & 0 & 1 \\ 0 & 0 & 0 & 1 \\ 0 & 0 & 0 & 1 \end{bmatrix}$$

$$= \begin{bmatrix} 1 & 1 & 1 & 1 \\ 1 & 1 & 1 & 1 \\ 0 & 0 & 0 & 1 \\ 0 & 0 & 0 & 1 \end{bmatrix}$$

定理 4.14　设 R 是非空集合 A 上的二元关系，则

（1）$rs(R) = sr(R)$；

（2）$rt(R) = tr(R)$；

（3）$st(R) \subseteq ts(R)$。

证明　（1）$sr(R) = s(R \cup I_A) = (R \cup I_A) \cup (R \cup I_A)^{-1}$

$$= (R \cup I_A) \cup (R^{-1} \cup I_A^{-1})$$

$$= (R \cup R^{-1}) \cup I_A$$

$$= s(R) \cup I_A = rs(R)$$

（2）$tr(R) = t(R \cup I_A) = \bigcup_{i=1}^{\infty} (R \cup I_A)^i = \bigcup_{i=1}^{\infty} \left(I_A \cup \bigcup_{j=1}^{i} R^j \right)$

$$= I_A \bigcup \bigcup_{i=1}^{\infty} \bigcup_{j=1}^{i} R^j = I_A \bigcup \bigcup_{i=1}^{\infty} R^i = I_A \bigcup t(R)$$

$$= rt(R)$$

（3） $st(R) = s\left(\bigcup_{i=1}^{\infty} R^i\right) = \left(\bigcup_{i=1}^{\infty} R^i\right) \bigcup \left(\bigcup_{i=1}^{\infty} R^i\right)^{-1}$

$$= \left(\bigcup_{i=1}^{\infty} R^i\right) \bigcup \left[\bigcup_{i=1}^{\infty} (R^i)^{-1}\right]$$

$$= \left(\bigcup_{i=1}^{\infty} R^i\right) \bigcup \left[\bigcup_{i=1}^{\infty} (R^{-1})^i\right]$$

$$= \bigcup_{i=1}^{\infty} (R^i \bigcup (R^{-1})^i)$$

注意到，

$$R^i \bigcup (R^{-1})^i \subseteq (R \cup R^{-1})^i$$

$$st(R) \subseteq \bigcup_{i=1}^{\infty} (R \cup R^{-1})^i = \bigcup_{i=1}^{\infty} s(R)^i = ts(R)$$

从定理 4.14 中的（3） $st(R) \subseteq ts(R)$，可知 $ts(R) \nsubseteq st(R)$．这说明对称和传递闭包的计算次序不能随意颠倒，如果先计算传递闭包，再计算对称闭包，那么结果有可能不具有传递性．例如，若 $A = \{1,2,3\}$，$R = \{<1,2>, <1,3>\}$，则

$$ts(R) = t(\{<1,2>, <1,3>, <2,1>, <3,1>\})$$

$$= \{<1,2>, <1,3>, <2,1>, <3,1>, <1,1>, <2,2>, <3,3>, <2,3>, <3,2>\}$$

$$st(R) = s(\{<1,2>, <1,3>\}) = \{<1,2>, <1,3>, <2,1>, <3,1>\}$$

所以

$$ts(R) \nsubseteq st(R)$$

4.4.3 沃舍尔算法

当有限集 A 的元素较多时，利用关系矩阵的方法求关系 R 的传递闭包 $\boldsymbol{M}_{t(R)}$ 仍然比较烦琐，为了解决这个问题，数学家沃舍尔（Warshall）在 1962 年提出了一种更简洁、更易于用计算机程序处理的算法，简称**沃舍尔算法**．

设 R 是 n 元集 A 上的二元关系，求 R 的传递闭包的沃舍尔算法如下：

（1）设 $\boldsymbol{M} = (m_{ij})_{n \times n}$ 是 R 的关系矩阵，记 $\boldsymbol{M}_0 = \boldsymbol{M}$．

（2）置列数 $i=1$．

（3）对第 i 列所有行 j，若 $m_{ji} = 1$，则对 $k = 1, 2, \cdots, n$，做如下计算：

$m_{jk} = m_{jk} + m_{ik}$（第 i 行与第 j 行逻辑相加，作为新矩阵 $\boldsymbol{M}_i$ 第 j 行的值）

（4）置列数 $i = i + 1$．

（5）如果 $i \leqslant n$，则转到步骤（3），继续求新矩阵；若 $i > n$，则停止计算，所得矩阵 $\boldsymbol{M}_n$ 即为关系 R 的传递闭包．

沃舍尔算法的解释如下：

（1）设 M 是 R 的关系矩阵，分 n 步求 R 的传递闭包.

（2）置列数 $i=1$，从矩阵 M_0 的第 1 列开始，对第 i 列各行的值进行观察.

（3）判断第 i 列哪些行是 1，假如第 j 行是 1，就将原矩阵第 i 行的值与第 j 行进行逻辑加，相加的结果作为新矩阵第 j 行的新值；再判断第 i 列哪些行是 0，假如第 j 行是 0，则新矩阵第 j 行的值取原矩阵第 j 行的值，从而求得一个新矩阵 M_i. 如果第 i 列所有行都为 0，则矩阵不变.

（4）对列数加 1，观察下一列各行的值.

（5）如果 $i \leqslant n$，则转到步骤（3），继续求新矩阵；若 $i>n$，则停止计算，所得矩阵 M_n 即为关系 R 的传递闭包.

例 4.35　设 $A=\{1,2,3,4\}$，$R=\{<1,2>,<2,3>,<3,4>,<4,1>\}$，利用沃舍尔算法求 $t(R)$ 的关系矩阵.

解　设 R 的关系矩阵为 M_0，则

$$M_0 = \begin{bmatrix} 0 & 1 & 0 & 0 \\ 0 & 0 & 1 & 0 \\ 0 & 0 & 0 & 1 \\ 1 & 0 & 0 & 0 \end{bmatrix}$$

第 1 步，观察 M_0 的第 1 列. 由于第 1 列第 4 行为 1，则将 M_0 的第 4 行与第 1 行进行逻辑加，相加的结果作为 M_1 的第 4 行，其他行不变，从而得新矩阵 M_1 为

$$M_1 = \begin{bmatrix} 0 & 1 & 0 & 0 \\ 0 & 0 & 1 & 0 \\ 0 & 0 & 0 & 1 \\ 1 & 1 & 0 & 0 \end{bmatrix}$$

第 2 步，观察 M_1 的第 2 列. 由于第 2 列第 1,4 行为 1，则将 M_1 的第 1,4 行分别与第 2 行进行逻辑加，相加的结果作为 M_2 的第 1,4 行，其他行不变，从而得新矩阵 M_2 为

$$M_2 = \begin{bmatrix} 0 & 1 & 1 & 0 \\ 0 & 0 & 1 & 0 \\ 0 & 0 & 0 & 1 \\ 1 & 1 & 1 & 0 \end{bmatrix}$$

第 3 步，观察 M_2 的第 3 列. 由于第 3 列第 1,2,4 行为 1，则将 M_2 的第 1,2,4 行分别与第 3 行进行逻辑加，相加的结果作为 M_3 的第 1,2,4 行，其他行不变，从而得新矩阵 M_3 为

$$M_3 = \begin{bmatrix} 0 & 1 & 1 & 1 \\ 0 & 0 & 1 & 1 \\ 0 & 0 & 0 & 1 \\ 1 & 1 & 1 & 1 \end{bmatrix}$$

第 4 步，观察 M_3 的第 4 列．由于第 4 列的各行均为 1，则将 M_3 的第 1～4 行与第 4 行进行逻辑加，相加的结果作为 M_4 的第 1～4 行，从而得新矩阵 M_4 为

$$M_4 = \begin{bmatrix} 1 & 1 & 1 & 1 \\ 1 & 1 & 1 & 1 \\ 1 & 1 & 1 & 1 \\ 1 & 1 & 1 & 1 \end{bmatrix}$$

最终，M_4 就是关系 R 的传递闭包 $t(R)$ 的关系矩阵，它是一个全 1 矩阵，所以 R 的传递闭包是全关系 E_A．此结果也很容易从关系图中得到验证．

4.5 等 价 关 系

在日常生活中，我们常常需要对一些事物或某个集合上的元素按照某种方式进行分类．例如，进行举重比赛时，需要将运动员按质量级别进行分类，每一个运动员必定属于某一个质量级别，而任何一个运动员不能同时属于两个不同的质量级别．这种对某个集合上的元素按照某种方式进行分类称为集合的划分，它是一个非常重要而且应用非常广泛的概念．集合的划分与一种重要的二元关系即等价关系密切相关，等价关系具有十分良好的性质和广泛的应用．

4.5.1 等价关系的定义

定义 4.21 设 R 是非空集合 A 上的关系，若 R 是自反的、对称的和传递的，则称 R 为**等价关系**．若集合 A 中有元素 x,y 满足 xRy，则称 x,y 这两个元素在关系 R 中是等价的，记作 $x \sim y$．

等价关系中的等价，指的是关系中序偶的元素等价，即集合中的某些元素等价，可以相互替换．

例 4.36 试判断下列关系是否为等价关系．

（1）本班所有学生组成的集合上的同姓关系；

（2）本班所有学生组成的集合上的朋友关系；

（3）去掉大小王的 52 张扑克牌中的同花色关系；

（4）两个三角形的相似关系；

（5）幂集上定义的包含关系；

（6）整数集合上的数相等关系．

解 根据等价关系的定义，（1）、（3）、（4）、（6）具有自反性、对称性和传递性，它们都是等价关系；朋友关系不具有传递性，包含关系不具有对称性，所以（2）和（5）不是等价关系．

例 4.37 设 $A = \{1,2,3,4,5,6,7,8\}$，$R = \{<x,y> \mid x,y \in A \wedge x \equiv y(\bmod 3)\}$，其中，$x \equiv y(\bmod 3)$ 的含义是 x 除以 3 的余数与 y 除以 3 的余数相等，即 $(x-y)$ 可以被 3 整除，可记作 $3 \mid (x-y)$．$x \equiv y(\bmod 3)$ 称为 x 与 y **模 3 同余**，并称 R 为**模 3 同余关系**．

（1）写出 R 的集合表达式；

（2）证明 R 是等价关系；

（3）求出 R 的关系矩阵和关系图.

解 （1）$R = \{<1,1>,<1,4>,<1,7>,<2,2>,<2,5>,<2,8>,<3,3>,<3,6>,<4,1>,<4,4>,<4,7>,$
$<5,2>,<5,5>,<5,8>,<6,3>,<6,6>,<7,1>,<7,4>,<7,7>,<8,2>,<8,5>,<8,8>\}$.

（2）① 自反性. 对 $\forall x \in A$，有 $3|(x-x)$，所以 $<x,x> \in R$，R 是自反的.

② 对称性. 对 $\forall x,y \in A$，如果 $<x,y> \in R$，则有 $3|(x-y)$. 因为 $y-x=-(x-y)$，所以 $3|(y-x)$，从而 $<y,x> \in R$，即 R 是对称的.

③ 传递性. 对 $\forall x,y,z \in A$，如果 $<x,y> \in R$ 且 $<y,z> \in R$，则有 $3|(x-y)$ 且 $3|(y-z)$，因为 $x-z=(x-y)+(y-z)$，所以 $3|(x-z)$，从而 $<x,z> \in R$，即 R 是传递的.

由（1）～（3）可知，R 是 A 上的等价关系.

（3）R 的关系矩阵为

$$
M_R = \begin{bmatrix}
1 & 0 & 0 & 1 & 0 & 0 & 1 & 0 \\
0 & 1 & 0 & 0 & 1 & 0 & 0 & 1 \\
0 & 0 & 1 & 0 & 0 & 1 & 0 & 0 \\
1 & 0 & 0 & 1 & 0 & 0 & 1 & 0 \\
0 & 1 & 0 & 0 & 1 & 0 & 0 & 1 \\
0 & 0 & 1 & 0 & 0 & 1 & 0 & 0 \\
1 & 0 & 0 & 1 & 0 & 0 & 1 & 0 \\
0 & 1 & 0 & 0 & 1 & 0 & 0 & 1
\end{bmatrix}
$$

R 的关系图如图 4-8 所示.

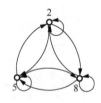

图 4-8

从例 4.37 可以看出，在关系的 3 种表达形式中，关系图最容易分析某关系是否为等价关系. 只要做到所有的顶点都有环（自反）、没有单向边（对称）、可达必直达（传递）即可判定为等价关系. 关系矩阵只能比较清晰地看出关系是否具有自反性（主对角线元素都是 1）和对称性（对称矩阵），对于关系的传递性，用矩阵形式比较难于判断. 而集合的形式，当序偶元素较多时，容易出现漏看、错看序偶的情况，比较容易出错. 因此，最常用的方法是利用关系图判断关系的等价性.

4.5.2 等价类

从图 4-8 可以看出，该关系将集合 A 分为同余的 3 个子集，分别为 $A_0 = \{3,6\}$，

$A_1 = \{1,4,7\}$，$A_2 = \{2,5,8\}$，它们中的元素除以 3 的余数分别为 0，1，2，称集合 A 的这些子集为 R 的等价类.

定义 4.22 设 R 是非空集合 A 上的等价关系，对任意的 $x \in A$，令 $[x]_R = \{y \mid y \in A \wedge <x,y> \in R\}$，则称 $[x]_R$ 为 x 关于 R 的**等价类**，简记为 $[x]$，或者叫作由 x 生成的一个 R 的等价类，其中，x 称为 $[x]_R$ 的**生成元**（代表元）.

例 4.37 中，$[1] = [4] = [7] = \{1,4,7\}$；$[2] = [5] = [8] = \{2,5,8\}$；$[3] = [6] = \{3,6\}$.

例 4.38 设 $A = \{1,2,3,4,5,6\}$，A 上的关系 $R = \{<1,1>,<2,2>,<3,3>,<4,4>,<5,5>,<6,6>,$ $<1,2>,<1,3>,<2,1>,<2,3>,<3,1>,<3,2>,<4,5>,<5,4>\}$，画出 R 的关系图，并求出关系 R 的等价类.

解 R 的关系图如图 4-9 所示.

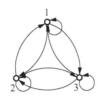

图 4-9

从关系图可以看出，R 是集合 A 上的等价关系. 根据等价类的定义可知，其等价类有 3 个，分别是 $\{1,2,3\}$，$\{4,5\}$，$\{6\}$.

由例 4.38 可以得出等价类的如下性质.

定理 4.15 设 R 是非空集合 A 上的等价关系，对任意的 $x,y \in A$，有如下结论：

（1）$[x] \neq \varnothing$ 且 $[x] \subseteq A$；

（2）若 $<x,y> \in R$，则 $[x] = [y]$；

（3）若 $<x,y> \notin R$，则 $[x] \cap [y] = \varnothing$；

（4）$\bigcup\limits_{x \in A} [x] = A$.

证明 （1）对 $\forall x \in A$，因为 R 是等价关系，所以 R 是自反的，从而 $<x,x> \in R$，即 $x \in [x]$，故 $[x] \neq \varnothing$，再由等价类的定义 $[x]_R = \{y \mid y \in A \wedge <x,y> \in R\}$，有 $[x] \subseteq A$.

（2）对 $\forall z \in [x]$，则有 $<x,z> \in R$，已知 $<x,y> \in R$，由 R 的对称性，有 $<y,x> \in R$，再由 R 的传递性，有 $<y,z> \in R$，所以 $\forall z \in [y]$，即 $[x] \subseteq [y]$.

同理可证 $[y] \subseteq [x]$. 从而有 $[x] = [y]$.

（3）（反证法）设 $[x] \cap [y] \neq \varnothing$，则存在 $z \in [x] \cap [y]$，即 $z \in [x]$ 且 $z \in [y]$，从而有 $<x,z> \in R$，$<y,z> \in R$. 由 R 的对称性，有 $<z,y> \in R$，再由 R 的传递性，有 $<x,y> \in R$，这与 $<x,y> \notin R$ 矛盾. 所以有 $[x] \cap [y] = \varnothing$.

（4）因为对 $\forall x \in A$，$[x] \subseteq A$，所以 $\bigcup\limits_{x \in A} [x] \subseteq A$.

对 $\forall x \in A$，因为 R 是自反的，所以 $<x,x> \in R$，即 $x \in [x]$，所以 $x \in \bigcup\limits_{x \in A} [x]$，即

$A \subseteq \bigcup_{x \in A}[x]$. 所以有 $\bigcup_{x \in A}[x] = A$.

例 4.39　设集合 A 中的元素是长度为 4 的二进制串，现定义 A 上的关系 R 为

$$<x, y> \in R \Leftrightarrow x, y \text{ 中 } 0 \text{ 的个数相同}$$

试证明 R 是 A 上的等价关系，并求出所有的等价类.

解　（1）自反性：对 $\forall x \in A$，x 与 x 中 0 的个数相同，根据 R 的定义，有 $<x, x> \in R$，所以 R 是自反的.

（2）对称性：对 $\forall x, y \in A$，如果 $<x, y> \in R$，根据 R 的定义，有 x 与 y 中 0 的个数相同，从而 y 与 x 中 0 的个数也相同，根据 R 的定义，有 $<y, x> \in R$，即 R 是对称的.

（3）传递性：对 $\forall x, y, z \in A$，如果 $<x, y> \in R$ 且 $<y, z> \in R$，根据 R 的定义，有 x 与 y 中 0 的个数相同，y 与 z 中 0 的个数相同，从而 x 与 z 中 0 的个数相同，根据 R 的定义有 $<x, z> \in R$，即 R 是传递的.

由（1）～（3）可知，R 是 A 上的等价关系.

可根据 A 中元素含有 0 的个数得到全部等价类，即不含 0 的等价类：

$$\{1111\}$$

含 1 个 0 的等价类：

$$\{0111, 1011, 1101, 1110\}$$

含 2 个 0 的等价类：

$$\{0011, 0101, 0110, 1001, 1010, 1100\}$$

含 3 个 0 的等价类：

$$\{0001, 0010, 0100, 1000\}$$

含 4 个 0 的等价类：

$$\{0000\}$$

4.5.3　商集

集合 A 上的等价关系 R 中，所有相互等价的元素所构成的集合称为等价类，每一个等价类都是集合 A 的一个子集，以所有这些子集为元素，可以构成一个新的集合，这个集合就称为集合 A 关于关系 R 的商集.

定义 4.23　设 R 是非空集合 A 上的等价关系，由 R 的所有等价类为元素的集合称为 A 关于 R 的**商集**，记作 A/R，即

$$A/R = \{[x]_R \mid x \in A\}$$

例 4.37 中，

$$A/R = \{[1], [2], [3], [4], [5], [6], [7], [8]\} = \{\{1, 4, 7\}, \{2, 5, 8\}, \{3, 6\}\}$$

例 4.40　设 $A = \{1, 2, 3, 4, 5, 6, 7, 8\}$，$R$ 为 A 上的模 5 同余关系，求 A/R.

解　$A/R = \{[1], [2], [3], [4], [5], [6], [7], [8]\} = \{\{1, 6\}, \{2, 7\}, \{3, 8\}, \{4\}, \{5\}\}$.

4.5.4 等价关系与集合的划分

定义 4.24 设 A 是非空集合，如果存在一个 A 的子集族 $\pi = \{A_1, A_2, \cdots, A_m\}$ $(A_i \subseteq A, 1 \leqslant i \leqslant m)$，满足下列条件：

（1）$\varnothing \notin \pi$；

（2）π 中任意两个元素不交，即 $A_i \bigcap A_j = \varnothing$，$i \neq j$，$i, j = 1, 2, \cdots, m$；

（3）π 中所有元素的并集等于 A，即 $\bigcup\limits_{i=1}^{m} A_i = A$.

则称 π 为 A 的一个**划分**，并称 π 中的元素为**划分块**，如图 4-10 所示.

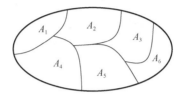

图 4-10

例 4.41 设 $A = \{a, b, c, d\}$，判断下面子集族是否为 A 的划分.

（1）$\{\{a\}, \{b\}, \{c, d\}\}$；　　　　　（2）$\{\{a, b, c, d\}\}$；

（3）$\{\varnothing, \{a, b\}, \{c, d\}\}$；　　　　（4）$\{\{a, c\}, \{b\}, \{c, d\}\}$；

（5）$\{\{a\}, \{c, d\}\}$；　　　　　　　（6）$\{\{a, \{a\}\}, \{b, c, d\}\}$.

解 （1）和（2）是 A 的划分.

（3）不是 A 的划分，因为它包含 $\varnothing$.

（4）不是 A 的划分，因为 $\{a, c\} \bigcap \{c, d\} = \{c\}$.

（5）不是 A 的划分，因为 $\{a\} \bigcup \{c, d\} = \{a, c, d\} \neq A$.

（6）不是 A 的划分，因为 $\{a, \{a\}\}$ 不是 A 的子集.

设 A 是一个非空集合，它的最小划分就是由这个集合的全部元素组成一个划分块的集合，它的最大划分就是由该集合的每一个元素构成一个单元集划分块的集合.

分析集合 A 关于等价关系的商集 A/R 中的元素（都是 A 的子集）可以发现，商集中所有元素的并集为原集合 A；任两个元素的交集为空集. 因此，商集相当于是基于等价关系 R 对集合 A 进行的一个划分.

定理 4.16 设 R 是非空集合 A 上的等价关系，则 A 关于 R 的商集 A/R 是 A 的一个划分，称为**由 R 所导出的划分**.

由定理 4.15 可知，A/R 显然是 A 的一个划分，此处不再重复赘述证明过程.

定理 4.17 给定集合 A 的一个划分 $\pi = \{A_1, A_2, \cdots, A_m\}$，则由该划分确定的关系

$$R = (A_1 \times A_1) \bigcup (A_2 \times A_2) \bigcup \cdots \bigcup (A_m \times A_m)$$

是 A 上的等价关系，称该关系 R 为**由划分 π 所导出的等价关系**.

证明 （1）自反性：对 $\forall x \in A$，由于 π 是 A 的划分，所以存在一个 π 的划分块 $A_k (1 \leqslant k \leqslant m)$，使得 $x \in A_k$，从而 $<x, x> \in A_k \times A_k$，所以 $<x, x> \in R$. 由自反性的定义

可知，R 是自反的.

（2）对称性：对 $\forall x, y \in A$，若 $<x, y> \in R$，由 R 的定义可得，存在 $1 \leqslant k \leqslant m$，使得 $<x, y> \in A_k \times A_k$，即得 $x, y \in A_k$，从而有 $<y, x> \in A_k \times A_k$，所以 $<y, x> \in R$. 由对称性的定义可知，R 是对称的.

（3）传递性：对 $\forall x, y, z \in A$，若 $<x, y> \in R$ 且 $<y, z> \in R$，由 $<x, y> \in R$ 可得，存在 $1 \leqslant k \leqslant m$，使得 $<x, y> \in A_k \times A_k$，此时，$y \in A_k$，再由 $<y, z> \in R$ 可得 $<y, z> \in A_k \times A_k$，从而有 $x, y, z \in A_k$，这样就有 $<x, z> \in A_k \times A_k$，所以 $<x, z> \in R$. 由传递性的定义可知，R 是传递的.

综上所述，R 是自反的、对称的和传递的，所以 R 是等价关系.

事实上，定理中定义的 A 上的关系是指如果 x 和 y 在同一划分块中，则 xRy. 从这一角度容易理解 R 具有自反性、对称性、传递性.

由定理 4.16 和定理 4.17 可知，集合 A 上的等价关系与集合 A 上的划分是一一对应的.

例 4.42　求 $A=\{1, 2, 3\}$ 上所有的等价关系.

解　先求出 A 的所有划分，如图 4-11 所示，其中，只有一个划分块的划分：
$$\pi_1 = \{\{1, 2, 3\}\}$$
有两个划分块的划分：
$$\pi_2 = \{\{1\}, \{2, 3\}\}，\quad \pi_3 = \{\{2\}, \{1, 3\}\}，\quad \pi_4 = \{\{3\}, \{1, 2\}\}$$
有 3 个划分块的划分：

$$\pi_5 = \{\{1\}, \{2\}, \{3\}\}$$

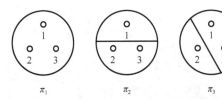

图 4-11

设对应划分 π_i 的等价关系为 R_i，$i = 1, 2, \cdots, 5$，则有
$$R_1 = \{<1,1>, <2,2>, <3,3>, <1,2>, <2,1>, <1,3>, <3,1>, <2,3>, <3,2>\}$$
$$R_2 = \{<1,1>, <2,2>, <3,3>, <2,3>, <3,2>\}$$
$$R_3 = \{<1,1>, <2,2>, <3,3>, <1,3>, <3,1>\}$$
$$R_4 = \{<1,1>, <2,2>, <3,3>, <1,2>, <2,1>\}$$
$$R_5 = \{<1,1>, <2,2>, <3,3>\}$$

4.6　序　关　系

事物之间的次序常常是事物群体的重要特征，事物之间的次序可以用事物间的关系来描述. 本节介绍一类可用于对集合中元素进行排序的关系——序关系.

4.6.1 偏序关系

1. 偏序关系

定义 4.25 设 R 是集合 A 上的关系，如果 R 具有自反性、反对称性和传递性，则称 R 是 A 上的一个**偏序关系**. 偏序关系通常用符号"$\leqslant$"表示，$<x,y>\in R$ 记为 $x\leqslant y$，读作"x 小于等于 y". 带有偏序关系的集合 A 称为**偏序集**，记作 $<A,\leqslant>$.

例 4.43 在实数集 $\mathbf{R}$ 上，证明小于等于关系"$\leqslant$"是偏序关系.

证明 （1）对 $\forall x\in\mathbf{R}$，有 $x\leqslant x$ 成立，所以"$\leqslant$"是自反的；

（2）对 $\forall x,y\in\mathbf{R}$，若 $x\leqslant y$ 且 $y\leqslant x$，则必有 $x=y$，所以"$\leqslant$"是反对称的；

（3）对 $\forall x,y,z\in\mathbf{R}$，若 $x\leqslant y$ 且 $y\leqslant z$，则必有 $x\leqslant z$，所以"$\leqslant$"是传递的.

因此，实数集上的小于等于关系"$\leqslant$"是偏序关系.

例 4.44 试判断下列关系是否为偏序关系.

（1）集合 A 的幂集 $P(A)$ 上的包含关系"$\subseteq$"；

（2）正整数集合 $\mathbf{Z}^+$ 上模 3 同余关系；

（3）集合 $A=\{1,2,3\}$ 上的恒等关系 I_A；

（4）集合 $A=\{1,2,3\}$ 上的全关系 E_A；

（5）集合 $A=\{1,2,3\}$ 上的空关系 $\varnothing$.

解 （1）集合 A 的幂集 $P(A)$ 上的包含关系"$\subseteq$"具有自反性、反对称性和传递性，所以它是偏序关系.

（2）正整数集合 $\mathbf{Z}^+$ 上模 3 同余关系不具有反对称性，所以它不是偏序关系.

（3）集合 $A=\{1,2,3\}$ 上的恒等关系 I_A 具有自反性、反对称性和传递性，所以它是偏序关系.

（4）集合 $A=\{1,2,3\}$ 上的全关系 E_A 不具有反对称性，所以它不是偏序关系.

（5）集合 $A=\{1,2,3\}$ 上的空关系 $\varnothing$ 不具有自反性，所以它不是偏序关系.

例 4.45 给定集合 $A=\{2,3,6,8\}$，验证集合 A 上的整除关系"|"是偏序关系.

证明 由题得

$$| = \{<2,2>,<2,6>,<2,8>,<3,3>,<3,6>,<6,6>,<8,8>\}$$

其关系图如图 4-12 所示.

从关系图可以看出，该关系具有自反性、反对称性和传递性，所以整除关系是偏序关系.

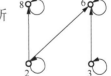

图 4-12

2. 哈斯图

分析图 4-12 可以发现，由于偏序关系具有自反性、反对称性和传递性，因此，偏序关系的关系图有以下 3 个特点：

（1）每个顶点都必有环；

（2）任意 2 个顶点间如果有边相连，则只能是单方向的边；

（3）任意 3 个顶点 x,y,z，如果有 x 到 y 和 y 到 z 的边，那么必有从 x 到 z 边.

基于偏序关系图的上述 3 个特点，我们可以按以下 3 个原则对关系图进行简化：

（1）去掉每个顶点上的环；

（2）如果 2 个顶点间有边，就将此边的起点画在下方，终点画在上方，并用无向边来代替顶点间的有向边；

（3）如果 3 个顶点 x,y,z，有 x 到 y、y 到 z 和 x 到 z 边，那么去掉 x 到 z 的边．

简化后的关系图就是**哈斯图**，例 4.45 的关系图 4-12 简化后的哈斯图如图 4-13 所示．哈斯图比关系图能更清晰地反映出元素之间的顺序．通常可直接画出偏序关系的哈斯图，我们先看一个定义．

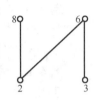

图 4-13

定义 4.26 设 $<A,\leqslant>$ 是偏序集，对于任意的 $x,y\in A$，如果 $x\leqslant y$ 或 $y\leqslant x$ 成立，则称 x 与 y 是**可比的**；如果 $x\prec y$（即 $x\leqslant y \wedge x\neq y$），且不存在 $z\in A$，使得 $x\prec z\prec y$，则称 y **盖住** x．

例 4.46 设 $\leqslant$ 是整除关系，$<\mathbf{Z}^+,\leqslant>$ 是偏序集，求出能盖住 1 的、盖住 2 的、盖住 k 的数．

解 对于任意的素数 x，由于素数 x 只有 1 和自身两个因子，所以不存在 $z\in\mathbf{Z}^+$，使得 $1\prec z\prec x$，故所有素数盖住了 1．

对于任意的素数 x，由于 $2x$ 只有 $1,2,x$ 和 $2x$ 这 4 个因子，所以不存在 $z\in\mathbf{Z}^+$，使得 $2\prec z\prec 2x$，故所有 2 倍的素数盖住了 2．

类似地，对于任意的素数 x，由于 kx 只有 $1,k,x$ 和 kx 这 4 个因子，所以不存在 $z\in\mathbf{Z}^+$，使得 $k\prec z\prec kx$，故所有 k 倍的素数盖住了 k．

对于给定偏序集 $<A,\leqslant>$，可按下列规则做出偏序关系的哈斯图：

（1）用小圆圈代表 A 中的元素，省掉关系图中所有的环；

（2）如果 $x\prec y$，则将代表 y 的小圆圆画在代表 x 的小圆圈之上；

（3）如果 y 盖住 x，则用无向边连接 x 和 y；

（4）所有边的方向均是向上的，所以在实际画图时，箭头均被省去．

例 4.47 画出偏序集 $<\{1,2,3,4,6,9,12,18,36\},R_{整除}>$ 和 $<P(\{a,b,c\}),\subseteq>$ 的哈斯图．

解 $<\{1,2,3,4,6,9,12,18,36\},R_{整除}>$ 和 $<P(\{a,b,c\}),\subseteq>$ 的哈斯图分别如图 4-14（1）和（2）所示．

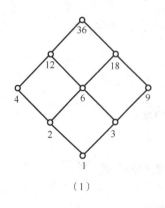

（1）

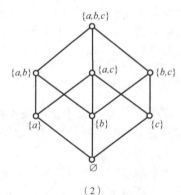

（2）

图 4-14

例 4.48 已知偏序集 $< A, \leqslant >$ 的哈斯图如图 4-15 所示，求出集合 A 的偏序关系 R.

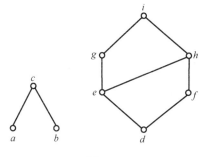

图 4-15

解 由图 4-15 得

$$R = I_A \bigcup \{< a,c >, < b,c >, < d,e >, < d,f >, < d,g >, < d,h >, < d,i >,$$
$$< e,g >, < e,h >, < e,i >, < f,h >, < f,i >, < g,i >, < h,i >\}$$

3. 特殊元素

定义 4.27 设 $< A, \leqslant >$ 是偏序集，$B \subseteq A$，若存在元素 $a \in B$，使得：

（1）若对 $\forall x \in B$，都有 $x \leqslant a$，则称 a 为 B 的**最大元**；

（2）若对 $\forall x \in B$，都有 $a \leqslant x$，则称 a 为 B 的**最小元**；

（3）若 $\neg \exists x \in B$，使得 $a \prec x$，则称 a 为 B 的**极大元**；

（4）若 $\neg \exists x \in B$，使得 $x \prec a$，则称 a 为 B 的**极小元**.

注意：a 是 B 的最大元意味着 a 比 B 中所有的其他元素都大；a 是 B 的最小元意味着 a 比 B 中所有的其他元素都小；a 是 B 的极大元意味着 B 中没有比 a 大的元素；a 是 B 的极小元意味着 B 中没有比 a 小的元素.

最大、最小元不一定存在，如果存在，则是唯一的；有限集上一定存在极大、极小元，甚至存在多个极大、极小元，在哈斯图中凡是向上路径的每一个终点都是一个极大元，向下路径的每一个终点都是一个极小元.

例如，实数集 **R** 与小于等于关系构成的偏序集 $< R, \leqslant >$ 无最大元、最小元、极大元、极小元；偏序集 $< \mathbf{Z}^+, | >$ 有唯一的最小元 1，它也是极小元，但无最大元和极大元；偏序集 $< P(\{a,b,c\}), \subseteq >$ 的最大元和极大元都是 $\{a,b,c\}$，最小元和极小元都是 $\varnothing$.

例 4.49 设 $A = \{1,2,3,4,5,6,12\}$，画出偏序集 $< A, | >$ 的哈斯图，并利用哈斯图求出子集 $\{1,2,3,6\}$ 和 A 的最大元、最小元、极大元和极小元.

解 哈斯图如图 4-16 所示.

从哈斯图可以看出，子集 $\{1,2,3,6\}$ 上的最大元是 6，最小元是 1，极大元是 6，极小元是 1.

A 上没有最大元，最小元是 1，极大元是 5，12，极小元是 1.

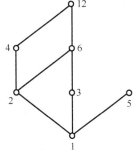

图 4-16

定义 4.28 设 $<A, \preccurlyeq>$ 是偏序集，$B \subseteq A$.

（1）若存在元素 $a \in A$，使得对 $\forall x \in B$，都有 $x \preccurlyeq a$，则称 a 为 B 的**上界**；

（2）若存在元素 $a \in A$，使得对 $\forall x \in B$，都有 $a \preccurlyeq x$，则称 a 为 B 的**下界**；

（3）设元素 $a \in A$ 是 B 的一个上界，对 B 的任意一个上界元素 $y \in A$，都有 $a \preccurlyeq y$，则称 a 为 B 的**最小上界**或**上确界**；

（4）设元素 $a \in A$ 是 B 的一个下界，对 B 的任意一个下界元素 $y \in A$，都有 $y \preccurlyeq a$，则称 a 为 B 的**最大下界**或**下确界**.

例 4.50 在例 4.49 中，设 $B_1 = \{2,3\}$，$B_2 = \{2,6\}$，$B_3 = \{5,6\}$，$B_4 = \{2,4,6\}$ 是 A 的子集，求出 B_1, B_2, B_3, B_4 的上界、下界、上确界和下确界.

解 由例 4.49 的哈斯图和上界、下界、上确界和下确界的定义可得：

$B_1 = \{2,3\}$ 的上界是 6，12，上确界是 6，下界和下确界都是 1；

$B_2 = \{2,6\}$ 的上界是 6，12，上确界是 6，下界是 1，2，下确界都是 2；

$B_3 = \{5,6\}$ 没有上界和上确界，下界和下确界都是 1；

$B_4 = \{2,4,6\}$ 的上界和上确界都是 12，下界是 1，2，下确界是 2.

实际上，在整除关系下求子集 B 的上界就是求 B 中所有数的公倍数，上确界是求最小公倍数，而求 B 的下界就是求 B 中所有数的公约数，下确界是求最大公约数.

由上述定义和例 4.50 可知：

（1）如果子集 B 存在最大、最小元，则它就是 B 的上、下确界；

（2）一个子集 B 的上、下界不一定存在，如果存在，不一定唯一；

（3）一个子集 B 的上、下确界不一定存在，如果存在，一定唯一.

例 4.51 设偏序集 $<\{a,b,c,d,e,f,g\}, \preccurlyeq>$ 的哈斯图如图 4-17 所示，令 $B_1 = \{g, h\}$，$B_2 = \{d, e, f\}$，求出 B_1, B_2 的最大元、最小元、极大元、极小元、上界、下界、上确界和下确界.

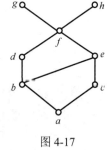

解 对于 $B_1 = \{g, h\}$，没有最大、最小元，极大元和极小元都是 g，h，没有上界和上确界，下界是 a, b, c, d, e, f，下确界是 f.

对于 $B_2 = \{d, e, f\}$，最大元是 f，没有最小元，极大元是 f，极小元是 d, e，上界是 f, g, h，上确界是 f，下界是 a, b，下确界是 b.

图 4-17

4.6.2 全序关系

1. 链和反链

定义 4.29 设 $<A, \preccurlyeq>$ 是偏序集，$B \subseteq A$.

（1）如果对任意的 $x, y \in B$，x 与 y 都是可比的，则称 B 是 A 中的一条**链**，B 中的元素个数称为**链的长度**；

（2）如果对任意的 $x, y \in B$，$x \neq y$，x 与 y 都是不可比的，则称 B 是 A 中的一条**反链**，B 中的元素个数称为**反链的长度**.

若 B 只有一个元素，则 B 既是链又是反链.

例 4.52 设 $A=\{a,b,c,d,e\}$，偏序集 $<A,\preccurlyeq>$ 的哈斯图如图 4-18 所示．举例说明链和反链．

解 从哈斯图可以看出，集合 $\{a,b,c,e\}$，$\{a,b,c\}$，$\{b,c\}$，$\{a,d,e\}$，$\{a\}$ 中任意两个元素都是可比的，所以这些集合都是链；集合 $\{b,d\}$，$\{c,d\}$，$\{a\}$ 中任意两个元素都是不可比的，所以这些集合都是反链．

2. 全序关系

定义 4.30 设 $<A,\preccurlyeq>$ 是偏序集，若对任意的 $x,y\in A$，x 和 y 都可比，则称 "$\preccurlyeq$" 为 A 上的**全序关系**，且称 $<A,\preccurlyeq>$ 为**全序集**．

例 4.53 画出下列偏序关系的哈斯图，并判断哪些关系是全序关系．

（1）$<\{2,3,6,12,24,36\},|>$； 　　（2）$<\{2,4,8,16\},|>$；

（3）$<\{1,2,3,4\},\leqslant>$．

解 哈斯图如图 4-19 所示．

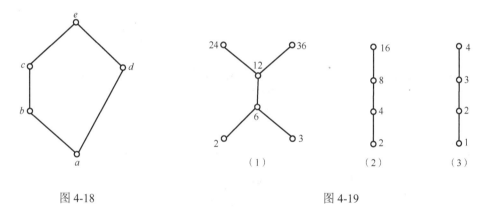

图 4-18　　　　　　　　　　　　　图 4-19

（1）关系（1）中的 2 与 3 之间没有整除关系，所以不是全序关系；

（2）关系（2）中任两个数之间都有整除关系，所以是全序关系；

（3）关系（3）中任两个数之间都有 "$\leqslant$" 关系，所以是全序关系．

从例 4.53 可以看出当一个偏序关系是全序关系时，其哈斯图将集合中的元素排成一条链．

偏序集中的链表达了在部分元素中存在的全序关系，反链则反映了元素之间没有任何序的关系．如果将偏序集的哈斯图看作一个项目的流程图，每个顶点代表流程图中的一个任务，最长的链代表了整个流程中必须顺序执行的任务的个数．如果完成每项任务的时间差距不大，这种最长的链往往反映了完成任务的最少时间．从提高效率的角度考虑，并行执行是减少总时间的一种途径．在一个偏序集中，如果能够将任务按照不相交的链进行分解，那么这些不相交的链是可以在一定程度上并行执行的．另一方面，如果把偏序集分解成不相交的反链，那么最长的反链长度则代表了在某个时间区间内可并行执行的极大的任务数．关于偏序集的反链分解有如下定理．

定理 4.18 设 $<A,\preccurlyeq>$ 是偏序集，如果集合 A 中最长的链长度为 n，则该偏序集可

以分解为 n 条不相交的反链.

证明略.

这个定理被称为偏序集的分解定理, 是组合数学中重要的存在性定理之一. 分解为 n 条不相交的反链是反链个数最少的一种分解方法, 因为 A 不可能分解成 $(n-1)$ 条反链. 假如只有 $(n-1)$ 条反链, 那么最长链的 n 个元素中必有 2 个元素(它们可比)被分到同一个反链, 这与反链的定义矛盾. 有限偏序集分解成 n 条反链的过程可以采用下面的算法.

算法 4.1　偏序集反链分解算法:

输入: 偏序集 A.

输出: A 中的反链 $B_1, B_2, \cdots, B_n$.

（1）$i \leftarrow 1$;

（2）$B_i \leftarrow A$ 的所有极大元的集合（显然 B_i 是一条反链）;

（3）令 $A \leftarrow A - B_i$;

（4）if $A \neq \varnothing$;

（5）　$i \leftarrow i + 1$;

（6）　转（2）.

注意: 从 A 中去掉 B_i 中的元素时, 同时去掉连接这些元素的边, 算法每循环一次, 最长链的长度减少 1, 同时产生一条新的反链. 由于最长链长度为 n, 恰好循环 n 次, 算法结束, 并得到 n 条反链.

如果同一时间只能执行一个任务, 那么在有限个任务的流程中需要根据偏序要求对所有的任务安排一个执行顺序, 即把原来的偏序集转换成全序集, 这种方法称为**拓扑排序**, 排好的顺序应保证如果 $a \leqslant b$, 则 a 在排序中的位置先于 b. 具体的算法如下.

算法 4.2　拓扑排序算法:

输入: 偏序集 A.

输出: A 中元素的排序.

（1）$i \leftarrow 1$;

（2）从 A 中选择一个极小元作为 a_i;

（3）令 $A \leftarrow A - \{a_i\}$;

（4）if $A \neq \varnothing$;

（5）　$i \leftarrow i + 1$;

（6）　转（2）.

和算法 4.1 类似, 从 A 中去掉 a_i 时, 同时去掉连接 a_i 的边. 不难看出, 经过 $|A|$ 步算法结束, 由于极小元不唯一, 所以元素被选出的顺序也不唯一, 一个偏序集的拓扑排序可能有多种.

例 4.54　设 $A = \{1, 2, 3, 4, 5, 6, 12\}$, 偏序集 $<A, |>$ 的哈斯图如图 4-20 所示.

（1）利用算法 4.1 求出偏序集 $<A, |>$ 的一个反链分解;

（2）利用算法 4.2 求出与偏序集 $<A, |>$ 相容的一个全序.

解

（1）第 1 步，选出 A 的全部极大元构成 $B_1=\{5,12\}$，令 $A=A-B_1=\{1,2,3,4,6\}$；

第 2 步，选出 A 的全部极大元构成 $B_2=\{4,6\}$，令 $A=A-B_2=\{1,2,3\}$；

第 3 步，选出 A 的全部极大元构成 $B_3=\{2,3\}$，令 $A=A-B_3=\{1\}$；

第 4 步，选出 A 的全部极大元构成 $B_4=\{1\}$，令 $A=A-B_4=\varnothing$.

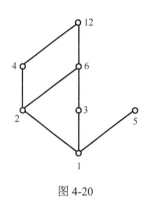

图 4-20

这样，就将偏序集 $<A,|>$ 分解成 4 个反链：

$$\{5,12\},\quad \{4,6\},\quad \{2,3\},\quad \{1\}$$

这个分解的步骤如图 4-21 所示.

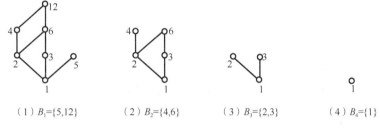

（1）$B_1=\{5,12\}$　　（2）$B_2=\{4,6\}$　　（3）$B_3=\{2,3\}$　　（4）$B_4=\{1\}$

图 4-21

（2）第 1 步，选择 A 的一个极小元，A 中目前有唯一的极小元 1，令 $a_1=1$，$A=A-\{1\}=\{2,3,4,5,6,12\}$；

第 2 步，选择 A 的一个极小元，A 中目前有 3 个极小元 2，3，5，选择哪一个都可以，我们选择 5，令 $a_2=5$，$A=A-\{5\}=\{2,3,4,6,12\}$；

第 3 步，选择 A 的一个极小元，A 中目前有 2 个极小元 2，3，选择哪一个都可以，我们不妨选择 2，令 $a_3=2$，$A=A-\{2\}=\{3,4,6,12\}$；

第 4 步，选择 A 的一个极小元，A 中目前有 2 个极小元 3，4，选择哪一个都可以，我们不妨选择 4，令 $a_4=4$，$A=A-\{4\}=\{3,6,12\}$；

第 5 步，选择 A 的一个极小元，A 中只有 1 个极小元 3，我们选择 3，令 $a_5=3$，$A=A-\{3\}=\{6,12\}$；

第 6 步，选择 A 的一个极小元，A 中只有 1 个极小元 6，我们选择 6，令 $a_6=6$，$A=A-\{6\}=\{12\}$；

第 7 步，选择 A 的一个极小元，A 中只有 1 个极小元 12，我们选择 12，令 $a_7=12$，$A=A-\{12\}=\varnothing$.

这样，就将偏序集 $<A,|>$ 排成如下的全序：

$$1,5,2,4,3,6,12$$

这个拓扑排序的步骤如图 4-22 所示.

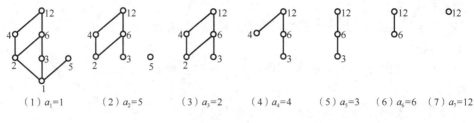

$(1) a_1=1$　　$(2) a_2=5$　　$(3) a_3=2$　　$(4) a_4=4$　　$(5) a_5=3$　$(6) a_6=6$　$(7) a_7=12$

图 4-22

4.6.3　良序关系

定义 4.31　设 $<A,\leqslant>$ 是偏序集，若 A 的任何一个非空子集都有最小元，则称 "$\leqslant$" 为 A 上的**良序关系**，且称 $<A,\leqslant>$ 为**良序集**.

例如，$I_n=\{1,2,\cdots,n\}$ 及自然数集 **N** 对于小于等于关系来说都是良序集，即 $<I_n,\leqslant>$，$<\mathbf{N},\leqslant>$ 是良序集.

关于良序集有以下结论：

(1) 任何良序集合，都是全序集合；

(2) 每一个有限的全序集合，一定是良序集合.

对于无限的全序集合不一定是良序集合. 例如，$<\mathbf{R},\leqslant>$ 是全序集，但实数集 **R** 的任意区间子集 (a,b) 不存在最小元，因此就不是一个良序集合.

习　题　4

1. 对于集合 $A=\{1,2,3\}$ 和 $B=\{2,3,4,6\}$，求：

(1) 从 A 到 B 的小于等于关系；

(2) 从 B 到 A 的小于等于关系；

(3) 从 A 到 B 的整除关系；

(4) 从 B 到 A 的整除关系.

2. 对于集合 $A=\{1,3,6,12\}$，求：

(1) A 上的小于等于关系；

(2) A 上的不等于关系；

(3) A 上的大于关系；

(4) A 上的恒等关系；

(5) A 上的整除关系.

3. 已知 $A=\{a,\{\varnothing\}\}$，求 $A\times P(A)$.

4. 设 $A=\{1,2,3,4\}$，求下列 A 上的关系的集合表达式.

(1) $R_1=\{<x,y>\mid x^2$ 是 y 的倍数$\}$；

(2) $R_2=\{<x,y>\mid x-y\in A\}$；

(3) $R_3=\{<x,y>\mid x\neq y\}$.

5．已知 $R_1 = \{<1,2>,<2,0>,<2,2>\}$，$R_2 = \{<1,1>,<2,0>,<2,3>,<3,1>\}$，求 $R_1 \bigcap R_2$，$R_1 - R_2$，$\mathrm{dom}\, R_1$，$\mathrm{ran}\, R_1$．

6．设 $A = \{1,2,3,4\}$，A 上的关系 $R = \{<1,1>,<1,3>,<2,1>,<2,3>,<2,4>,<3,2>,<4,1>,<4,4>\}$，求关系 R 的关系矩阵，并画出 R 的关系图．

7．设 $A = \{1,2,3,4\}$，R 为 A 上的关系，其关系矩阵是

$$\begin{bmatrix} 1 & 1 & 1 & 0 \\ 0 & 1 & 0 & 1 \\ 0 & 0 & 0 & 1 \\ 1 & 1 & 0 & 0 \end{bmatrix}$$

求出 R 的集合表达式，并画出 R 的关系图．

8．已知关系 $R = \{<1,0>,<1,1>,<2,4>,<3,2>,<4,1>,<4,3>\}$，求 $R \circ R$，R^{-1}．

9．设集合 $A = \{1,2,3,4,5,6\}$ 上的关系 $R = \{<x,y>|(x-y)^2 \in A\}$，$S = \{<x,y>|y$ 是 x 的倍数$\}$ 和 $T = \{<x,y>|x$ 整除 y，y 是素数$\}$．试写出各关系中的元素并计算下列各式．

（1）$R \circ S$；　　　　　（2）$R \circ R$；

（3）$(R \circ S) \circ T$；　　　（4）$(R \bigcap S) \circ T$．

10．设 R, S 为集合 A 上的关系，证明：

（1）$(R \bigcup S)^{-1} = R^{-1} \bigcup S^{-1}$；

（2）$(R \bigcap S)^{-1} = R^{-1} \bigcap S^{-1}$．

11．已知关系 $R = \{<1,1>,<1,2>,<2,3>,<3,4>,<4,1>\}$，试用 3 种方法求出 R^3．

12．设 R 和 S 是定义在人类集合 P 上的关系，$R = \{<x,y>|x$ 是 y 的父亲，$x, y \in P\}$，$S = \{<x,y>|x$ 是 y 的母亲，$x, y \in P\}$，试问：

（1）$R \circ R$ 表示什么关系？

（2）$S^{-1} \circ R$ 表示什么关系？

（3）$S \circ R^{-1}$ 表示什么关系？

（4）R^3 表示什么关系？

（5）$\{<x,y>|x$ 是 y 的祖母，$x, y \in P\}$ 如何用 R 和 S 表示？

（6）$\{<x,y>|x$ 是 y 的外祖母，$x, y \in P\}$ 如何用 R 和 S 表示？

13．判断集合 $A = \{a,b,c\}$ 上的如下关系所具有的性质．

（1）$R_1 = \{<a,a>,<b,b>,<c,c>,<a,b>,<b,c>,<a,c>\}$；

（2）$R_2 = \{<a,a>,<c,c>,<a,b>,<b,a>\}$；

（3）$R_3 = \{<a,b>,<b,c>,<a,c>\}$；

（4）$R_4 = \{<a,a>,<b,b>,<c,c>,<a,b>,<b,a>\}$；

（5）$R_5 = \{<a,b>\}$．

14．判断下列整数集合上的关系 R 所具有的性质．

（1）$R = \{<x,y>|x \neq y\}$；

（2）$R = \{<x,y>|x \cdot y \geqslant 1\}$；

（3）$R = \{<x,y>|x = y+1$ 或 $x = y-1\}$；

（4）$R=\{<x,y>|x=y(\mathrm{mod}7)\}$；

（5）$R=\{<x,y>|x=y^2\}$；

（6）$R=\{<x,y>|x\geqslant y^2\}$；

（7）$R=\{<x,y>|x$ 是 y 的倍数$\}$；

（8）$R=\{<x,y>|x$ 与 y 都是负的或都是非负的$\}$.

15．给出集合 $A=\{1,2,3,4\}$ 上的关系的例子，使它分别具有如下性质：

（1）既不是自反的，又不是反自反的；

（2）既是对称的，又是反对称的；

（3）既不是对称的，又不是反对称的；

（4）既是反自反的，又是传递的；

（5）既是传递的，又是对称的；

（6）既是反对称的，又是自反的.

16．对于集合 $A=\{a,b,c\}$ 上的关系，求：

（1）自反关系的数目；

（2）对称关系的数目；

（3）反对称关系的数目.

17．对于图 4-23 中给出的集合 $A=\{1,2,3\}$ 上的关系，判断它们各自具有的性质.

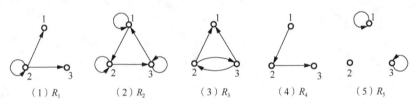

（1）R_1　　　（2）R_2　　　（3）R_3　　　（4）R_4　　　（5）R_5

图 4-23

18．设 $A=\{1,2,3\}$，根据下列集合 A 上的关系矩阵判断它们各自具有的性质.

$$M_{R_1}=\begin{bmatrix}1&1&0\\1&1&1\\1&0&1\end{bmatrix},M_{R_2}=\begin{bmatrix}1&1&1\\1&1&1\\1&1&1\end{bmatrix},M_{R_3}=\begin{bmatrix}1&1&0\\0&0&0\\1&1&0\end{bmatrix},M_{R_4}=\begin{bmatrix}1&1&1\\1&0&0\\1&0&0\end{bmatrix},M_{R_5}=\begin{bmatrix}0&1&1\\1&1&1\\1&0&0\end{bmatrix}$$

19．设关系 R 的关系图如图 4-24 所示，试给出 $r(R),s(R),t(R)$ 的关系图.

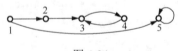

图 4-24

20．设集合 $A=\{a,b,c\}$ 上的关系 $R=\{<a,b>,<b,c>,<c,a>\}$，求 $r(R),s(R),t(R)$.

21．称 A 上的关系 R 是**反传递**的，如果

$$\forall x\forall y\forall z(x\in A\wedge y\in A\wedge z\in A\wedge<x,y>\in R\wedge<y,z>\in R\rightarrow<x,z>\notin R)$$

对于人类集合上的如下关系，判定哪些是反传递关系.

（1）$\{<x,y>|x$ 是 y 的父亲$\}$；

（2）$\{<x,y>|x$ 是 y 的同学$\}$；

（3）$\{<x,y>|x$ 是 y 的敌人$\}$．

22．对于集合 $A=\{0,1,2,3\}$ 上的如下关系，判定哪些关系是等价关系．

（1）$\{<0,0>,<1,1>,<2,2>,<3,3>\}$；

（2）$\{<0,0>,<0,2>,<2,0>,<2,2>,<2,3>,<3,2>,<3,3>\}$；

（3）$\{<0,0>,<1,1>,<1,2>,<2,1>,<3,3>\}$；

（4）$\{<0,0>,<1,1>,<1,3>,<2,2>,<2,3>,<3,1>,<3,2>,<3,3>\}$；

（5）$\{<0,0>,<0,1>,<0,2>,<1,0>,<1,1>,<1,2>,<2,0>,<2,2>,<3,3>\}$．

23．对于人类集合上的如下关系，判定哪些是等价关系．

（1）$\{<x,y>|x$ 与 y 有相同的父母$\}$；

（2）$\{<x,y>|x$ 与 y 有相同的年龄$\}$；

（3）$\{<x,y>|x$ 与 y 是朋友$\}$；

（4）$\{<x,y>|x$ 与 y 都选修离散数学$\}$；

（5）$\{<x,y>|x$ 与 y 是老乡$\}$；

（6）$\{<x,y>|x$ 与 y 有相同的祖父$\}$．

24．设集合 $A=\{1,2,3,4,5,6,7\}$，判断下列集合族是否是 A 的划分？若是划分，则写出由它诱导的等价关系；若不是划分，请说明原因．

（1）$\{\{1,2,3\},\{4,5\},\{6\}\}$；

（2）$\{\{1,3\},\{1,4,5\},\{2,6,7\}\}$；

（3）$\{\varnothing,\{1,2,3\},\{4,5\},\{6\},\{7\}\}$；

（4）$\{\{1,3,5\},\{2,6\},\{4,7\}\}$．

25．设 $A=\{1,2,3,4\}$，在 $A\times A$ 上定义二元关系 R：
$$<<x,y>,<u,v>>\in R \Leftrightarrow x+y=u+v$$
证明 R 是 A 上的等价关系，并求 R 导出的划分．

26．如图 4-25 所示为给出的集合 $A=\{1,2,3,4\}$ 上的关系，判断这些关系是否为等价关系．

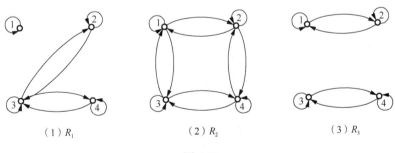

（1）R_1 （2）R_2 （3）R_3

图 4-25

27．如果集合 A 上的关系 R 是自反的和对称的，则称 R 是 A 上的**相容关系**．若 $<x,y>$ 属于相容关系 R，则称 x 与 y **相容**．设 $B\subseteq A$，如果 B 中任何两个元素都是彼此相容的，则称 B 为 A 关于 R 的**相容性分块**．如果某个相容性分块 B 满足下述性质：$\forall x\in A-B$，

x 不能与 B 的所有元素都相容，那么就称 B 是**极大相容性分块**. 令 $A=\{1,2,3,4,5\}$，$R = \{<1,2>,<2,1>,<2,3>,<3,2>,<3,4>,<4,3>,<3,5>,<5,3>,<4,5>,<5,4>\}\bigcup I_A$，则 R 为 A 上的相容关系，求出 A 关于 R 的所有极大相容性分块.

28. 设 **Z** 是整数集，当 $a\cdot b\geqslant 0$ 时，$<a,b>\in R$，证明：R 是 A 上的相容关系，但不是 A 上的等价关系.

29. 根据图 4-26 所示的偏序关系图，画出其哈斯图.

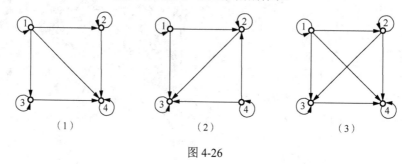

（1）　　　　　　（2）　　　　　　（3）

图 4-26

30. 画出下列集合 A 上整除关系的哈斯图，并指出每个偏序集的极大元、极小元、最大元和最小元.

（1）$A = \{1,2,3,4,5,6,7,8\}$；

（2）$A = \{1,2,3,5,7,11,13\}$；

（3）$A = \{1,2,3,4,6,9,12,18,36\}$；

（4）$A = \{1,2,3,5,6,10,15,30\}$；

（5）$A = \{2,3,4,6,8,12,24\}$.

31. 设 $A = \{1,2,3,4,5,6,12\}$，R 为 A 上的整除关系，$A_1 = \{2,3,6\}$，$A_2 = \{2,3,5\}$，求 A_1 与 A_2 的上界、下界、上确界和下确界.

32. 如图 4-27 所示是偏序集 $<A,\preccurlyeq>$ 的哈斯图.

（1）求 A 和 "$\preccurlyeq$" 的集合表达式；

（2）求该偏序集的极大元、极小元、最大元和最小元.

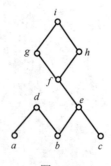

图 4-27

33. 已知 $<\{\{1\},\{2\},\{4\},\{1,2\},\{1,4\},\{2,4\},\{3,4\},\{1,3,4\},\{2,3,4\}\},\subseteq>$ 是偏序集，求该偏序集的极大元、极小元、最大元和最小元.

34．判断下列关系是否为偏序关系、全序关系或良序关系．

（1）自然数集 **N** 上的小于关系"<"；

（2）自然数集 **N** 上的大于等于关系"$\geqslant$"；

（3）整数集 **Z** 上的小于等于关系"$\leqslant$"；

（4）幂集 $P(\mathbf{N})$ 上的真包含关系"$\subsetneqq$"；

（5）幂集 $P(\{a\})$ 上的包含关系"$\subseteq$"；

（6）幂集 $P(\varnothing)$ 上的包含关系"$\subseteq$"．

35．在集合 $A=\{1，2，3\}$ 上有多少个偏序关系，其中有多少个是全序关系？

36．已知集合 $A=\{2,3,\cdots,9\}$，A 上的偏序"$\leqslant$"定义为 $\forall x,y\in A$，$x\leqslant y\Leftrightarrow(\alpha(x)<\alpha(y))\vee(\alpha(x)=\alpha(y)\wedge x\leqslant y)$．其中，$\alpha(x)$ 表示 x 的互异的质因子个数，画出 $<A,\leqslant>$ 的哈斯图．

37．设 $<A,\leqslant>$ 是偏序集，且它的最大反链的长度是 n，证明如果将它分解成链，则链的条数至少是 n．

38．设 $A=\{1,2,3,6,8,12,24,36\}$ 与整除关系构成偏序集 $<A,|>$．

（1）利用算法 4.1 求出偏序集 $<A,|>$ 的一个反链分解；

（2）利用算法 4.2 求出与偏序集 $<A,|>$ 相容的一个全序．

39．判断下列次序集是否是偏序集、全序集、良序集．

（1）$<\mathbf{N},<>$；   （2）$<\mathbf{N},\leqslant>$；   （3）$<\mathbf{Z},\leqslant>$；

（4）$<P(\mathbf{N}),\subsetneqq>$；   （5）$<P(\{a\}),\subseteq>$；   （6）$<P(\varnothing),\subseteq>$．

40．设 R 是集合 S 上的关系，$S_1\subseteq S$，定义 S_1 上的关系 R_1 如下：
$$R_1=R\bigcap(S_1\times S_1)$$

确定下述语句的真假．

（1）如果 R 在 S 上是传递的，则 R_1 在 S_1 上是传递的；

（2）如果 R 在 S 上是偏序关系，则 R_1 在 S_1 上是偏序关系；

（3）如果 R 在 S 上是全序关系，则 R_1 在 S_1 上是全序关系．

第 5 章 函　　数

　　函数概念的来源可以追溯到 17 世纪，伟大的意大利物理学家、天文学家和哲学家伽利略（Galileo）在 17 世纪 30 年代就观察到了两个变量之间的关系．在 17 世纪下半叶，关于函数的早期研究主要集中在特殊的曲线函数，包括幂函数、指数函数、对数函数和三角函数．德国哲学家、数学家莱布尼茨（Leibniz）第一个使用"函数"一词来表示一个量，并将其值的变化看成曲线上一个点的运动．人们通常使用符号 $f(x)$ 表示一个函数值，该符号是由瑞士数学家欧拉（Euler）提出的．

　　函数也称为映射、对应，是基本的数学概念之一，也是一种最重要的数学工具，狭义上的函数 $y = f(x)$ 通常是在实数集合上进行的讨论．但广义的函数，实际是指一个量随另一个（或多个）量而变化的关系，因此，函数可以看作一种特殊的关系．前面讨论的有关集合或关系的运算和性质，对于函数完全适用．

　　函数的概念在日常生活和计算机科学中都非常重要．各种计算机高级程序语言中都使用了大量的函数．实际上，计算机的任何输出都可以看成某些输入的函数．另外，在开关理论、自动机理论和可计算性理论等领域中，函数都有着极其广泛的应用．

5.1　函数的概念和性质

5.1.1　函数的概念

　　定义 5.1　设 f 是从集合 A 到集合 B 的关系，如果对每个 $x \in A$，都有唯 的 $y \in B$，使得 $<x, y> \in f$，则称关系 f 为**从 A 到 B 的函数**，记为 $f: A \to B$ 或 $y = f(x)$，并称 x 为函数的**自变量**（或**原像**），y 为 x 在函数 f 下的**函数值**（或**像**）．

　　在函数的定义中，集合 A 称为函数的**定义域**，记为 $\mathrm{dom} f = A$；而所有函数值构成的集合称为函数 f 的**值域**或函数 f 的**像**，记为 $\mathrm{ran} f$ 或 $f(A)$，$\mathrm{ran} f \subseteq B$．函数定义的示意图如图 5-1 所示．

　　假定有 5 名学生参加离散数学课程的考试，成绩用五级制表示．又假定张同学的成绩为优秀，王同学的成绩为中等，李同学的成绩为良好，赵同学的成绩为优秀，陈同学的成绩为不及格，如图 5-2 所示．

　　根据函数的定义可知，函数是一种特殊的关系，其与一般的关系的区别有两点：

　　（1）函数的定义域是 A，而不是 A 的真子集，即每个 $x \in A$ 都有像 $y \in B$ 存在（存在性）；

　　（2）一个 x 只能对应唯一的一个 y（唯一性）．

　　这两点区别也称为函数的两个要素．

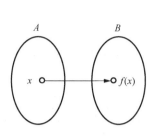

图 5-1

图 5-2

例 5.1 设 $A = \{1,2,3,4\}$，$B = \{a,b,c,d\}$，判断下列关系是否为从 A 到 B 的函数，如果是，请写出它的值域.

（1）$f_1 = \{<1,a>,<2,a>,<3,d>,<4,b>\}$；

（2）$f_2 = \{<1,a>,<2,a>,<2,d>,<4,b>\}$；

（3）$f_3 = \{<1,a>,<2,b>,<3,d>,<4,c>\}$；

（4）$f_4 = \{<1,b>,<3,c>,<4,a>\}$.

解 这 4 个关系可分别用图 5-3 表示.

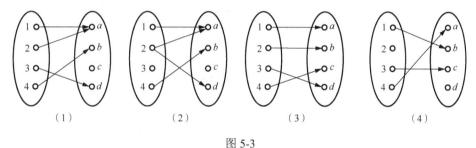

（1） （2） （3） （4）

图 5-3

（1）在 f_1 中，因为 A 中每个元素都有唯一的像和它对应，所以 f_1 是函数. 其值域是 A 中每个元素的像的集合，即 $\operatorname{ran} f_1 = \{a,b,d\}$.

（2）在 f_2 中，因为元素 2 有两个不同的像 a 和 d，与像的唯一性矛盾，所以 f_2 不是函数.

（3）在 f_3 中，因为 A 中每个元素都有唯一的像和它对应，所以 f_3 是函数. 其值域是 A 中每个元素的像的集合，即 $\operatorname{ran} f_3 = \{a,b,c,d\}$.

（4）在 f_4 中，因为元素 2 没有像，所以 f_4 不是从 A 到 B 的函数.

例 5.2 设 $A = \{1,2,3\}$，$B = \{a,b\}$，试写出所有从 A 到 B 的函数.

解 $A \times B = \{<1,a>,<2,a>,<3,a>,<1,b>,<2,b>,<3,b>\}$，$A \times B$ 有 $2^{3 \times 2} = 64$ 个子集，这些子集都是从 A 到 B 的关系，但其中只有 $2^3 = 8$ 个子集为从 A 到 B 的函数：

$$f_1 = \{<1,a>,<2,a>,<3,a>\}, \quad f_2 = \{<1,a>,<2,a>,<3,b>\}$$
$$f_3 = \{<1,a>,<2,b>,<3,a>\}, \quad f_4 = \{<1,a>,<2,b>,<3,b>\}$$
$$f_5 = \{<1,b>,<2,a>,<3,a>\}, \quad f_6 = \{<1,b>,<2,a>,<3,b>\}$$

$$f_7 = \{<1,b>,<2,b>,<3,a>\}, \quad f_8 = \{<1,b>,<2,b>,<3,b>\}$$

通常，将从 A 到 B 的所有函数构成的集合记为 B^A，即

$$B^A = \{f \mid f : A \to B\}$$

读作"B 上 A". 因为函数是集合，所以两个函数 f 和 g 相等就是它们的集合表达式相等，即

$$f = g \Leftrightarrow f \subseteq g \wedge g \subseteq f$$
$$\Leftrightarrow \mathrm{dom}\, f = \mathrm{dom}\, g \wedge 对 \forall x \in \mathrm{dom}\, f = \mathrm{dom}\, g 有 f(x) = g(x)$$

当 A 和 B 都是有限集时，函数和关系有如下差别.

（1）关系和函数的数量不同：从 A 到 B 的不同关系有 $2^{|A| \times |B|}$ 个，从 A 到 B 的不同函数有 $|B|^{|A|}$ 个；

（2）关系和函数的基数不同：每一个关系的基数可从 0 一直到 $|A| \times |B|$，每一个函数的基数都为 $|A|$；

（3）关系和函数的第一元素存在差别：关系中序偶的第一元素可以相同，函数中序偶的第一元素一定是互不相同的.

5.1.2　函数的性质

定义 5.2　设 f 是从集合 A 到 B 的函数.

（1）$\forall x_1, x_2 \in A$，如果 $x_1 \neq x_2$，有 $f(x_1) \neq f(x_2)$，则称 f 为从 A 到 B 的**单射**.

（2）如果 $\mathrm{ran} f = B$，则称 f 为从 A 到 B 的**满射**.

（3）如果 f 既是单射，又是满射，则称 f 为从 A 到 B 的**双射**.

（4）如果 $A = B$，则称 f 为 A 上的函数，当 A 上的函数 f 是双射时，称 f 为**变换**.

$f : A \to B$ 是单射的，也可表述为若 $f(x_1) = f(x_2)$，则 $x_1 = x_2$.

$f : A \to R$ 是满射的，也可表述为对 $\forall y \in B$，一定存在 $x \in A$，使得 $f(x) = y$.

例 5.3　判断图 5-4 所示的函数的性质.

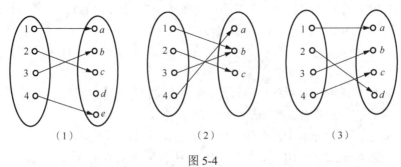

图 5-4

解　从图 5-4 中可以看出，（1）是单射而不是满射，（2）是满射而不是单射，（3）既是单射又是满射，所以是双射.

例 5.4　确定下列函数 $f : A \to B$ 的性质.

（1）设 $A = \{1,2,3,4,5\}$，$B = \{a,b,c,d\}$，$f = \{<1,a>,<2,a>,<3,c>,<4,d>,<5,b>\}$；

（2）设 $A = \{1,2,3\}$，$B = \{a,b,c,d\}$，$f = \{<1,a>,<2,c>,<3,d>\}$；

（3）设 $A=\{1,2,3\}$，$B=\{a,b,c\}$，$f=\{<1,b>,<2,c>,<3,a>\}$．

解　（1）因为 $\forall y \in B$，都存在 $x \in A$，使得 $f(x)=y$，所以 f 是满射，但元素 1 和 2 的像都是 a，所以 f 不是单射．

（2）因为 A 中不同的元素对应不同的像，所以 f 是单射，但元素 b 没有原像，所以 f 不是满射．

（3）因为 f 既是单射，又是满射，所以 f 是双射．

由定义及例 5.4 可知，若 f 是从有限集 A 到有限集 B 的函数，则有：

（1）f 是单射的必要条件是 $|A| \leqslant |B|$；

（2）f 是满射的必要条件是 $|B| \leqslant |A|$；

（3）f 是双射的必要条件是 $|A| = |B|$．

例 5.5　设 $A=\{0,1,2,\cdots\}$，$B=\left\{1,\dfrac{1}{2},\dfrac{1}{3},\cdots\right\}$，函数 $f:A \to B$ 的定义分别如下：

（1）$f_1 = \left\{<0,\dfrac{1}{2}>,<1,\dfrac{1}{3}>,<2,\dfrac{1}{4}>,\cdots,<n,\dfrac{1}{n+2}>,\cdots\right\}$；

（2）$f_2 = \left\{<0,1>,<1,1>,<2,\dfrac{1}{2}>,\cdots,<n,\dfrac{1}{n}>,\cdots\right\}$；

（3）$f_3 = \left\{<0,1>,<1,\dfrac{1}{2}>,<2,\dfrac{1}{3}>,\cdots,<n,\dfrac{1}{n+1}>,\cdots\right\}$．

试判断它们的性质．

解　（1）由已知，得

$$f_1(n)=\frac{1}{n+2}，\quad n=0,1,2,\cdots$$

根据函数 $f_1(n)$ 的表达式和单射的定义知，f_1 是单射，但 B 中元素 1 没有原像，所以 f_1 不是满射．

（2）由已知，得

$$f_2(n)=\begin{cases}1,&n=0,1\\[2mm]\dfrac{1}{n},&n=2,3,\cdots\end{cases}$$

显然，f_2 是满射，但 A 中的元素 0 和 1 有相同的像 1，所以 f_2 不是单射．

（3）由已知，得

$$f_3(n)=\frac{1}{n+1}，\quad n=0,1,2,\cdots$$

显然，f_3 是双射．

例 5.6　判断下列函数是否为单射、满射、双射，并说明理由．

（1）$f_1:\mathbf{R} \to \mathbf{R}$，$f(x)=x^2-2x+1$；

（2）$f_2:\mathbf{Z}^+ \to \mathbf{R}$，$f(x)=\ln x$；

（3）$f_3:\mathbf{R} \to \mathbf{R}$，$f(x)=-2x+1$；

（4）$f_4:\mathbf{Z} \to \mathbf{N}$，$f(x)=|x|$．

解 （1）$f_1:\mathbf{R}\to\mathbf{R}$，$f(x)=x^2-2x+1$ 是开口向上的抛物线，在 $x=1$ 处取得最小值 0，所以它既不是单射也不是满射.

（2）$f_2:\mathbf{Z}^+\to\mathbf{R}$，$f(x)=\ln x$ 是单调上升的，因此是单射，但不是满射，因为 $\mathrm{ran}f=\{\ln1,\ln2,\cdots\}\subsetneqq\mathbf{R}$.

（3）$f_3:\mathbf{R}\to\mathbf{R}$，$f(x)=-2x+1$ 是一条不与 x 轴平行的直线，它既是单射又是满射，所以是双射.

（4）$f_4:\mathbf{Z}\to\mathbf{N}$，$f(x)=|x|$ 对每个自然数 x，都有原像 x，所以是满射，由于 1 和 -1 都对应 1，所以它不是单射.

下面给出几个常用的函数：

（1）设 $f:A\to B$，如果存在 $c\in B$，使得对所有的 $x\in A$，都有 $f(x)=c$，则称 f 是**常函数**.

（2）A 上的恒等关系 I_A 称为 A 上的**恒等函数**，对所有的 $x\in A$，都有 $I_A(x)=x$.

（3）设 A 为非空集合，对任意的 $A'\subseteq A$，A' 的**特征函数** $\chi_{A'}:A\to\{0,1\}$ 定义为

$$\chi_{A'}(x)=\begin{cases}1,&x\in A'\\0,&x\in A-A'\end{cases}$$

例如，$A=\{a,b,c\}$，$A'=\{b\}$，则有

$$\chi_{A'}(a)=0，\quad\chi_{A'}(b)=1，\quad\chi_{A'}(c)=0$$

（4）设 R 是非空集合 A 上的等价关系，定义函数 $g:A\to A/R$ 为对 $\forall x\in A$，$g(x)=[x]$. 它把 A 中的元素 x 映射到 x 的等价类 $[x]$，称 g 是从 A 到商集 A/R 的**自然映射**.

例如，$A=\{a,b,c\}$，$R=\{<a,b>,<b,a>\}\bigcup I_A$，则有

$$g:A\to A/R，\quad g(a)=\{a,b\}，\quad g(b)=\{a,b\}，\quad g(c)=\{c\}$$

例5.7 对于给定的集合 A 和 B，试构造双射函数 $f:A\to B$.

（1）$A=P(\{1,2,3\})$，$B=\{0,1\}^{\{1,2,3\}}$；

（2）$A=\mathbf{Z}$，$B=\mathbf{N}$；

（3）$A=\mathbf{N}\times\mathbf{N}$，$B=\mathbf{N}$.

解 （1）$A=\{\varnothing,\{1\},\{2\},\{3\},\{1,2\},\{1,3\},\{2,3\},\{1,2,3\}\}$，$B=\{f_0,f_1,\cdots,f_7\}$，其中，

$$f_0=\{<1,0>,<2,0>,<3,0>\}$$
$$f_1=\{<1,0>,<2,0>,<3,1>\}$$
$$f_2=\{<1,0>,<2,1>,<3,0>\}$$
$$f_3=\{<1,0>,<2,1>,<3,1>\}$$
$$f_4=\{<1,1>,<2,0>,<3,0>\}$$
$$f_5=\{<1,1>,<2,0>,<3,1>\}$$
$$f_6=\{<1,1>,<2,1>,<3,0>\}$$
$$f_7=\{<1,1>,<2,1>,<3,1>\}$$

令 $f:A \to B$，且满足

$$f(\varnothing) = f_0, \quad f(\{1\}) = f_1, \quad f(\{2\}) = f_2, \quad f(\{3\}) = f_3$$
$$f(\{1,2\}) = f_4, \quad f(\{1,3\}) = f_5, \quad f(\{2,3\}) = f_6, \quad f(\{1,2,3\}) = f_7$$

（2）将 **Z** 中的元素以下列顺序排列并与 **N** 中的元素对应：

Z:	0	−1	1	−2	2	−3	3	⋯
	↓	↓	↓	↓	↓	↓	↓	
N:	0	1	2	3	4	5	6	⋯

这种对应可用如下函数表示：

$$f: \mathbf{Z} \to \mathbf{N}, \quad f(x) = \begin{cases} 2x, & x \geqslant 0 \\ -2x-1, & x < 0 \end{cases}$$

（3）$\mathbf{N} \times \mathbf{N}$ 中的元素可以用直角坐标系中的自然数点 (x,y) 来表示，如图 5-5 所示．

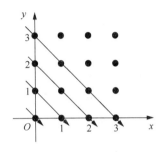

图 5-5

按上面的顺序排列 $\mathbf{N} \times \mathbf{N}$ 中元素并与 **N** 中元素对应：

$\mathbf{N} \times \mathbf{N}:$	<0,0>	<0,1>	<1,0>	<0,2>	<1,1>	<2,0>	<0,3>	⋯
	↓	↓	↓	↓	↓	↓	↓	
N:	0	1	2	3	4	5	6	⋯

这种对应可用如下函数表示：

$$f: \mathbf{N} \times \mathbf{N} \to \mathbf{N}, \quad f(<x,y>) = \frac{(x+y)(x+y+1)}{2} + x$$

5.1.3　函数的应用

例 5.8　设 n 元集 $A = \{a_1, a_2, \cdots, a_n\}$，$B = \{b_1 b_2 \cdots b_n \mid b_i \in \{0,1\}\}$，试建立从 $P(A)$ 到 B 的一个双射．

解　① 从 $P(A)$ 到 B 可以按照如下方式建立一个对应关系，对 $\forall S \in P(A)$，令

$$f(S) = b_1 b_2 \cdots b_n$$

其中，

$$b_i = \begin{cases} 1, & a_i \in S \\ 0, & a_i \notin S \end{cases} \quad (i=1,2,\cdots,n)$$

② 证明 f 是双射．

因为 $|P(A)| = |B| = 2^n$，且对 $\forall S \in P(A)$，都有唯一的 $b_1 b_2 \cdots b_n \in B$，使得 $f(S) = b_1 b_2 \cdots b_n$，

所以 f 是函数.

先证明 f 是单射.

任取 $\forall S_1, S_2 \in P(A)$，且 $S_1 \neq S_2$，则存在元素 $a_k \in A(1 \leq k \leq n)$，使得 $a_k \in S_1$，$a_k \notin S_2$（或 $a_k \notin S_1$，$a_k \in S_2$），从而 $f(S_1) = b_1b_2\cdots b_n$ 中必有 $b_k = 1$，$f(S_2) = c_1c_2\cdots c_n$ 中必有 $c_k = 0$（或 $f(S_1) = b_1b_2\cdots b_n$ 中必有 $b_k = 0$，$f(S_2) = c_1c_2\cdots c_n$ 中必有 $c_k = 1$），所以无论在什么情况下都有 $f(S_1) \neq f(S_2)$，即 f 是单射.

再证明 f 是满射.

任取二进制数 $b_1b_2\cdots b_n \in B$，对每一个二进制数 $b_1b_2\cdots b_n$，建立对应的集合 $S \subseteq A$ 为
$$S = \{a_i | \text{若} b_i = 1\} \text{（即若} b_i = 1, \text{则} a_i \in S, \text{否则} a_i \notin S)$$
则 $S \in P(A)$，即 $f(S) = b_1b_2\cdots b_n$，故 f 是满射.

由上可知，f 是双射.

例如，对于 $A = \{a_1, a_2, a_3\}$，有 $f(\varnothing) = 000$，$f(\{a_1\}) = 100$，$f(\{a_2\}) = 010$，$f(\{a_3\}) = 001$，$f(\{a_1, a_2\}) = 110$，$f(\{a_1, a_3\}) = 101$，$f(\{a_2, a_3\}) = 011$，$f(\{a_1, a_2, a_3\}) = 111$.

例 5.8 实际上是将偏序集 $< P(A), \subseteq >$ 变换成全序集 $< B, \leqslant >$，将集合的"并"运算变成了按位的"或"运算，将集合的"交"运算变成了按位的"与"运算，这是一个十分重要的例子.

1. 哈希（Hash）函数（散列函数）

例 5.9 假设在计算机内存中有编号 $0 \sim 10$ 的存储单元，图 5-6 表示了在初始时刻全为空的单元中，按次序 15,558,32,132,102 和 5 存入后的情形，现希望能在这些存储单元中存储任意的非负整数并能进行检索，试用哈希函数方法完成 259 的存储和 558 的检索.

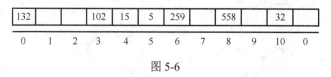

132			102	15	5	259		558		32	
0	1	2	3	4	5	6	7	8	9	10	0

图 5-6

解 哈希函数方法是利用哈希函数，根据要存入或检索的数据为其计算出存入或检索的首选地址. 例如，为了存储或检索数 n，可以取 $n \bmod m$ 作为首选地址，根据题意 $m = 11$，这样哈希函数就成为 $H(n) = n \bmod 11$，将 259 和 558 代入该哈希函数即可完成相应的存储和检索.

因为 $H(259) = 259 \bmod 11 = 6$，所以 259 应该存放在位置 6；又因为 $H(558) = 8$，所以检查位置 8，558 恰好在位置 8.

事实上，如果想将 257 存入这些存储单元，可以发现，$H(257) = H(15) = 4$，即位置 4 已经被占用了，此时称发生了冲突，更准确地说，对于一个哈希函数 H，如果 $H(x) = H(y)$，但 $x \neq y$，便称冲突发生了，为了解决冲突，需要冲突消解策略. 一种简

单的冲突消解策略是沿位置号增加的方向寻找下一个未被占用的单元（假设 10 后面是 0），如果使用这种冲突消解策略，257 被存放在位置 7. 同样地，如果要确定一个已存入的数 n 的位置，需计算并检查位置 $H(n)$，如果 n 不在这个位置，沿位置号增加的方向检查下一个位置（同样假设 10 后面是 0）；如果仍不是 n，继续检查下一个位置，以此类推，如果遇到一个空单元或返回了初始位置，就可以断定 n 不存在. 否则，一定可以找到 n 的位置.

如果冲突很少发生，那么一旦发生了冲突，冲突也可以很快被消解，哈希函数提供了一种快速存储和检索数据的方法. 例如，人事数据经常通过对雇员标识号使用哈希函数的方法进行存储和检索.

2. 伪随机数

计算机经常被用来模拟随机行为. 一个游戏程序可能要模拟掷骰子，一个客户服务程序可能要模拟顾客到达银行的情况. 这样的程序产生的看起来是随机的数，称为**伪随机数**. 例如，掷骰子程序需要成对的随机数（每个数在 1～6 范围内）来模拟掷骰子的结果. 伪随机数并非真正的随机，如果某人知道生成这些数的程序，他就可以预测出现的数.

通常使用的生成伪随机数的方法称为**线性同余法**. 这个方法需要 4 个整数：模数 m、乘数 a、增量 c 和种子 s，并需满足：

$$2 \leqslant a < m,\ 0 \leqslant c < m,\ 0 \leqslant s < m$$

设 $x_0 = s$，所生成的伪随机数序列 $x_1, x_2, \cdots$ 由公式

$$x_n = (ax_{n-1} + c)\bmod m$$

给出. 这个公式用前一个伪随机数来计算下一个伪随机数. 例如，如果

$$m = 11,\quad a = 7,\quad c = 5,\quad s = 3$$

则

$$x_1 = (ax_0 + c)\bmod m = (7 \times 3 + 5)\bmod 11 = 4$$
$$x_2 = (ax_1 + c)\bmod m = (7 \times 4 + 5)\bmod 11 = 0$$

类似地，可以算出

$$x_3 = 5,\quad x_4 = 7,\quad x_5 = 10,\quad x_6 = 9,\quad x_7 = 2,\quad x_8 = 8,\quad x_9 = 6,\quad x_{10} = 3$$

因为 $x_{10} = 3$，恰好是种子的值，所以序列从此开始重复 3，4，0，5，7，$\cdots$.

人们花费了大量的工作来为线性同余法寻找更好的参数值. 关键的模拟，如那些与飞行器和核研究有关的模拟，需要"好的"随机数. 在实际中，m 和 a 取很大的值，通常使用的值是 $m = 2^{31} - 1 = 2\ 147\ 483\ 647$，$a = 7^5 = 16\ 807$，$c = 0$，使用这些参数，在出现重复值之前，可以生成一个有 $(2^{31} - 1)$ 个整数的序列.

3．国际标准书号

1）校验码函数

2007 年 1 月后的国际标准书号（international standard book number，ISBN）是一个由 13 个字符组成的、短划线隔开的编码，如 978-7-302-33989-2（2007 年 1 月之前的 ISBN 是一个由 10 个字符组成的码）．一个国际标准书号由 5 个部分组成：

978	-	7	-	302	-	33989 -	2

欧洲商品编号　　　组号（国家，语种）　　　出版社代码　　书序码　　校验码

目前第一部分编码是 3 位欧洲商品编号，图书商品代码为 978，其后依次是组号、出版社代码、出版者出版的所有书中唯一标识该书的编码和校验码．校验码用来验证 ISBN 的正确性．对于 ISBN 978-7-302-33989-2，组号是 7，表示本书来自中国；出版社代码 302 表示本书是由清华大学出版社出版的；为了计算校验码，先计算 s，s 是第一个数字加上 3 乘以第 2 个数字，加上第 3 个数字，再加上 3 乘以第 4 个数字直至加到 3 乘以第 12 个数字的总和（偶数位乘以 3）．

例如，对于 ISBN 978-7-302-33989-2，

$$s = 9 + 7 \times 3 + 8 + 7 \times 3 + 3 + 0 \times 3 + 2 + 3 \times 3 + 3 + 9 \times 3 + 8 + 9 \times 3 = 138$$

如果 $s \bmod 10 = 0$，校验码是 0，否则校验码是 $10 - (s \bmod 10)$．因为 $138 \bmod 10 = 8$，所以 ISBN 978-7-302-33989-2 的校验字符是 $10 - 8 = 2$．这样，我们就建立了国际标准书号前 12 位编码与校验码之间的函数关系．

综上所述，设 ISBN 是 13 位数字组成的表达式：

$$x_1 x_2 x_3 x_4 x_5 x_6 x_7 x_8 x_9 x_{10} x_{11} x_{12} x_{13}$$

令 $s = \left(\sum_{i=1}^{6} (x_{2i-1} + 3x_{2i}) \right) \bmod 10$，则国际标准书号的校验码 x_{13} 与前 12 位编码的函数关系为

$$x_{13} = \begin{cases} 0, & s = 0 \\ 10 - s, & s \neq 0 \end{cases}$$

2）ISBN 中单一错误探测

向计算机输入数字数据时，可能会发生错误．例如，已知正确的 ISBN 号为 978-7-04-034589-6，在输入计算机时不小心录成 978-7-94-034589-6，即第五位录入了 9 而不是 0，这是一位错误．下面介绍如何用校验位发现这种错误．

正确的书号 $x_1 x_2 x_3 x_4 x_5 x_6 x_7 x_8 x_9 x_{10} x_{11} x_{12} x_{13}$ 要满足

$$\left(\sum_{i=1}^{6} (x_{2i-1} + 3x_{2i}) + x_{13} \right) \bmod 10 = 0$$

现在来看书号 978-7-94-034589-6 的情况，因为

$$(9 + 3 \times 7 + 8 + 3 \times 7 + 9 + 3 \times 4 + 0 + 3 \times 3 + 4 + 3 \times 5 + 8 + 3 \times 9 + 6) \bmod 10$$
$$= (9 + 21 + 8 + 21 + 9 + 12 + 0 + 9 + 4 + 15 + 8 + 27 + 6) \bmod 10$$
$$= 9 \neq 0$$

所以 978-7-94-034589-6 不是正确的 ISBN．

5.2 函数的复合和反函数

5.2.1 函数的复合

函数是一种特殊的二元关系，两个函数的复合本质上就是两个关系的合成，以前给出的有关关系合成的所有定理都适合于函数的复合.

定理 5.1 设 $f:A \to B$，$g:B \to C$ 是两个函数，则 $f \circ g$ 也是函数，且满足：

（1）$\mathrm{dom}(f \circ g) = A$，$\mathrm{ran}(f \circ g) \subseteq C$，即 $f \circ g : A \to C$；

（2）对 $\forall x \in A$，有 $f \circ g(x) = g(f(x))$.

证明 本定理可从函数定义的两个要素出发进行证明.

对 $\forall x \in A$，因为 $f:A \to B$ 为函数，所以必存在一个 $y \in B$，使得 $<x, y> \in f$. 同理，因为 $g:B \to C$ 为函数，所以对于上面的 $y \in B$，必存在一个 $z \in C$，使得 $<y, z> \in g$. 根据关系合成的概念可知，对 $\forall x \in A$，必存在一个 $z \in C$，使得 $<x, z> \in f \circ g$，即经过关系的合成后，集合 A 中的每一个元素，在集合 C 中都有像.

假定对于某个 $x \in A$，经关系的合成运算后，在集合 C 中存在两个不同的像 $z_1, z_2(z_1 \neq z_2)$，即 $<x, z_1> \in f \circ g$，$<x, z_2> \in f \circ g$. 根据合成运算的定义，有

$$<x, y_1> \in f, \quad <y_1, z_1> \in g, \quad <x, y_2> \in f, \quad <y_2, z_2> \in g$$

由于 f 为函数，所以 A 中的每个元素仅有唯一的像，因此，必有 $y_1 = y_2$. 同样，由于 g 为函数，所以有 $z_1 = z_2$，这与假设 $z_1 \neq z_2$ 相矛盾，所以假设不成立，即对于任意的 $x \in A$，经过关系的合成运算后，在集合 Z 中只能有唯一的像.

综合以上两点，$f \circ g$ 是函数.

说明：（1）上面的证明中同时还证明了 $\mathrm{dom}(f \circ g) = A$，$\mathrm{ran}(f \circ g) \subseteq C$.

（2）$z = f \circ g(x) \Leftrightarrow <x, z> \in f \circ g \Leftrightarrow \exists y(<x, y> \in f \wedge <y, z> \in g)$

$$\Leftrightarrow y = f(x) \wedge z = g(y) \Leftrightarrow z = g(f(x)).$$

例 5.10 设 $f, g, h : R \to R$，$f(x) = 2x$，$g(x) = (x+1)^2$，$h(x) = \dfrac{x}{2}$，计算：

（1）$f \circ g$，$g \circ f$；

（2）$(f \circ g) \circ h$，$f \circ (g \circ h)$.

解 （1）$f \circ g(x) = g(f(x)) = g(2x) = (2x+1)^2$

$$g \circ f(x) = f(g(x)) = f((x+1)^2) = 2(x+1)^2$$

（2）$(f \circ g) \circ h(x) = h((f \circ g)(x)) = h(g(f(x))) = h(g(2x)) = h((2x+1)^2) = \dfrac{(2x+1)^2}{2}$

$$f \circ (g \circ h)(x) = (g \circ h)(f(x)) = h(g(f(x))) = \dfrac{(2x+1)^2}{2}$$

从例 5.10 可以看出，函数的复合不满足交换律，由于关系的合成满足结合律，所以函数的复合满足结合律. 至于函数的单射、满射、双射的性质经过复合运算后还能否保持，我们有下面的定理.

定理 5.2　设 $f:A \to B$，$g:B \to C$ 是两个函数，则

（1）如果 f 和 g 是满射的，则 $f \circ g:A \to C$ 也是满射的；

（2）如果 f 和 g 是单射的，则 $f \circ g:A \to C$ 也是单射的；

（3）如果 f 和 g 是双射的，则 $f \circ g:A \to C$ 也是双射的.

证明　（1）对 $\forall z \in C$，因为 $g:B \to C$ 是满射，所以存在 $y \in B$，使得 $g(y)=z$，又因为 $f:A \to B$ 是满射，所以存在 $x \in A$，使得 $f(x)=y$，从而有

$$f \circ g(x) = g(f(x)) = g(y) = z$$

即存在 $x \in A$，使得 $f \circ g(x)=z$，所以 $f \circ g$ 是满射.

（2）对 $\forall x_1$，$x_2 \in A$，若 $x_1 \neq x_2$，因为 f 是单射，所以 $f(x_1) \neq f(x_2)$. 因为 g 是单射及 $f(x_1) \neq f(x_2)$，所以 $g(f(x_1)) \neq g(f(x_2))$，从而有 $f \circ g(x_1) \neq f \circ g(x_2)$，所以 $f \circ g$ 是单射.

（3）由（1）、（2）得证.

定理 5.2 说明函数的复合运算能够保持函数的单射、满射和双射的性质，但该定理的逆命题不一定为真.

5.2.2　反函数

对任意的关系都可进行求逆运算得到其逆关系，但是对函数来说，并不是所有的函数都有反函数. 因为函数要求 $\text{dom} f = A$ 和 A 中每一个元素有唯一的像，所以在求一个函数的逆运算时，有其相应的特殊性要求.

定义 5.3　设 $f:A \to B$ 的函数，如果

$$f^{-1} = \{<y,x>|<x,y> \in f\}$$

是从 B 到 A 的函数，则称 $f^{-1}:B \to A$ 是函数 f 的**反函数**.

由定义 5.3 可以看出，如果 f^{-1} 是函数，则 B 中每个元素都有像，即 f 是满射；又因为 f^{-1} 中的每一个元素都有唯一的像和它对应且 f 是函数，所以 f 是单射. 于是有结论：反函数 f^{-1} 存在当且仅当 f 是双射.

例 5.11　设 f 为从 $\{a,b,c\}$ 到 $\{1,2,3\}$ 的函数，$f = \{<c,1>,<a,2>,<b,3>\}$，则 f 可逆吗？如果可逆，其反函数是什么？

解　f 是可逆的，因为它是一个双射函数. 其反函数 f^{-1} 是颠倒 f 给出的对应关系，即

$$f^{-1} = \{<1,c>,<2,a>,<3,b>\}$$

例 5.12　设 $f:\mathbf{Z} \to \mathbf{Z}$，$f(x)=x+1$，则 f 可逆吗？如果可逆，其反函数是什么？

解　f 是可逆的，因为它是一个双射函数. 其反函数

$$f^{-1}(y) = y-1$$

例 5.13　设 $f:\mathbf{Z} \to \mathbf{Z}$，$f(x)=x^2$，则 f 可逆吗？

解　由于 $f(1)=f(-1)=1$，所以 f 不是单射，从而 f 不是双射，所以 f 不可逆.

定理 5.3　若 $f:A \to B$ 是双射，则 $f^{-1}:B \to A$ 也是双射.

证明　先证明 f^{-1} 是满射.

因为 $\operatorname{ran} f^{-1} = \operatorname{dom} f = A$，所以 f^{-1} 是从 B 到 A 的满射.

再证明 f^{-1} 是单射.

对 $\forall y_1, y_2 \in B$，$y_1 \neq y_2$，假设 $f^{-1}(y_1) = f^{-1}(y_2)$，即存在 $x \in A$，使得 $<y_1, x> \in f^{-1}$，$<y_2, x> \in f^{-1}$，从而 $<x, y_1> \in f$，$<x, y_2> \in f$，这与 f 是函数矛盾，因此，$f^{-1}(y_1) \neq f^{-1}(y_2)$，所以 f^{-1} 是从 B 到 A 的单射.

综上，f^{-1} 是从 B 到 A 的双射.

习　题　5

1．对于集合 $A = \{a, b, c\}$ 和 $B = \{1, 2, 3\}$，判断下列 A 到 B 的关系哪些可构成从 A 到 B 的函数.

（1）$\{<a,1>, <a,2>, <b,1>, <b,3>\}$；

（2）$\{<a,1>, <b,3>, <c,3>\}$；

（3）$\{<a,1>, <b,1>, <c,1>\}$；

（4）$\{<a,2>, <b,3>\}$；

（5）$\{<a,1>, <b,2>, <c,3>\}$；

（6）$\{<a,1>, <a,2>, <b,1>, <b,3>, <c,1>, <c,3>\}$.

2．判断下列关系哪些是从 A 到 B 的函数.

（1）$A = B = \mathbf{R}$，$R_1 = \{<x, |x|> \mid x \in \mathbf{R}\}$；

（2）$A = B = \mathbf{R}$，$R_2 = \{<|x|, x> \mid x \in \mathbf{R}\}$；

（3）$A = B = \mathbf{N}$，$R_3 = \{<x, y> \mid x, y \in \mathbf{N}, |y| = x\}$；

（4）$A = B = \mathbf{Z}$，$R_4 = \{<x, y> \mid x, y \in \mathbf{Z}, y \text{整除} x\}$；

（5）$A = B = \mathbf{Z}$，$R_5 = \{<x, y> \mid x, y \in \mathbf{Z}, x = y + 1\}$；

（6）$A = B = \mathbf{N}$，$R_6 = \{<x, y> \mid x, y \in \mathbf{N}, x = y + 1\}$.

3．设 A, B 为有限集，且 $|A| = m$，$|B| = n$，如果从 A 到 B 存在单射、满射或双射函数，那么 m 与 n 应该满足的条件是什么？

4．下列函数哪些是单射函数、满射函数或双射函数？

（1）$f: \mathbf{Z}^+ \to \mathbf{Z}^+$（$\mathbf{Z}^+$ 是正整数的集合），$f(x) = 3x$；

（2）$f: \mathbf{Z} \to \mathbf{Z}$，$f(x) = |x|$；

（3）$f: A \to B$，$A = \{0, 1, 2\}$，$B = \{0, 1, 2, 3, 4\}$，$f(x) = x^2$；

（4）$f: \mathbf{R} \to \mathbf{R}$，$f(x) = x + 1$；

（5）$f: \mathbf{N} \to \mathbf{N} \times \mathbf{N}$，$f(x) = <x, x+1>$；

（6）$f: \mathbf{Z} \to \mathbf{N}$，$f(x) = 2|x| + 1$.

5．对于下列集合 A 和 B，构造一个从 A 到 B 的双射函数.

（1）$A = \mathbf{N} - \{0\}$，$B = \mathbf{N}$；

（2）$A = P(\{1,2,3\})$，$B = \{0,1\}^3$．

6. 设 $A = \{a,b,c,d\}$，$R = \{<a,c>,<c,a>\} \cup I_A$ 是 A 上的等价关系，设自然映射 $g : A \to A/R$，求 $g(a)$，$g(b)$．

7. 设函数 $f = \{<\varnothing,\{\varnothing,\{\varnothing\}\}>,<\{\varnothing\},\varnothing>\}$，试求下列各式的值．

（1）$f(\varnothing)$；　（2）$f(\{\varnothing\})$；　（3）$f^{-1}(\varnothing)$；　（4）$f^{-1}(\{\varnothing\})$．

8. 设 $f : \mathbf{Z} \times \mathbf{Z} \to \mathbf{Z}$，$f(<x,y>) = x^2 y$，其中，$\mathbf{Z}$ 为整数集．

（1）f 是满射吗？为什么？

（2）f 是单射吗？为什么？

（3）求 $f^{-1}(\{0\})$．

（4）求 $f^{-1}(\mathbf{N})$．

（5）求 $f(\mathbf{Z} \times \{1\})$．

9. 设 $f : \mathbf{N} \to \mathbf{N} \times \mathbf{N}$，$f(n) = <n,n+1>$．

（1）说明 f 是否为单射和满射，并说明理由．

（2）f 的反函数是否存在？如果存在，求出这个反函数．

（3）求 $\mathrm{ran}\, f$．

10. 对于集合 $A = \{a,b,c,d\}$，$B = \{1,2,3\}$ 和 $C = \{a,b,d\}$，计算如下函数 $f : A \to B$ 和 $g : B \to C$ 的复合函数 $f \circ g$．

（1）$f = \{<a,1>,<b,2>,<c,1>,<d,3>\}$，$g = \{<1,a>,<2,b>,<3,d>\}$；

（2）$f = \{<a,2>,<b,3>,<c,1>,<d,3>\}$，$g = \{<1,a>,<2,a>,<3,a>\}$；

（3）$f = \{<a,3>,<b,1>,<c,2>,<d,3>\}$，$g = \{<1,b>,<2,b>,<3,b>\}$；

（4）$f = \{<a,2>,<b,1>,<c,3>,<d,3>\}$，$g = \{<1,d>,<2,b>,<3,a>\}$．

11. 对于下列实数集上的函数 $f(x) = 2x^2 + 1$，$g(x) = -x + 7$，$h(x) = 2^x$ 和 $k(x) = x + 3$，求 $f \circ g$，$g \circ f$，$f \circ f$，$g \circ g$，$f \circ h$，$f \circ k$，$k \circ h$，$h \circ k$．

12. 对于集合 $A = \{a,b,c,d\}$ 和 $B = \{1,2,3,4\}$，判断如下函数 $f : A \to B$ 的逆关系是否为函数．

（1）$f = \{<a,1>,<b,2>,<c,3>,<d,4>\}$；

（2）$f = \{<a,2>,<b,3>,<c,1>,<d,3>\}$；

（3）$f = \{<a,3>,<b,1>,<c,2>,<d,4>\}$；

（4）$f = \{<a,4>,<b,3>,<c,2>,<d,1>\}$．

13. 设 $f : \mathbf{R} \times \mathbf{R} \to \mathbf{R} \times \mathbf{R}$，$f(<x,y>) = <\dfrac{x+y}{2},\dfrac{x-y}{2}>$，证明 f 是双射，并求出其反函数．

14. 设 $f,g \in \mathbf{N}^{\mathbf{N}}$，$\mathbf{N}$ 为自然数集，且

$$f(x) = \begin{cases} x+1, & x = 0,1,2,3 \\ 0, & x = 4 \\ x, & x \geqslant 5 \end{cases}$$

$$g(x) = \begin{cases} \dfrac{x}{2}, & x\text{为偶数} \\ 3, & x\text{为奇数} \end{cases}$$

（1）求 $f \circ g$，并讨论它是否为单射或满射；

（2）设 $A = \{0,1,2\}$，$B = \{0,1,5,6\}$，求 A 在 $f \circ g$ 下的像 $f \circ g(A)$ 和 B 的完全原像 $(f \circ g)^{-1}(B)$．

15．设集合 $A = \{a,b,c\}$，则

（1）从 A 到 A 可以定义多少个不同的函数？其中有多少双射？

（2）从 $A \times A$ 到 A 可以定义多少个不同的函数？其中有多少满射？

（3）从 A 到 $A \times A$ 可以定义多少个不同的函数？其中有多少单射？

16．对于函数 $f:A \to B$ 和 $g:A \to B$，求证：

（1）当且仅当 $f = g$ 时，$f \bigcup g$ 为 A 到 B 的函数；

（2）当且仅当 $f = g$ 时，$f \bigcap g$ 为 A 到 B 的函数．

17．对于函数 $f:A \to B$ 和 $g:B \to C$，试证明如下结论：

（1）如果 $f \circ g$ 是单射函数，则 f 是单射函数；

（2）如果 $f \circ g$ 是满射函数，则 g 是满射函数；

（3）如果 $f \circ g$ 是双射函数，则 f 是单射函数，g 是满射函数．

18．设 $f:A \to A$，则 f 导出的 A 上的等价关系如下：
$$R = \{< x,y > \mid x,y \in A \wedge f(x) = f(y)\}$$
已知 f_1，f_2，$f_3 \in \mathbf{N}^N$，且
$$f_1(n) = n，\quad f_2(n) = (n) \bmod 2，\quad f_3(n) = (n) \bmod 3$$
令 R_i 为 f_i 导出的等价关系，求商集 $\mathbf{N}/R_i$，其中 $i = 1,2,3$．

19．设函数 $f:A \to B$，定义一个函数 $g:B \to P(A)$，对于 $\forall b \in B$，有
$$g(b) = \{x \mid x \in A \wedge f(x) = b\}$$
证明：若 f 是从 A 到 B 的满射，则 g 是从 B 到 $P(A)$ 的单射．

20．设 $A = \{1,2,3\}$，请找出 A^A 中满足下列各式的所有函数（提示：借助表示函数的关系图思考）．

（1）$f^2(x) = f(x)$；　　　（2）$f^2(x) = x$；　　　（3）$f^3(x) = x$．

第6章 图   论

图的研究历史已经很长了，并且随着计算机技术日益广泛的应用，对图的关注也日益增多．图不仅在计算机科学中有应用，而且在诸如商业和科学等许多领域中也有应用，所以图的研究对许多领域都很重要．

图论最早起源于一些数学游戏的难题研究，比如著名的瑞士数学家欧拉所解决的哥尼斯堡七桥问题，以及在民间广泛流传的一些游戏难题，如迷宫问题、博弈问题、棋盘上马的行走路线问题等．这些古老的难题，当时吸引了很多学者的注意，在这些问题研究的基础上又继续提出了著名的四色猜想及哈密尔顿（环游世界）数学难题．1847 年，图论开始用于分析电路网络，这是它最早应用于工程科学．之后，随着科学的发展，图论在解决运筹学、网络理论、信息论、控制论、博弈论及计算机科学等各个领域的问题时，效果越来越明显．

图论是一门既古老又年轻的学科．说它古老，是因为早在 18 世纪初，学者们便已运用现在称之为图的工具来解决一些困难的问题；说它年轻，是因为直到 20 世纪中后期，图的理论研究和应用研究才得到广泛重视，作为一个数学的分支，才真正确立自己的地位．对于离散结构的刻画，图是一种有力的工具．

我们已经看到，有限集合上的关系可用一种直观的图——有向图来表示．我们可以想象，在运筹规划、网络研究中，在计算机程序流程分析中，都会遇到由称为"顶点"和"边"的东西组成的图．因此，对图论基础知识的学习，以及对有广泛应用价值的各种特殊图的了解是十分必要的．图可直观地表示离散对象之间的相互关系，有助于研究它们的共性和特性，从而解决具体问题．这里只介绍图的一些基本概念和原理，以及一些典型的应用实例，目的是在今后对计算机有关学科进行学习研究时，能用图论的基本知识作为工具．

6.1 图的基本概念

6.1.1 无向图和有向图

在第 4 章，我们已经给出了笛卡儿积的概念，为了定义无向图，还要给出无序积的概念．

定义 6.1 设 A, B 为集合，记 $A \& B = \{(x,y) \mid x \in A \land y \in B\}$ 为集合 A 与 B 的**无序积**，(x,y) 称为**无序对**．

与序偶不同，无论 x, y 是否相等，均有 $(x,y) = (y,x)$．

例 6.1 设 $A = \{a,b\}$，$B = \{1,2,3\}$，试写出 $A \& B$，$B \& A$ 和 $A \& A$．

解　$A \& B = \{(a,1),(a,2),(a,3),(b,1),(b,2),(b,3)\} = B \& A$；

　　$A \& A = \{(a,a),(a,b),(b,b)\}$．

定义 6.2　一个**无向图**是一个有序的二元组 $<V,E>$，记作 $G=<V,E>$，其中：

（1）V 是一个非空的有限集合，称为 G 的**顶点集**，其元素称为**顶点**或**结点**；

（2）E 称为**边集**，它是无序积 $V \& V$ 的多重子集，其元素称为**无向边**，简称**边**．

所谓多重集合是指元素可以重复出现的集合，某元素重复出现的次数称为该元素的重复度．例如，在多重集合 $\{a,a,b,b,b,c,d\}$ 中，a,b,c,d 的重复度分别为 $2,3,1,1$．

定义 6.3　一个**有向图**是一个有序的二元组 $<V,E>$，记作 $D=<V,E>$，其中：

（1）V 是一个非空的有限集合，称为 D 的**顶点集**，其元素称为**顶点**或**结点**；

（2）E 称为**边集**，它是笛卡儿积 $V \times V$ 的多重子集，其元素称为**有向边**，简称**边**．

上面给出了无向图和有向图的集合定义，但人们总是习惯用图形来表示它们，即用小圆圈（或实心点）表示顶点，用顶点之间的连线表示无向边，用有方向的连线表示有向边．

例如，无向图 $G=<V,E>$，其中，$V=\{v_1,v_2,v_3,v_4,v_5\}$，$E=\{(v_1,v_2),(v_1,v_2),(v_1,v_3),(v_2,v_3),(v_3,v_3),(v_3,v_4)\}$ 的图形如图 6-1（1）所示；有向图 $D=<V,E>$，其中，$V=\{v_1,v_2,v_3,v_4,v_5\}$，$E=\{<v_1,v_2>,<v_1,v_2>,<v_1,v_3>,\ <v_3,v_1>,<v_3,v_2>,<v_3,v_3>,<v_3,v_4>\}$ 的图形如图 6-1（2）所示．

为方便起见，也可以给边起个名字．例如，在图 6-1（1）中，用 e_1 表示 (v_1,v_2)，e_5 表示 (v_3,v_3) 等；在图 6-1（2）中，用 e_3 表示 $<v_3,v_1>$，e_4 表示 $<v_1,v_3>$ 等．

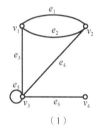 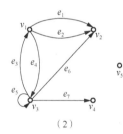

（1）　　　　　　　　（2）

图 6-1

一般情况下用 G 表示无向图，用 D 表示有向图，有时也用 G 泛指一个图（有向的或无向的），而 D 只表示有向图．

定义 6.4　设 $G=<V,E>$ 是无向图，$e \in E$，设连接 e 的两点为 u,v，即 $e=(u,v)$，称 u,v 为 e 的**端点**．并称 e 与 u（或 v）彼此相**关联**，称 u,v 为彼此相**邻**．不与任何顶点相邻接的顶点称为**孤立顶点**．如果连接边 e 的两端点 u,v 重合，即 $u=v$，则称边 e 为**环**．若 $u \neq v$，则称 e 与 u（和 v）的关联次数为 1；若 $u=v$，则称 e 与 u 的关联次数为 2；若 w 不是 e 的端点，则称 e 与 w 的关联次数为 0．若连接图 G 的同一对顶点 u,v 的边数超过 1，则称 G 是**多重图**，对应的边称为**平行边**；无环的非多重图称为**简单图**，非简单图为**复杂图**，它存在环或平行边．

在图 6-1（1）中，v_5 是孤立顶点，$e_5=(v_3,v_3)$ 为环，e_1 和 e_2 为平行边，它是一个复杂图．

定义 6.5 设 $D = <V,E>$ 是有向图,设 e 是顶点 u 到顶点 v 的有向边,即 $e = <u,v>$,则称 u,v 为 e 的**端点**,u 是 e 的**起点**,v 为 e 的**终点**,并称 u **邻接到** v,v **邻接于** u;如果 e 的起点与终点重合,即 $u = v$,则称 e 为**环**;若连接图 G 的起点 u 和终点 v 的边数超过 1,则称 D 是**多重图**,对应的边称为**平行边**;无环的非多重图称为**简单图**,非简单图为**复杂图**,它存在环或平行边.

在图 6-1(2)中,$e_5 = <v_3,v_3>$ 为环,e_1 和 e_2 为平行边,但 e_3 和 e_4 不是平行边,因为两边的方向相反,它是一个复杂图.

设 $G = <V,E>$ 是一个图,有时用 $V(G)$ 表示 G 的点集,用 $E(G)$ 表示 G 的边集,为此再给出以下几个概念.

定义 6.6 设 $G = <V,E>$ 是一个图.

(1)若顶点集 V 和边集 E 均为有限集,则称 G 为**有限图**;

(2)若 $|V| = n$,则称 G 为 n **阶图**;

(3)只有顶点没有边的图称为**零图**,特别地,只有一个顶点的零图称为**平凡图**,没有顶点的图称为**空图**(运算过程中产生).

6.1.2 握手定理

定义 6.7 在图 $G = <V,E>$ 中,与顶点 $v(v \in V)$ 关联的边数,称为该顶点的**度数**,记作 $d(v)$.

在图 6-1(1)中,有 $d(v_1) = 3$,$d(v_2) = 3$,$d(v_3) = 5$,$d(v_4) = 1$,$d(v_5) = 0$.我们约定:每个环在其对应顶点上度数增加 2.

度数为 1 的顶点称为**悬挂顶点**,它所关联的边称为**悬挂边**.在图 6-1(1)中,v_4 为悬挂顶点,e_6 为悬挂边.

此外,我们记 $\Delta(G) = \max\{d(v) \mid v \in V\}$,$\delta(G) = \min\{d(v) \mid v \in V\}$,分别称为图 $G = <V,E>$ 的**最大度**和**最小度**.在图 6-1(1)中,$\Delta(G) = 5$,$\delta(G) = 0$.

定理 6.1(握手定理) 每个图中,顶点度数的总和等于边数的两倍,即

$$\sum_{v \in V} d(v) = 2|E|$$

证明 因为每条边必关联两个顶点(环相当于两个端点重合),而一条边给予关联的每个顶点的度数为 1.因此在一个图中,顶点度数的总和等于边数的 2 倍.

推论 在任何图中,度数为奇数的顶点必定是偶数个.

证明 设 V_1 和 V_2 分别是 G 中奇数度数和偶数度数的顶点集,则由定理 6.1,有

$$\sum_{v \in V_1} d(v) + \sum_{v \in V_2} d(v) = \sum_{v \in V} d(v) = 2|E|$$

由于 $\sum_{v \in V_2} d(v)$ 是偶数之和,必为偶数,而 $2|E|$ 是偶数,故得 $\sum_{v \in V_1} d(v)$ 是偶数,因为偶数个奇数相加才是偶数,所以 $|V_1|$ 是偶数.

通常称度数为奇数的顶点为**奇度数顶点**,简称**奇度点**;度数为偶数的顶点为**偶度数顶点**,简称**偶度点**.

定义 6.8 在有向图中，顶点 v 作为起点的边数称为 v 的**出度**，记作 $d^+(v)$；顶点 v 作为终点的边数称为 v 的**入度**，记作 $d^-(v)$。顶点的出度与入度之和就是该顶点的度数，即

$$d(v) = d^+(v) + d^-(v)$$

在图 6-1（2）中，有

$$d^+(v_1) = 3, \quad d^-(v_1) = 1, \quad d(v_1) = 4$$
$$d^+(v_2) = 0, \quad d^-(v_2) = 3, \quad d(v_2) = 3$$
$$d^+(v_3) = 4, \quad d^-(v_3) = 2, \quad d(v_3) = 6$$
$$d^+(v_4) = 0, \quad d^-(v_4) = 1, \quad d(v_4) = 1$$
$$d^+(v_5) = 0, \quad d^-(v_5) = 0, \quad d(v_5) = 0$$

对于有向图 $D = <V, E>$，除最大度 $\Delta(D)$ 和最小度 $\delta(D)$ 外，还有**最大出度** $\Delta^+(D)$、**最大入度** $\Delta^-(D)$、**最小出度** $\delta^+(D)$ 和**最小入度** $\delta^-(D)$，分别定义如下：

$$\Delta^+(D) = \max\{d^+(v) \mid v \in V\}$$
$$\Delta^-(D) = \max\{d^-(v) \mid v \in V\}$$
$$\delta^+(D) = \min\{d^+(v) \mid v \in V\}$$
$$\delta^-(D) = \min\{d^-(v) \mid v \in V\}$$

在图 6-1（2）中，

$$\Delta^+(D) = 4, \quad \Delta^-(D) = 3, \quad \delta^+(D) = 0, \quad \delta^-(D) = 0$$

定理 6.2 在任何有向图中，设 $|E| = m$，则所有顶点的入度之和等于所有顶点的出度之和，并且等于边数，即

$$\sum_{v \in V} d^-(v) = \sum_{v \in V} d^+(v) = m$$

证明 在有向图中，每条边均有一个起点和一个终点。于是在计算各顶点的出度之和及入度之和时，每条边各提供一个出度和一个入度。当然 m 条边共提供 m 个出度和 m 个入度，因而定理成立。

例 6.2 在任意 $n(n \geqslant 2)$ 个人的集合里，证明：必有两个人在集合内朋友的个数相等。

分析 设这 n 个人的集合为图 G 的顶点集合，若两人彼此是朋友，则其间连一条边。这样得到的图 G 是集合内人员的朋友关系图。显然，G 是简单图，图中顶点的度数恰好表示该人在集合内朋友的个数。利用图 G，原题就抽象为下面的图论问题：在简单图 G 中，若顶点数 $n \geqslant 2$，则在图 G 中存在度数相等的两个顶点。下面用反证法来证明这个命题。

证明 假设图 G 中各顶点的度数均不相等，则必有最大度数 $\Delta(G) \geqslant n-1$，又由于 G 是简单图，$\Delta(G) \leqslant n-1$，所以 $\Delta(G) = n-1$。在 n 阶简单图中，$\Delta(G) = n-1$ 表明有一个点与每个点相邻，从而 $\delta(G) \geqslant 1$，因此 n 个点的度数从 1 取到 $n-1$，所以至少有两个顶点的度数相等，与假设矛盾。

定义 6.9 设 $V = \{v_1, v_2, \cdots, v_n\}$ 为图 G 的顶点集，称 $(d(v_1), d(v_2), \cdots, d(v_n))$ 为图 G 的**度**

数序列. 对于有向图还有出度序列和入度序列.

图 6-1（1）的度数序列为(3,3,5,1,0)，图 6-1（2）的出度序列为(3,0,4,0,0)，入度序列为(1,3,2,1,0)，度数序列为(4,3,6,1,0).

例 6.3 （1）序列(1,2,3,4,5)和(1,1,2,2,3,3)能成为图的度数序列吗？为什么？

（2）已知图 G 中有 10 条边、2 个度数为 3 的顶点，1 个度数为 4 的顶点，其余顶点的度数均小于等于 2，问：G 中至少有多少个顶点？为什么？

（3）已知有向图 G 的度数序列为(3,4,1,3,3)，出度序列为(1,3,0,1,2)，求 G 的入度序列.

解 （1）由于序列(1,2,3,4,5)中有 3 个奇数，由握手定理的推论可知，它不能成为图的度数序列. 序列(1,1,2,2,3,3)中有 4 个奇数，它能够成为图的度数序列. 可以画出多个以(1,1,2,2,3,3)为度数序列的图，图 6-2 中的两个图均以(1,1,2,2,3,3) 为度数序列.

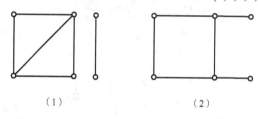

图 6-2

（2）图 G 中边数为 10，由握手定理知，G 中所有顶点的度数之和为 20，2 个度数为 3 的顶点，1 个度数为 4 的顶点共 10 度，还剩下 10 度，若其余全是度数为 2 的顶点，则还需要 5 个顶点来占用这 10 度，所以 G 至少有 8 个顶点.

（3）对于有向图 G 中任意顶点 v，有 $d(v) = d^+(v) + d^-(v)$，因此，入度序列为(2,1,1,2,1).

6.1.3 完全图、补图与子图

定义 6.10 设 G 为 n 阶无向简单图，若 G 中每个顶点均与其余的 $(n-1)$ 个顶点相邻，则称 G 为 n 阶无向完全图，简称 n 阶完全图，记作 $K_n(n \geq 1)$. 设 D 为 n 阶有向简单图，若 D 中每个顶点都邻接到其余的 $(n-1)$ 个顶点，又邻接于其余的 $(n-1)$ 个顶点，则称 D 是 n 阶有向完全图.

图 6-3 分别列出了 $K_1 \sim K_5$ 无向完全图，图 6-4 分别列出了 1～4 阶有向完全图. 易见，K_n 中有 $C_n^2 = \dfrac{n(n-1)}{2}$ 条边，每个顶点的度数是 $(n-1)$ 度；n 阶有向完全图中有 $n(n-1)$ 条边，每个顶点的度数是 $2(n-1)$ 度.

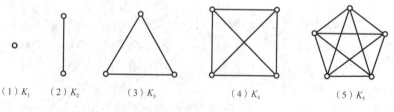

（1）K_1 （2）K_2 （3）K_3 （4）K_4 （5）K_5

图 6-3

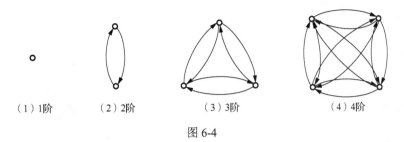

（1）1阶 （2）2阶 （3）3阶 （4）4阶

图 6-4

定义 6.11 设图 $G=<V,E>$ 是简单图，$G'=<V,E'>$ 为完全图，则称 $\overline{G}=<V,E'-E>$ 为 G 的**补图**.

需要注意的是，在定义 6.11 中，当 G 为有向图时，G' 为有向完全图；当 G 为无向图时，G' 为无向完全图.

例 6.4 求图 6-5 中各图的补图.

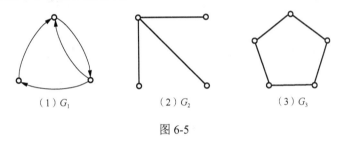

（1）G_1 （2）G_2 （3）G_3

图 6-5

解 图 6-5 中各图的补图分别如图 6-6 中的各图所示.

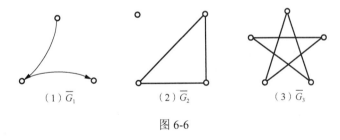

（1）$\overline{G_1}$ （2）$\overline{G_2}$ （3）$\overline{G_3}$

图 6-6

定义 6.12 设图 $G=<V,E>$ 和图 $G_1=<V_1,E_1>$.

（1）若 $V_1\subseteq V$，$E_1\subseteq E$，则称 G_1 是 G 的**子图**，记为 $G_1\subseteq G$；

（2）若 $G_1\subseteq G$ 且 $G_1\neq G$，则称 G_1 是 G 的**真子图**，记为 $G_1\subset G$；

（3）若 $V_1=V$，$E_1\subseteq E$，则称 G_1 是 G 的**生成子图**.

（4）设 $V'\subseteq V$，$V'\neq\varnothing$，以 V' 为顶点集，以两个端点均在 V' 中的边的全体为边集的 G 的子图，称为 V' 导出的**导出子图**，记为 $G[V']$.

（5）设 $E'\subseteq E$，$E'\neq\varnothing$，以 E' 为边集，以 E' 中边关联的所有顶点为顶点集的 G 的子图，称为 E' 导出的**导出子图**，记为 $G[E']$.

例 6.5 判断图 6-7 中的 G_1, G_2, G_3 是否为图 G 的子图、真子图、生成子图、导出子图.

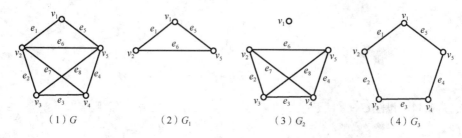

图 6-7

解 G_1, G_2, G_3 都是图 G 的子图、真子图，G_2, G_3 是图 G 的生成子图，G_1 是图 G 的 $\{v_1, v_2, v_5\}$ 的导出子图，也是 G 的 $\{e_1, e_5, e_6\}$ 的导出子图，G_3 是 G 的 $\{e_1, e_2, e_3, e_4, e_5\}$ 的导出子图.

6.1.4　正则图、圈图、轮图、方体图

定义 6.13   设 $G = <V, E>$ 是无向简单图，若所有顶点度数均为 k，则称 G 为 k-正则图.

例如，在图 6-8 中，（1）为 2-正则图，（2）为 3-正则图，（3）为 4-正则图. 其实，K_n 都是 $(n-1)$-正则图.

由握手定理可知，n 阶 k-正则图的边数 $m = \dfrac{kn}{2}$.

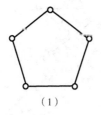
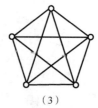

（1）   （2）   （3）

图 6-8

定义 6.14   （1）设 $G = <V, E>$ 是 $n(n \geqslant 3)$ 阶无向简单图，$V = \{v_1, v_2, \cdots, v_n\}$，$E = \{(v_1, v_2), (v_2, v_3), \cdots, (v_{n-1}, v_n), (v_n, v_1)\}$，则称 G 为 n 阶**无向圈图**，简称 n 阶圈图，记作 C_n.

（2）设 $D = <V, E>$ 是 $n(n \geqslant 2)$ 阶有向简单图，$V = \{v_1, v_2, \cdots, v_n\}$，$E = \{<v_1, v_2>, <v_2, v_3>, \cdots, <v_{n-1}, v_n>, <v_n, v_1>\}$，则称 D 为 n 阶**有向圈图**，也可记作 C_n.

例如，在图 6-9 中，（1）～（3）分别为无向圈图 C_3，C_4，C_5，（4）～（7）分别为有向圈图 C_2，C_3，C_4，C_5，无向圈图 C_n 都是 2-正则图.

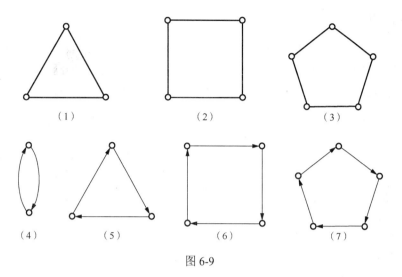

图 6-9

定义 6.15 在无向圈图 $C_{n-1}(n \geq 4)$ 内放置一个顶点，使该顶点与 C_{n-1} 上的每个顶点均相邻，所得的简单图称为 n 阶**轮图**，记为 W_n.

例如，在图 6-10 中，（1）～（3）分别为 W_4，W_5，W_6. 显然，W_n 的中心点的度数是 $(n-1)$ 度，圈上各顶点的度数均为 3 度.

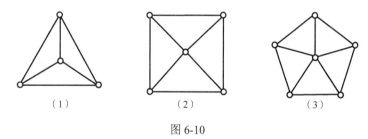

图 6-10

定义 6.16 设 $G = <V,E>$ 为 $2^n(n \geq 1)$ 阶无向简单图，$V = \{v \mid v = \alpha_1\alpha_2\cdots\alpha_n, \quad \alpha_i = 0$ 或 $1, \quad i = 1,2,\cdots,n\}$，$E = \{(u,v) \mid u,v \in V \wedge u$ 与 v 有且仅有一位数字不同$\}$，则称 G 为 n 阶**方体图**，记为 Q_n，如图 6-11 所示.

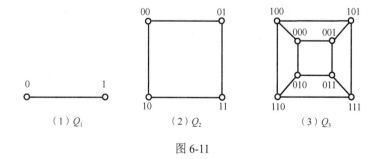

图 6-11

6.1.5　图的同构

图是表达事物之间关系的工具，因此，图最本质的内容是顶点和边的关联关系. 在实际画图时，由于顶点的位置不同，边的长短曲直不同，所以对于同一事物之间的关系可能画出不同形状的图来，如图 6-5 中的（3）与它的补图实际上是同一个图. 由此引入图的同构的概念.

定义 6.17　设两个图 $G = <V, E>$ 和 $G' = <V', E'>$，若存在一个双射函数 $f : V \to V'$，使得对任意的 $e = (v_i, v_j) \in E$（或者 $<v_i, v_j> \in E$）当且仅当 $e' = (f(v_i), f(v_j)) \in E'$（或者 $<f(v_i), f(v_j)> \in E'$），并且 e 与 e' 的重数相同，则称图 G 和 G' **同构**，记作 $G \cong G'$.

对于同构，形象地说，如果图的顶点可以任意挪动位置，而边是完全弹性的，只要在不拉断的条件下，一个图可以变形为另一个图，那么这两个图是同构的.

判断两个图是否同构是一个非常困难的问题，到目前为止，还只能从定义出发进行判断，两个图同构有以下几个必要条件：

（1）顶点数目相同；

（2）边数相同；

（3）度数相同的顶点数相同；

（4）度数相同的顶点的相邻点度数之和相同.

例 6.6　在图 6-12 中，证明：

（1）$G_1 \cong G_2$；（2）$G_3 \cong G_4$.

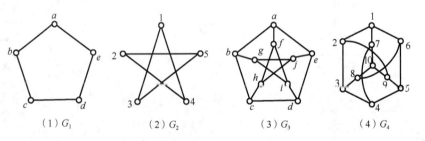

（1）G_1　　　（2）G_2　　　（3）G_3　　　（4）G_4

图 6-12

证明　（1）构造顶点集之间的双射函数 $f : V_1 \to V_2$ 如下：

$$f(a) = 1 , \quad f(b) = 3 , \quad f(c) = 5 , \quad f(d) = 2 , \quad f(e) = 4$$

容易验证，f 满足定义 6.17，所以 $G_1 \cong G_2$.

（2）构造顶点集之间的双射函数 $f : V_3 \to V_4$ 如下：

$$f(a) = 1 , \quad f(b) = 2 , \quad f(c) = 3 , \quad f(d) = 4 , \quad f(e) = 7$$
$$f(f) = 6 , \quad f(g) = 9 , \quad f(h) = 8 , \quad f(i) = 5 , \quad f(j) = 10$$

容易验证，f 满足定义 6.17，所以 $G_3 \cong G_4$.

例 6.7　图 6-13 中，证明 G_1 与 G_2 不同构.

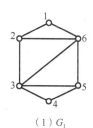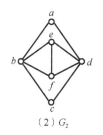

$(1)\ G_1$　　　　　　$(2)\ G_2$

图 6-13

证明 注意到，G_1 中点 1 和 4 是 2 度点，与 1 相邻的点 2 和点 6 的度数之和为 7，与 4 相邻的点 3 和点 5 的度数之和也为 7；而 G_2 中，点 a 和 c 是 2 度点，与 a 和 c 相邻的点 b 和点 d 的度数之和为 8，这说明 G_1 与 G_2 不同构.

6.2　图的连通性

6.2.1　通路和回路

定义 6.18 设 $G = <V, E>$，G 中的一个顶点和边交替出现的序列 $\Gamma = v_0 e_1 v_1 e_2 v_2 \cdots e_k v_k$ 称为 G 的一条从起点 v_0 到终点 v_k 的**通路**，其中 $e_i = (v_{i-1}, v_i)$（G 是有向图时，$e_i = <v_{i-1}, v_i>$），$i = 1, 2, \cdots, k$，通路 Γ 中所含的边数 k 称为**通路的长度**. 特别地，若 $v_0 = v_k$，则该通路称为**回路**.

在通路的定义中，边或顶点可以重复出现，但在实际应用中，常常要求经过的边不重复，或者经过的顶点不重复，所以就有了下面的定义.

定义 6.19 若通路（回路）上的边各不相同，则称为**简单通路**（**简单回路**）；若通路上的顶点各不相同，边也各不相同，则称为**初级通路**（或**基本通路**、**路径**）；若回路上除起点和终点相同外，没有别的相同顶点，则称为**初级回路**（或**基本回路**、**圈**）.

例如，在图 6-14 中，有通路：

$$v_1 e_1 v_2 e_2 v_1 e_3 v_3 e_7 v_3 e_7 v_3 e_8 v_4$$

回路：

$$v_1 e_1 v_2 e_2 v_1 e_3 v_3 e_4 v_2 e_1 v_1$$

简单通路：

$$v_1 e_1 v_2 e_2 v_1 e_3 v_3 e_8 v_4$$

简单回路：

$$v_1 e_3 v_3 e_7 v_3 e_4 v_2 e_1 v_1$$

初级通路：

$$v_1 e_3 v_3 e_8 v_4$$

初级回路：

$$v_1 e_3 v_3 e_8 v_4 e_5 v_2 e_1 v_1$$

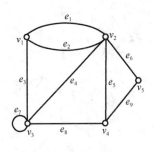

图 6-14

说明：（1）回路是通路的特殊情况，因而如果说某条通路，则它可能是回路．但当说初级通路时，一般是指它不是初级回路的情况．

（2）初级通路（回路）一定是简单通路（回路），反之不然．因为没有重复的顶点肯定没有重复的边，但没有重复的边不能保证一定没有重复的顶点．

（3）在不产生歧义的情况下，一条通路 $v_0 e_1 v_1 e_2 v_2 \cdots e_k v_k$ 也可以用边的序列 $e_1 e_2 \cdots e_k$ 来表示，这种表示方法对于有向图来说较为方便．在简单图中，还可以用顶点序列 $v_0 v_1 v_2 \cdots v_k$ 来表示．

（4）环是长度为 1 的圈，平行边是长度为 2 的圈，在简单图中，圈的长度至少为 3．

（5）在长为 l 的通路上有 $(l+1)$ 个顶点，在长为 l 的回路上有 l 个顶点．

例 6.8　（农夫过河问题）一位农夫带着一只狼、一只羊和一棵白菜，身处河的南岸，他需要把这些东西全部运到北岸．他面前只有一条小船，船上只能容下他和一件物品，另外只有农夫能撑船．因为狼能吃羊，而羊爱吃白菜，所以农夫不能留下羊和白菜自己离开，也不能留下狼和羊自己离开．好在狼属于食肉动物，它不吃白菜．农夫该采取什么方案才能将所有的东西运过河？

解　农夫的每一次摆渡是从一种状态进入到另一种状态，本题的目标是寻找从所有对象在河的南岸状态到所有对象在河的北岸状态的过程，可以用图来建模．设每种状态为图中的顶点，若两种状态之间可以通过一次摆渡来完成，则对应的顶点之间连一条边．用 4 位的二进制数来表示状态，分别表示农夫、狼、羊、白菜所处的位置，对应的二进制位为 0 表示在南岸，1 表示在北岸，如二进制数 1010 表示农夫和羊在北岸，狼和白菜在南岸，起始状态为 0000，终止状态为 1111，于是得到图 6-15．

图 6-15 中椭圆形顶点为安全状态，矩形顶点为不安全状态，因为它会出现狼吃羊或羊吃菜的情形，不妨去掉矩形顶点，得到图 6-16．由图 6-16 可得本题有两条路径，分别为

$$0000 \rightarrow 1010 \rightarrow 0010 \rightarrow 1110 \rightarrow 0100 \rightarrow 1101 \rightarrow 0101 \rightarrow 1111$$

或

$$0000 \rightarrow 1010 \rightarrow 0010 \rightarrow 1011 \rightarrow 0001 \rightarrow 1101 \rightarrow 0101 \rightarrow 1111$$

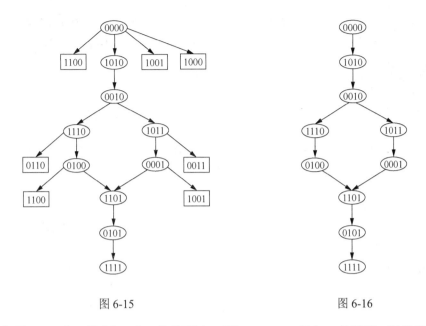

图 6-15　　　　　　　　　　　　图 6-16

定理 6.3　在 n 阶图 G 中，若从顶点 v_i 到 $v_j (v_i \neq v_j)$ 存在一条通路，则从顶点 v_i 到 v_j 存在长度小于或等于 $(n-1)$ 的通路.

证明　如果从顶点 v_i 到 v_j 存在一条通路，该通路上的顶点序列是 $v_i \cdots v_j$，如果在这条通路中有 l 条边，则序列中必有 $(l+1)$ 个顶点. 若 $l > n-1$，则必有顶点 v'，它在序列中不止一次出现，即必有顶点列 $v_i \cdots v' \cdots v' \cdots v_j$，去掉从 v' 到 v' 的这些边，得到的仍是从 v_i 到 v_j 的一条通路，但此通路比原来的通路边数要少，如此重复进行下去，必可得到一条从 v_i 到 v_j 的不多于 $(n-1)$ 条边的通路.

推论 1　在 n 阶图 G 中，若从顶点 v_i 到 $v_j (v_i \neq v_j)$ 存在一条通路，则从顶点 v_i 到 v_j 存在长度小于或等于 $(n-1)$ 的初级通路.

推论 2　在 n 阶图 G 中，若存在从顶点 v_i 到自身的回路，则一定存在从顶点 v_i 到自身长度小于或等于 n 的回路.

推论 3　在 n 阶图 G 中，若存在从顶点 v_i 到自身的回路，则一定存在从顶点 v_i 到自身长度小于或等于 n 的初级回路.

6.2.2　无向图的连通性

定义 6.20　在无向图 G 中，若顶点 u 与 v 之间存在通路，则称 u 与 v 是**连通**的. 规定任何顶点与自身总是连通的.

定义 6.21　若无向图的每一对不同顶点之间都有通路，则称该图为**连通图**.

例 6.9　无向图 $G = <V,E>$ 中顶点之间的连通关系 R 定义如下：
$$R = \{<u,v> | u,v \in V, \ u \text{ 与 } v \text{ 是连通的}\}$$
证明 R 是 V 上的等价关系.

证明　（1）自反性：对 $\forall v \in V$，由于规定任何顶点到自身都是连通的，所以 $<v,v> \in R$，故 R 是自反的.

（2）对称性：对 $\forall u, v \in V$，如果 $<u,v> \in R$，则从 u 到 v 存在通路，因为 G 是无向图，因此该通路也是从 v 到 u 的通路，从而 v 与 u 连通，即 $<v,u> \in R$，故 R 是对称的.

（3）传递性：对 $\forall u, v, w \in V$，如果 $<u,v> \in R$ 且 $<v,w> \in R$，则从 u 到 v 存在通路，从 v 到 w 也存在通路，于是存在从 u 到 w 的通路，从而 u 与 w 连通，即 $<u,w> \in R$，故 R 是传递的.

由（1）～（3）知，R 是 V 上的等价关系.

利用等价关系的特点，V 关于等价关系 R 的商集 V/R 是 V 的一个划分，每个划分块中的顶点都彼此连通，而两个不同划分块中的顶点都不连通.

定义 6.22 无向图 $G = <V, E>$ 中顶点之间的连通关系 R 的每个等价类导出的子图都称为 G 的一个**连通分支**，用 $p(G)$ 表示 G 中的连通分支个数.

显然，无向图 G 是连通图当且仅当 $p(G)=1$. G 的每个连通分支都是 G 的极大连通子图. 例如，图 6-17（1）是只有一个连通分支的连通图，图 6-17（2）是有两个连通分支的非连通图，如 v_1 与 v_6 不连通，它们分别位于两个不同的连通分支上，图 6-17（3）是有 3 个连通分支的非连通图.

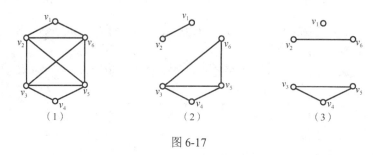

图 6-17

例 6.10 若一个图中恰有两个奇度数顶点，则这两个奇度点是连通的.

证明 根据定理 6.1 的推论，任一图中的奇度点个数为偶数，而连通分支也是图，所以若一个图中恰有两个奇度点，则这两个奇度点必然位于同一个连通分支中，所以这两个奇度点是连通的.

定义 6.23 设 u,v 是无向图 G 中的任意两个顶点，若 u 与 v 是连通的，则称 u 与 v 之间长度最短的通路为 u 与 v 之间的**短程线**，短程线的长度称为 u 与 v 之间的**距离**，记作 $d(u,v)$. 若 u 与 v 不连通，规定 $d(u,v) = \infty$.

例如，在图 6-18 中，v_1 到 v_7 的短程线有两条：$v_1 v_5 v_6 v_7$，$v_1 v_5 v_4 v_7$，$d(v_1, v_7) = 3$. v_3 到 v_7 的短程线只有一条：$v_3 v_4 v_7$，$d(v_3, v_7) = 2$. 易知，$d(v_1, v_5) = 1$，$d(v_1, v_8) = \infty$.

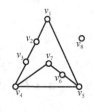

图 6-18

在一个图中，去掉一些顶点可能并不影响其他顶点之间的连通性，而去掉另一些顶点将使整个图分成更多的分支，很多顶点之间的连通性都会被破坏. 边也有类似的情况. 由此可见，在图的连通性中，一些顶点和边起到了非常关键的作用. 下面将讨论这些关键的顶点集和边集.

定义 6.24 设无向图 $G = <V, E>$，顶点子集 $V' \subsetneq V$，从 G 中删除 V' 中的所有顶点及其关联的边，称为**删除 V'**，把删除 V' 后的图记作 $G - V'$；又设边子集 $E' \subseteq E$，从 G

中删除 E' 中的所有边，称作**删除** E'，把删除 E' 后的图记作 $G - E'$.

定义 6.25　设无向图 $G = <V, E>$，

（1）若存在顶点子集 $V' \subsetneqq V$，使得 $p(G - V') > p(G)$，而对于任意的 $V'' \subsetneqq V'$，均有 $p(G - V'') = p(G)$，则称 V' 为 G 的一个**点割集**. 特别地，若点割集中只有一个顶点 v，则称 v 为**割点**.

（2）若存在边子集 $E' \subseteq E$，使得 $p(G - E') > p(G)$，而对于任意的 $E'' \subsetneqq E'$，均有 $p(G - E'') = p(G)$，则称 E' 为 G 的一个**边割集**. 特别地，若边割集中只有一条边 e，则称 e 为**割边**或**桥**.

割点反映的是道路交通图中的交通枢纽，而桥是两点之间的必经之路. 显然，所有的悬挂边都是桥.

在图 6-19 中，$\{v_1, v_4\}$，$\{v_2\}$，$\{v_5\}$ 是点割集，v_2, v_5 是割点，$\{v_2, v_3\}$ 不是点割集，因为 $\{v_2\}$ 已经是点割集了；$\{e_1, e_2\}$，$\{e_1, e_3\}$，$\{e_2, e_3\}$，$\{e_5\}$，$\{e_6\}$ 等都是边割集，e_5, e_6 是桥，$\{e_1, e_4, e_5\}$ 不是边割集，因为 $\{e_5\}$ 已经是边割集了.

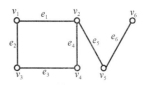

图 6-19

对于 n 阶无向图 G，当 $n \geq 2$ 时，任意一点 v 关联的所有边构成的集合必包含一个边割集.

定义 6.26　（1）设无向连通图 $G = <V, E>$，称 $\kappa(G) = \min\{|V'| \,|\, V' \text{为} G \text{的点割集}\}$ 为 G 的**点连通度**，规定完全图 K_n 的点连通度为 $(n-1)$，非连通图的点连通度为 0；

（2）设无向连通图 $G = <V, E>$，称 $\lambda(G) = \min\{|E'| \,|\, E' \text{为} G \text{的边割集}\}$ 为 G 的**边连通度**，规定非连通图的边连通度为 0.

点连通度 $\kappa(G)$ 是为了产生一个不连通图需要删去的点的最少数目. 类似地，边连通度 $\lambda(G)$ 是为了产生一个不连通图需要删去的边的最少数目. 规定平凡图的点连通度和边连通度均为 0.

图 6-19 所示的图中有割点和桥，所以 $\kappa(G) = 1$，$\lambda(G) = 1$.

定理 6.4　对于任何一个无向图 G，有

$$\kappa(G) \leq \lambda(G) \leq \delta(G)$$

其中 $\kappa(G)$，$\lambda(G)$ 和 $\delta(G)$ 分别是 G 的点连通度、边连通度和顶点的最小度.

证明　若 G 不连通，则 $\kappa(G) = \lambda(G) = 0$，故上式成立.

若 G 连通，先证 $\lambda(G) \leq \delta(G)$：

如果 G 是平凡图，则 $\lambda(G) = 0 \leq \delta(G)$；若 G 不是平凡图，则因每个顶点的所有关联边的集合必含一个边割集，故 $\lambda(G) \leq \delta(G)$.

再证 $\kappa(G) \leq \lambda(G)$：

当 $\lambda(G) = 1$ 时，即 G 有一个割边，显然这时 $\kappa(G) = 1$，上式成立.

当 $\lambda(G) \geq 2$ 时，则必可删去某 $\lambda(G)$ 条边，使 G 不连通，而删去其中 $(\lambda(G) - 1)$ 条边，它仍是连通的，且有一个桥 $e = (u, v)$. 对 $(\lambda(G) - 1)$ 条边中的每一条边都选取一个不同于 u, v 的端点，把这些端点删去则必然至少删去 $(\lambda(G) - 1)$ 条边. 若这样产生的图是不连通的，则 $\kappa(G) \leq \lambda(G) - 1 < \lambda(G)$；若这样产生的图是连通的，则 e 仍是桥，此时再删去 u

或 v，必产生一个不连通图，故 $\kappa(G) \leqslant \lambda(G)$.

由（1）和（2），得

$$\kappa(G) \leqslant \lambda(G) \leqslant \delta(G)$$

6.2.3　有向图的连通性

定义 6.27　在有向图 $D=<V,E>$ 中，若从顶点 u 到 v 存在通路，则称 u **可达** v.

规定：任何顶点与自身总是可达的.

例 6.11　有向图 $D=<V,E>$ 中顶点之间的可达关系 R 定义如下：

$$R=\{<u,v>|u,v\in V,u可达v\}$$

则 R 是自反的和传递的.

证明　（1）自反性：对 $\forall v\in V$，由于规定任何顶点到自身都是可达的，所以 $<v,v>\in R$，故 R 是自反的.

（2）传递性：对 $\forall u$，v，$w\in V$，如果 $<u,v>\in R$ 且 $<v,w>\in R$，则从 u 到 v 存在通路，从 v 到 w 存在通路，于是存在从 u 到 w 的通路，从而 u 可达 w，即 $<u,w>\in R$，故 R 是传递的.

同无向图的情况类似，若 u 可达 v，则称从 u 到 v 长度最短的通路为 u 到 v 的**短程线**，短程线的长度称为 u 到 v 的**距离**，记作 $d<u,v>$. 若 u 不可达 v，规定 $d<u,v>=\infty$.

对于有向图而言，顶点间的可达关系不再是等价关系，它仅仅是自反的和传递的. 一般来说不是对称的，因此有向图的连通较无向图要复杂些.

定义 6.28　设 $D=<V,E>$ 是一个有向图，

（1）略去 D 中所有有向边的方向，所得到的无向图是连通图，则称 D 是**弱连通**的；

（2）若 D 中任何一对顶点之间至少有一个顶点到另一个顶点是可达的，则称 D 是**单向连通**的；

（3）若 D 中任何一对顶点之间都是相互可达的，则称 D 是**强连通**的.

由定义 6.28 可知，若图 D 为强连通图则必为单向连通图，反之未必真；若图 D 为单向连通图则必为弱连通图，反之未必真.

例 6.12　判断图 6-20 中 4 个有向图的连通性.

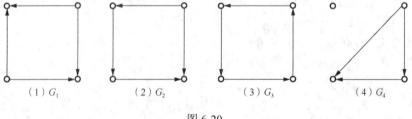

图 6-20

解　由定义 6.28 可知，G_1 是弱连通图，G_2 是单向连通图，G_3 是强连通图，G_4 是非连通图.

定理 6.5　有向图 D 是强连通图当且仅当 D 中存在一条经过所有顶点的回路.

证明 充分性：若 D 中有一回路，它至少经过每个顶点一次，则图中任何两个顶点沿着该回路都是相互可达的，所以图 D 是强连通图.

必要性：若有向图 D 是强连通的，则图中任何两个顶点都是相互可达的，不妨设 D 中的顶点为 $v_1, v_2, \cdots, v_n$，因为 v_i ($i = 1, 2, \cdots, n-1$) 可达 v_{i+1}，且 v_n 可达 v_1，所以 v_i 到 v_{i+1} 存在通路，且 v_n 到 v_1 存在通路，把这些通路首尾相接，就得到一条回路，显然所有顶点均在该回路中出现.

定理 6.6 有向图 D 是单向连通图当且仅当 D 中存在一条经过所有顶点的通路.

证明略.

例 6.13 判断图 6-21 中两个有向图的连通性.

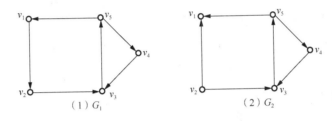

图 6-21

解 如图 6-21，由于 G_1 中存在一条经过所有顶点的回路 $v_1 v_2 v_3 v_5 v_4 v_3 v_5 v_1$，所以 G_1 是强连通图；G_2 中的 v_1 不可达任一点，但是 G_2 中存在一条经过所有顶点的通路 $v_2 v_3 v_5 v_4 v_3 v_5 v_1$，所以 G_2 是单向连通图.

6.3 图的矩阵表示

前面已经讨论了图的集合表示和图形表示，为了更好地让计算机处理图，图还可以用矩阵来表示，本节主要讨论图的关联矩阵、邻接矩阵、可达矩阵的表示及相关性质.

6.3.1 关联矩阵

1. 无向图的关联矩阵

定义 6.29 设无向图 $G = <V, E>$，$V = \{v_1, v_2, \cdots, v_n\}$，$E = \{e_1, e_2, \cdots, e_m\}$，令 m_{ij} 为顶点 v_i 与边 e_j 的关联次数，则称矩阵 $(m_{ij})_{n \times m}$ 为无向图 G 的**关联矩阵**，记作 $M(G)$.

例如，对于图 6-22，根据定义 6.29，可写出其关联矩阵为

$$M(G) = \begin{bmatrix} 1 & 1 & 1 & 0 & 0 & 0 \\ 1 & 1 & 0 & 1 & 0 & 0 \\ 0 & 0 & 1 & 1 & 2 & 1 \\ 0 & 0 & 0 & 0 & 0 & 1 \\ 0 & 0 & 0 & 0 & 0 & 0 \end{bmatrix}$$

　　反过来，若给定关联矩阵 $\boldsymbol{M}(G)$ ，则能唯一确定该矩阵所对应的无向图.

　　容易看出，无向图的关联矩阵具有下列性质：

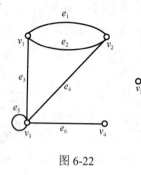

图 6-22

（1）$\displaystyle\sum_{i=1}^{n} m_{ij} = 2\,(j=1,2,\cdots,m)$ ，即矩阵的每列元素和均为 2，说明每条边关联两个顶点；

（2）$\displaystyle\sum_{j=1}^{m} m_{ij} = d(v_i)\,(i=1,2,\cdots,n)$ ，即矩阵的每行元素和均为对应顶点的度数；

（3）$\displaystyle\sum_{i=1}^{n} d(v_i) = \sum_{i=1}^{n}\sum_{j=1}^{m} m_{ij} = \sum_{j=1}^{m}\sum_{i=1}^{n} m_{ij} = \sum_{j=1}^{m} 2 = 2m$ ，结论与握手定理一致；

（4）若有两列完全一致，则对应的两条边为平行边；

（5）若某一列仅有一个 2，则对应的边为环.

2. 有向图的关联矩阵

　　定义 6.30　设无环有向图 $D=<V,E>$ ，$V=\{v_1,v_2,\cdots,v_n\}$ ，$E=\{e_1,e_2,\cdots,e_m\}$ ，令

$$m_{ij} = \begin{cases} 1, & v_i\text{为}e_j\text{的起点} \\ 0, & v_i\text{与}e_j\text{不关联} \\ -1, & v_i\text{为}e_j\text{的终点} \end{cases}$$

则称矩阵 $(m_{ij})_{n\times m}$ 为有向图 D 的**关联矩阵**，记作 $\boldsymbol{M}(D)$.

　　例如，对于图 6-23，根据定义 6.30，可写出其关联矩阵为

$$\boldsymbol{M}(D) = \begin{bmatrix} 1 & 1 & -1 & 1 & 0 & 0 \\ -1 & -1 & 0 & 0 & -1 & 0 \\ 0 & 0 & 1 & -1 & 1 & 1 \\ 0 & 0 & 0 & 0 & 0 & -1 \\ 0 & 0 & 0 & 0 & 0 & 0 \end{bmatrix}$$

　　反过来，若给定关联矩阵 $\boldsymbol{M}(D)$ ，则能唯一确定该矩阵所对应的有向图.

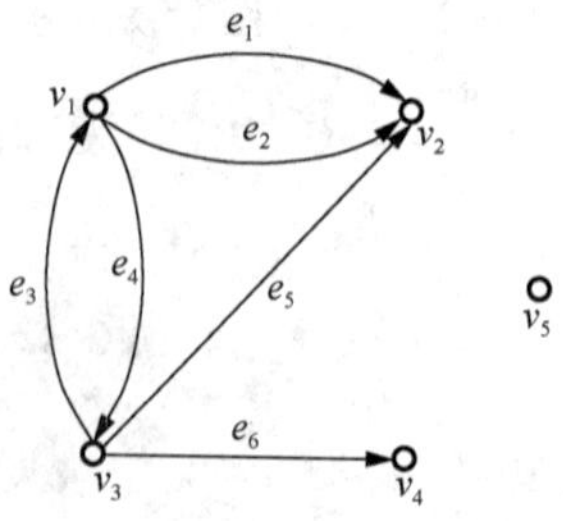

　　容易看出，有向图的关联矩阵具有下列性质：

图 6-23

（1）$\displaystyle\sum_{i=1}^{n} m_{ij} = 0(j=1,2,\cdots,m)$ ，即矩阵的每列元素和均为 0，说明每条有向边有一个出度和一个入度；

（2）$\displaystyle\sum_{j=1}^{m}(m_{ij}=1) = d^{+}(v_i)(i=1,2,\cdots,n)$ ，$\displaystyle\sum_{j=1}^{m}(m_{ij}=-1) = -d^{-}(v_i)$ $(i=1,2,\cdots,n)$ ，即矩阵的每行元素中为 1 的个数等于对应顶点的出度，为 –1 的个数等于对应顶点的入度；

（3）$\sum\limits_{i=1}^{n}d^{+}(v_{i})=\sum\limits_{i=1}^{n}\sum\limits_{j=1}^{m}(m_{ij}=1)=\sum\limits_{j=1}^{m}\sum\limits_{i=1}^{n}(m_{ij}=1)=\sum\limits_{j=1}^{m}1=m$，类似地，有 $\sum\limits_{i=1}^{n}d^{-}(v_{i})=m$，结论与握手定理一致；

（4）若有两列完全一致，则对应的两条边为平行边．

6.3.2 邻接矩阵

1. 无向图的邻接矩阵

定义 6.31 设无向图 $G=<V,E>$，$V=\{v_{1},v_{2},\cdots,v_{n}\}$，令

$$a_{ij}=\begin{cases}0, & (v_{i},v_{j})\notin E\\1, & (v_{i},v_{j})\in E\end{cases}$$

则称矩阵 $(a_{ij})_{n\times n}$ 为无向图 G 的**邻接矩阵**，记作 $A(G)$，简记为 $\boldsymbol{A}$．

无向简单图的邻接矩阵为对称的 0-1 矩阵，且对角线上全为 0．例如，图 6-24 所示的无向图的邻接矩阵为

$$\boldsymbol{A}=\begin{bmatrix}0 & 1 & 1 & 0\\1 & 0 & 1 & 1\\1 & 1 & 0 & 0\\0 & 1 & 0 & 0\end{bmatrix}$$

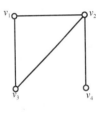

图 6-24

2. 有向图的邻接矩阵

定义 6.32 设有向图 $D=<V,E>$，$V=\{v_{1},v_{2},\cdots,v_{n}\}$，令 $a_{ij}^{(1)}$ 为顶点 v_{i} 邻接到顶点 v_{j} 的边数，则称矩阵 $(a_{ij}^{(1)})_{n\times n}$ 为有向图 D 的**邻接矩阵**，记作 $A(D)$，简记为 $\boldsymbol{A}$．

例如，图 6-25 所示的有向图的邻接矩阵为

$$\boldsymbol{A}=\begin{bmatrix}0 & 2 & 1 & 0\\0 & 0 & 0 & 0\\1 & 1 & 1 & 1\\1 & 0 & 0 & 0\end{bmatrix}$$

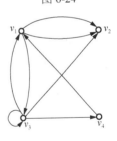

图 6-25

从有向图的邻接矩阵可以得到如下性质：

（1）$\sum\limits_{j=1}^{n}a_{ij}^{(1)}=d^{+}(v_{i})\ (i=1,2,\cdots,n)$，从而有 $\sum\limits_{i=1}^{n}\sum\limits_{j=1}^{n}a_{ij}^{(1)}=\sum\limits_{i=1}^{n}d^{+}(v_{i})=m$，它正确地反映了握手定理．同样有 $\sum\limits_{i=1}^{n}a_{ij}^{(1)}=d^{-}(v_{j})\ (j=1,2,\cdots,n)$，从而有 $\sum\limits_{j=1}^{n}\sum\limits_{i=1}^{n}a_{ij}^{(1)}=\sum\limits_{j=1}^{n}d^{-}(v_{j})=m$．

（2）邻接矩阵中元素 $a_{ij}^{(1)}$ 为顶点 v_{i} 到顶点 v_{j} 长度为 1 的通路数，则 $\sum\limits_{i=1}^{n}\sum\limits_{j=1}^{n}a_{ij}^{(1)}$ 为 D 中所有长度为 1 的通路总数，邻接矩阵对角线元素的和 $\sum\limits_{i=1}^{n}a_{ii}^{(1)}$ 为 D 中所有长度为 1 的回

路总数.

现在的问题是，能否求出任意两点之间长度为 $2,3,4,\cdots$ 的通路数和回路数及 D 中所有这样的通路和回路的总数？

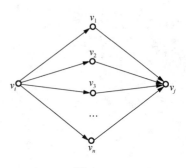

图 6-26

先讨论如何求得给定的两个顶点之间长度为 2 的通路数. 如图 6-26 所示，图中 v_i 到 v_j 中间结点为 v_1 的长度为 2 的通路数为 $a_{i1}^{(1)} \times a_{1j}^{(1)}$，同理，$v_i$ 到 v_j 中间结点为 v_2 的长度为 2 的通路数为 $a_{i2}^{(1)} \times a_{2j}^{(1)}$，$\cdots$，$v_i$ 到 v_j 中间结点为 v_n 的长度为 2 的通路数为 $a_{in}^{(1)} \times a_{nj}^{(1)}$，所以 v_i 到 v_j 长度为 2 的通路总数为 $a_{i1}^{(1)} \times a_{1j}^{(1)} + a_{i2}^{(1)} \times a_{2j}^{(1)} + \cdots + a_{in}^{(1)} \times a_{nj}^{(1)} = \sum_{k=1}^{n} a_{ik}^{(1)} \times a_{kj}^{(1)}$，记为 $a_{ij}^{(2)}$，该值实际上就是 $A^2 = A \times A$ 的第 i 行第 j 列的元素值.

由此得到，矩阵 $A^2 = (a_{ij}^{(2)})_{n \times n}$ 的元素 $a_{ij}^{(2)}$ 就是顶点 v_i 到 v_j 长度为 2 的通路数，同理，矩阵 $A^3 = (a_{ij}^{(3)})_{n \times n}$ 的元素 $a_{ij}^{(3)}$ 就是顶点 v_i 到 v_j 长度为 3 的通路数，以此类推.

定理 6.7 设 A 为有向图 $D = <V, E>$ 的邻接矩阵，$V = \{v_1, v_2, \cdots, v_n\}$，则 A 的 l 次幂 $A^l = (a_{ij}^{(l)})_{n \times n}$ 中的元素 $a_{ij}^{(l)}$ 为 D 中顶点 v_i 到 v_j 长度为 l 的通路数. 其中，$a_{ii}^{(l)}$ 为 D 中顶点 v_i 到自身长度为 l 的回路数，而 $\sum_{i=1}^{n}\sum_{j=1}^{n} a_{ij}^{(l)}$ 为 D 中所有长度为 l 的通路总数，$\sum_{i=1}^{n} a_{ii}^{(l)}$ 为 D 中所有长度为 l 的回路总数.

推论 设 $B_r = A + A^2 + \cdots + A^r (r \geqslant 1)$，则 B_r 中元素 $b_{ij}^{(r)}$ 为 D 中 v_i 到 v_j 长度小于或等于 r 的通路数，$\sum_{i=1}^{n}\sum_{j=1}^{n} b_{ij}^{(r)}$ 为 D 中所有长度小于或等于 r 的通路总数，$\sum_{i=1}^{n} b_{ii}^{(r)}$ 为 D 中所有长度小于或等于 r 的回路总数.

例 6.14 求图 6-27 中顶点 v_1 到 v_3 长度为 2,3 的通路数及图中所有长度为 2,3 的通路总数和回路总数.

解 图 6-27 的邻接矩阵为

$$A = \begin{bmatrix} 0 & 2 & 1 & 1 \\ 0 & 0 & 1 & 0 \\ 1 & 0 & 1 & 0 \\ 0 & 0 & 1 & 0 \end{bmatrix}$$

图 6-27

下面计算邻接矩阵的幂：

$$A^2 = \begin{bmatrix} 0 & 2 & 1 & 1 \\ 0 & 0 & 1 & 0 \\ 1 & 0 & 1 & 0 \\ 0 & 0 & 1 & 0 \end{bmatrix} \times \begin{bmatrix} 0 & 2 & 1 & 1 \\ 0 & 0 & 1 & 0 \\ 1 & 0 & 1 & 0 \\ 0 & 0 & 1 & 0 \end{bmatrix} = \begin{bmatrix} 1 & 0 & 4 & 0 \\ 1 & 0 & 1 & 0 \\ 1 & 2 & 2 & 1 \\ 1 & 0 & 1 & 0 \end{bmatrix}$$

$$a_{13}^{(2)} = 4 , \quad \sum_{i=1}^{4}\sum_{j=1}^{4}a_{ij}^{(2)} = 15 , \quad \sum_{i=1}^{4}a_{ii}^{(2)} = 3$$

所以图 6-27 中从顶点 v_1 到 v_3 长度为 2 的通路数为 4，长度为 2 的通路（含回路）总数为 15，其中有 3 条回路.

$$A^3 = \begin{bmatrix} 0 & 2 & 1 & 1 \\ 0 & 0 & 1 & 0 \\ 1 & 0 & 1 & 0 \\ 0 & 0 & 1 & 0 \end{bmatrix} \times \begin{bmatrix} 1 & 0 & 4 & 0 \\ 1 & 0 & 1 & 0 \\ 1 & 2 & 2 & 1 \\ 1 & 0 & 1 & 0 \end{bmatrix} = \begin{bmatrix} 4 & 2 & 5 & 1 \\ 1 & 2 & 2 & 1 \\ 2 & 2 & 6 & 1 \\ 1 & 2 & 2 & 1 \end{bmatrix}$$

$$a_{13}^{(3)} = 5 , \quad \sum_{i=1}^{4}\sum_{j=1}^{4}a_{ij}^{(3)} = 35 , \quad \sum_{i=1}^{4}a_{ii}^{(3)} = 13$$

所以图 6-27 中从顶点 v_1 到 v_3 长度为 3 的通路数为 5，长度为 3 的通路（含回路）总数为 35，其中有 13 条回路.

6.3.3 有向图的可达矩阵

定义 6.33 设有向图 $D = <V, E>$，$V = \{v_1, v_2, \cdots, v_n\}$，令

$$p_{ij} = \begin{cases} 1, & v_i \text{可达} v_j \\ 0, & \text{否则} \end{cases}$$

则称矩阵 $(p_{ij})_{n \times n}$ 为有向图 D 的**可达矩阵**，记作 $\boldsymbol{P}(D)$，简记为 $\boldsymbol{P}$.

因为规定顶点到自身是可达的，所以 $\boldsymbol{P}(D)$ 主对角线上的元素全为 1. 例如，图 6-28 所示的有向图的可达矩阵为

$$P = \begin{bmatrix} 1 & 1 & 0 & 1 \\ 0 & 1 & 0 & 0 \\ 1 & 1 & 1 & 1 \\ 0 & 0 & 0 & 1 \end{bmatrix}$$

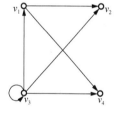

图 6-28

对于不同的两个顶点，若顶点 v_i 到 v_j 是可达的，即存在从顶点 v_i 到 v_j 的通路，根据定理 6.3，两点之间必存在一条长度小于或等于 $(n-1)$ 的通路，则 $b_{ij}^{(n-1)} = a_{ij}^{(1)} + a_{ij}^{(2)} + \cdots + a_{ij}^{(n-1)} > 0$；否则，若顶点 v_i 到 v_j 是不可达的，则 $b_{ij}^{(n-1)} = 0$. 所以可达矩阵可以用下面的方法求得：

$$p_{ij} = \begin{cases} 1, & b_{ij}^{(n-1)} > 0 \\ 0, & \text{否则} \end{cases} \quad (i \neq j)$$

$$p_{ii} = 1$$

例如，求图 6-28 所示的有向图的可达矩阵时，可先求出：

$$B_3 = A + A^2 + A^3 = \begin{bmatrix} 0 & 1 & 0 & 1 \\ 0 & 0 & 0 & 0 \\ 1 & 1 & 1 & 1 \\ 0 & 0 & 0 & 0 \end{bmatrix} + \begin{bmatrix} 0 & 0 & 0 & 0 \\ 0 & 0 & 0 & 0 \\ 1 & 2 & 1 & 2 \\ 0 & 0 & 0 & 0 \end{bmatrix} + \begin{bmatrix} 0 & 0 & 0 & 0 \\ 0 & 0 & 0 & 0 \\ 1 & 2 & 1 & 2 \\ 0 & 0 & 0 & 0 \end{bmatrix} = \begin{bmatrix} 0 & 1 & 0 & 1 \\ 0 & 0 & 0 & 0 \\ 3 & 5 & 3 & 5 \\ 0 & 0 & 0 & 0 \end{bmatrix}$$

则有

$$P = \begin{bmatrix} 1 & 1 & 0 & 1 \\ 0 & 1 & 0 & 0 \\ 1 & 1 & 1 & 1 \\ 0 & 0 & 0 & 1 \end{bmatrix}$$

可以利用有向图的可达矩阵来判断有向图的连通性：若可达矩阵 P 的元素全为 1，则有向图是强连通图；若 $P + P^T$ 的元素全为 1，则有向图是单向连通图．

可达矩阵的定义是针对有向图而言的，但无向图也适用，因为无向图的一条无向边可以看成两条方向相反的有向边，因此一个无向图可当作一个有向图来处理，只不过此时图的邻接矩阵是一个对称矩阵．在无向图中，按上述可达矩阵求解方法得到的可达矩阵称为**连通矩阵**，连通矩阵也是一个对称矩阵．

6.4　一些特殊的图

6.4.1　二部图

1．二部图的定义

定义 6.34　若无向图 $G = <V, E>$ 的顶点集 V 能够被划分为两个子集 V_1 和 V_2，满足 $V_1 \cap V_2 = \varnothing$，且 $V_1 \cup V_2 = V$，使得 G 的任意一条边的两个端点，一个属于 V_1，另一个属于 V_2，则称 G 为**二部图**（或偶图、二分图），V_1 和 V_2 称为**互补顶点子集**，二部图通常记为 $G = <V_1, V_2, E>$．

由定义 6.34 可知，二部图 $G = <V_1, V_2, E>$ 中没有两个端点全在 V_1 或全在 V_2 的边，故二部图没有环，平凡图和零图可看成特殊的二部图．

定义 6.35　设二部图 $G = <V_1, V_2, E>$，若 V_1 中的每个顶点与 V_2 中的每个顶点都有且仅有一条边相关联，则称 G 为**完全二部图**，记为 $K_{r,s}$，其中 $r = |V_1|$，$s = |V_2|$．

例 6.15　判断图 6-29 中哪些是二部图？哪些是完全二部图？

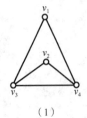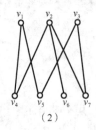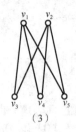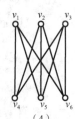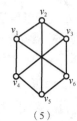

（1）　　　（2）　　　（3）　　　（4）　　　（5）

图 6-29

解 利用定义 6.34，容易看出图 6-29 中（2）～（4）是二部图，而（1）和（5）不容易看出，但把图（4）中的 v_2 和 v_5 互换位置后可变为图（5），所以图（5）是二部图. 在图（1）中，顶点 v_2，v_3，v_4 两两相邻，不管怎么分，总有一个顶点子集包含其中的两个点，因此不是二部图.

利用定义 6.35，图（3）中互补顶点子集 $V_1 = \{v_1, v_2\}$ 中的每个顶点与 $V_2 = \{v_3, v_4, v_5\}$ 中的每个顶点都有边相连，所以是完全二部图 $K_{2,3}$. 同理，图（4）和图（5）也是完全二部图 $K_{3,3}$. 而图（2）中互补顶点子集 V_1 中的顶点 v_1 与 V_2 中的顶点 v_6 没有边相连，所以不是完全二部图.

2. 二部图的判断

定理 6.8 一个无向图是二部图当且仅当图中无奇数长度的回路.

证明 必要性：设 G 是二部图 $G = <V_1, V_2, E>$，若 G 中无回路，结论显然成立. 若 G 中有回路，把 V_1 中的点染成红色，V_2 中的点染成蓝色，则 G 中任一回路上点的颜色必为红蓝交替出现，红点与蓝点的数量相同，从而回路上有偶数个点，偶数条边，所以回路的长度为偶数.

充分性：若图 G 的所有回路长度均为偶数，可设图 G 为连通图（若 G 不是连通图，则用下面同样的方法证明图 G 的各个连通分支是二部图）. 设 v 为 G 中任一顶点，令
$$V_1 = \{u | v \in V, d(u,v) \text{为偶数}\}$$
$$V_2 = \{u | v \in V, d(u,v) \text{为奇数}\}$$
则 $V_1 \cap V_2 = \varnothing$，$V_1 \cup V_2 = V$. 下面证明 V_1 中任两个顶点不相邻，V_2 中任两个顶点不相邻.

若图 G 中有边 $e = (v_i, v_j)$，且 $v_i, v_j \in V_1$（或属于 V_2），设 u 到 v_i 和 v_j 的短程线分别为 Γ_1 和 Γ_2，则 Γ_1 和 Γ_2 的长度均为偶数（或均为奇数），于是 $\Gamma_1 \cup \Gamma_2 \cup e$ 是 G 中奇数长的回路，这与已知矛盾，所以图 G 是二部图.

例如，图 6-29（1）中存在长度为 3 的回路 $v_2 v_3 v_4 v_2$，所以它不是二部图.

3. 匹配

与二部图紧密相关的是匹配问题.

定义 6.36 设二部图 $G = <V_1, V_2, E>$，$E' \subseteq E$，若 E' 中的边互不相邻（即任意两条边没有公共端点），则称 E' 为 G 的**匹配**. 若在 E' 中再添加任意一条边后所得到的边子集不再是匹配，则称 E' 为 G 的**极大匹配**. G 中边数最多的匹配称为 G 的**最大匹配**.

又设 $|V_1| \leq |V_2|$，E' 是 G 的匹配. 若 $|E'| = |V_1|$，则称 E' 为从 V_1 到 V_2 的**完备匹配**；当 $|V_1| = |V_2|$ 时，完备匹配称为**完美匹配**.

例如，在图 6-30（1）中的实线边是最大匹配，但不是完备匹配，图 6-30（2）中的实线边是完备匹配，但不是完美匹配，图 6-30（3）中的实线边是完美匹配.

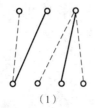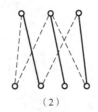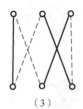

　　　　　（1）　　　　　　　　　　（2）　　　　　　　　　　（3）

图 6-30

　　二部图是否存在完备匹配的问题已经得到很好的解决，下面给出其充分必要条件.

　　定理 6.9（霍尔定理）　二部图 $G = <V_1, V_2, E>$ 中存在从 V_1 到 V_2 的完备匹配当且仅当 V_1 中任意 k 个顶点至少与 V_2 中的 k 个顶点相邻，$k = 1, 2, \cdots, |V_1|$.

　　定理 6.9 中的条件通常称为**相异性条件**.

　　如图 6-30（2）、（3）所示的二部图满足相异性条件故存在完备匹配，如图 6-30（1）所示的二部图不满足相异性条件，故没有完备匹配.

　　判断一个二部图是否满足相异性条件通常比较复杂，因为要计算 V_1 的所有子集的邻接点集合，共 $2^{|V_1|}$ 个，当 $|V_1|$ 比较大时，几乎不可能计算. 下面给出一个判断二部图是否存在完备匹配的充分条件，对于任何二部图来说，都很容易确定这些条件. 因此，在考察相异性条件之前，应首先试用这个充分条件.

　　定理 6.10　设二部图 $G = <V_1, V_2, E>$，如果存在 $t \in \mathbf{Z}^+$，使得

　　（1）V_1 中每个顶点至少关联 t 条边；

　　（2）V_2 中每个顶点至多关联 t 条边.

则 G 中存在从 V_1 到 V_2 的完备匹配.

　　证明　由条件（1）知，V 中的 k 个顶点至少关联 tk 条边（$1 \leqslant k \leqslant |V_1|$），由条件（2）知，这 tk 条边至少与 V_2 中的 k 个顶点相关联，于是 V_1 中的 k 个顶点至少与 V_2 中的 k 个顶点相邻接，因而满足相异性条件，所以 G 中存在从 V_1 到 V_2 的完备匹配.

　　定理 6.10 中的条件通常称为 **t 条件**. 判断 t 条件非常简单，只需要计算 V_1 中顶点的最小度 δ 和 V_2 中顶点的最大度 Δ 即可. 如图 6-30（2）、（3）所示的二部图满足 t 条件，两图均可取 $t = 2$，故存在完备匹配.

6.4.2　欧拉图

　　哥尼斯堡（现名加里宁格勒，属于俄罗斯）城有一条横贯全城的普雷格尔河，河中有两座小岛，政府在河两岸与两座小岛的各部分间架设了七座桥. 每逢假日，城中居民到岛上游玩，有人提出了这样一个问题：能不能设计一次"遍游"，使得从某地出发对每座桥只走一次，并在遍历了七座桥之后又能回到出发地.

　　1936 年，瑞士数学家欧拉发表了图论的第一篇论文《哥尼斯堡七桥问题无解》，标志着图论的诞生. 在图 6-31 中画出了哥尼斯堡城图，城市的 4 个陆地部分分别标以 A, B, C, D，将陆地设想为图的顶点，把桥画成相应的连接边，这样城图就可简化成图 6-32，于是通过哥尼斯堡城中每座桥一次且仅一次的问题，等价于在图 6-32 中从某一顶点出

发找一条通路，通过它的每条边一次且仅一次，并回到原顶点.

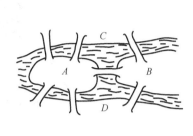 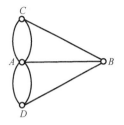

图 6-31　　　　　　　　　　　　　图 6-32

以上问题等价于对图进行一笔画问题. 判定一个图是否可一笔画有两种画法: 一种是从图中某一顶点出发经过图的每条边一次且仅一次到达另一顶点; 另一种是从图的某个顶点出发，经过图的每条边一次且仅一次再回到开始顶点. 显然，哥尼斯堡七桥问题属于第二种一笔画问题.

当对一个图一笔画时，若从图的某个点开始画第一条边，则开始顶点关联的边数加 1，而之后每到一个顶点，只要这个顶点不是终点，该顶点有进去的边就必然有出来的边，故这些顶点关联的边数每次都会加偶数条. 若最后回到出发点，则最后一个顶点还是开始顶点，故开始顶点关联的边数再增加 1，所以开始顶点关联的边数也是偶数条. 因此，若一笔画时要重回出发点，则连接每个顶点的边数必须是偶数条（即每个点都是偶度点）. 欧拉注意到，哥尼斯堡七桥问题中每个顶点都连接着奇数条边，因此不可能一笔画出，这也就是说不存在一次走遍七座桥，而每座桥只允许通过一次的走法. 欧拉在论文中提出了一条简单的准则，确定了哥尼斯堡七桥问题是不可解的.

定义 6.37　设 G 是无孤立顶点的图，经过图的每条边一次且仅一次的通路称为**欧拉通路**，经过图的每条边一次且仅一次的回路称为**欧拉回路**，具有欧拉回路的图称为**欧拉图**.

规定: 平凡图是欧拉图.

定理 6.11　无向图 G 具有欧拉回路当且仅当 G 是连通的并且没有奇度顶点.

证明　必要性: 设 G 具有一条欧拉回路 $C = v_0 e_1 v_1 e_2 v_2 \cdots e_n v_n$，$v_0 = v_n$，则 C 经过 G 中的每条边，由于 G 中无孤立顶点，因而 C 经过 G 的所有顶点，所以 G 是连通的.

对欧拉回路 C 上的任意一个顶点 v，在 C 中每出现一次，都关联两条边，而当 v 再次出现时，它又关联另外的两条边. 由于在回路 C 中边不重复出现，因而 v 每出现一次都将获得 2 度，若 v 在 C 中出现 p 次，则 $d(v) = 2p$. 因而 G 中无度数为奇数的顶点.

充分性: 从 G 中任意一个顶点出发，构造一条欧拉回路，以每条边最多经过一次的方式通过图中的边. 由于每个顶点的度数都是偶数，所以通过一条边进入一个顶点，总可以通过一条未经过的边离开这个顶点，因此，这样的构造一定会以回到出发点而告终. 如果图中所有的边已用这种方式经过了，显然这就是所求的欧拉回路. 否则，就去掉已经经过的边，得到一个由剩余的边组成的子图，这个子图中所有顶点的度数仍均为偶数. 因为原来的图是连通的，所以这个子图必与已经经过的回路在一个或多个顶点相接. 从这些相接顶点中的任一个顶点开始, 再按上述方法通过边构造回路, 因为顶点的度数全是偶数, 所以这条路一定最终回到起点. 将这条回路加到已构造好的回路中间可组合成一条更长的回路. 如有必要, 将这一过程重复下去, 直到得到一条通过图中所有边的回路, 即欧拉回路.

推论 无向图 G 具有欧拉通路当且仅当 G 是连通的并且恰有 2 个奇度顶点, 这 2 个奇度顶点是欧拉通路的端点.

定理 6.12 有向图 D 具有欧拉回路当且仅当 D 是连通的并且每个顶点的入度等于出度. 有向图 D 具有欧拉通路当且仅当 D 是连通的并且有一个顶点的入度比出度小 1, 还有一个顶点的入度比出度大 1, 其余顶点的入度均等于出度, 所有欧拉通路以前一个顶点为起点, 以后一个顶点为终点.

图 6-32 中的 4 个顶点的度数都是奇数, 故不存在欧拉回路, 哥尼斯堡七桥问题无解, 即任何人都不可能不重复地走完七座桥, 最后回到出发地点.

例 6.16 判断图 6-33 中的各图是否有欧拉回路和欧拉通路.

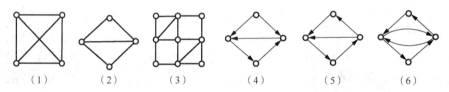

图 6-33

解 根据定理 6.11 及其推论得, 图 6-33 (1) 的 4 个顶点都是奇度顶点, 故无欧拉通路, 更无欧拉回路; 图 6-33 (2) 中恰有 2 个顶点是奇度顶点, 故有欧拉通路, 但无欧拉回路; 图 6-33 (3) 中没有奇度顶点, 故存在欧拉回路, 当然更有欧拉通路.

同样, 由定理 6.12 得, 图 6-33 (4) 中有一个顶点的出度比入度多 2, 故无欧拉通路, 更无欧拉回路; 图 6-33 (5) 中恰有 1 个顶点的入度比出度小 1, 还有一个顶点的入度比出度大 1, 其余顶点的入度均等于出度, 所有存在欧拉通路, 但无欧拉回路; 图 6-33 (6) 中所有顶点的入度均等于出度, 故存在欧拉回路, 当然更有欧拉通路.

当一个无向连通图 G 中至多有 2 个奇度顶点时, 如何找到它的欧拉回路(通路)呢? 一般来说, G 中存在若干条欧拉回路(通路), 下面介绍一种求欧拉回路(通路)算法, 称为**弗罗莱(Fleury)算法**, 其具体步骤如下:

(1) 任取 $v_0 \in V$ (当有奇度顶点时, v_0 是 G 的奇度顶点), 令 $\varGamma_0 = v_0$.

(2) 设 $\varGamma_i = v_0 e_1 v_1 e_2 \cdots e_i v_i$ 是已经求得的一条路, 按下面方法来从 $E - \{e_1, e_2, \cdots, e_i\}$ 中选取 e_{i+1}.

① e_{i+1} 与 v_i 相关联;

② 除非无别的边可供选择, 否则 e_{i+1} 不应该选择 $G_i = G - \{e_1, e_2, \cdots, e_i\}$ 中的桥 (所谓桥是一条删除后使连通图不再连通的边, 本步要求能不走桥就不走桥).

设 $e_{i+1} = (v_i, v_{i+1})$, 把 $e_{i+1} v_{i+1}$ 加入 $\varGamma_i$, 得 $\varGamma_{i+1} = v_0 e_1 v_1 e_2 \cdots e_i v_i e_{i+1} v_{i+1}$.

(3) 重复步骤 (2) 直到找不出边为止, 此时, 所得路即是一条欧拉回路(通路).

例 6.17 如图 6-34（1）所示是一个欧拉图，用弗罗莱算法求它的一个欧拉回路.

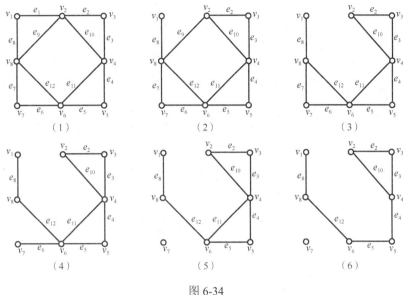

（1）　　　　　　　　　（2）　　　　　　　　　（3）

（4）　　　　　　　　　（5）　　　　　　　　　（6）

图 6-34

解 根据弗罗莱算法，第 1 次循环：在图 6-34（1）中，假设从 v_1 出发，令 $\Gamma_0 = v_1$，因为 e_1 与 v_1 相关联，并且 e_1 不是 G 中的桥，所以把 $e_1 v_2$ 加入 Γ_0，得 $\Gamma_1 = v_1 e_1 v_2$.

第 2 次循环：在图 6-34（2）中，因为 e_9 与 v_2 相关联，并且 e_9 不是 $G_1 = G - \{e_1\}$ 中的桥，所以把 $e_9 v_8$ 加入 Γ_1，得 $\Gamma_2 = v_1 e_1 v_2 e_9 v_8$.

第 3 次循环：在图 6-34（3）中，虽然 e_8 与 v_8 相关联，但是 e_8 是 $G_2 = G - \{e_1, e_9\}$ 中的桥，所以不选择 e_8. 因为 e_7 与 v_8 相关联，并且 e_7 不是 G_2 中的桥，所以把 $e_7 v_7$ 加入 Γ_2，得 $\Gamma_3 = v_1 e_1 v_2 e_9 v_8 e_7 v_7$.

第 4 次循环：在图 6-34（4）中，因为只有 e_6 与 v_7 相关联，所以把 $e_6 v_6$ 加入 Γ_3，得 $\Gamma_4 = v_1 e_1 v_2 e_9 v_8 e_7 v_7 e_6 v_6$.

第 5 次循环：在图 6-34（5）中，虽然 e_{12} 与 v_6 相关联，但是 e_{12} 是 $G_4 = G - \{e_1, e_9, e_7, e_6\}$ 中的桥，所以不选择 e_{12}. 因为 e_{11} 与 v_6 相关联，并且 e_{11} 不是 G_4 中的桥，所以把 $e_{11} v_4$ 加入 Γ_4，得 $\Gamma_5 = v_1 e_1 v_2 e_9 v_8 e_7 v_7 e_6 v_6 e_{11} v_4$.

第 6 次循环：在图 6-34（6）中，虽然 e_4 与 v_4 相关联，但是 e_4 是 $G_5 = G - \{e_1, e_9, e_7, e_6, e_{11}\}$ 中的桥，所以不选择 e_4. 因为 e_{10} 与 v_4 相关联，并且 e_{10} 不是 G_5 中的桥，所以把 $e_{10} v_2$ 加入 Γ_5，得 $\Gamma_6 = v_1 e_1 v_2 e_9 v_8 e_7 v_7 e_6 v_6 e_{11} v_4 e_{10} v_2$.

在剩余的循环中，由于 $G_6 = G - \{e_1, e_9, e_7, e_6, e_{11}, e_{10}\}$ 中的边全都是桥了，按顺序选取与 v_i 相关联的 e_{i+1} 即可，即依次往 Γ_i 中加入 $e_2 v_3$，$e_3 v_4$，$e_4 v_5$，$e_5 v_6$，$e_{12} v_8$，$e_8 v_1$，从而得到一条欧拉回路：

$$\Gamma_{12} = v_1 e_1 v_2 e_9 v_8 e_7 v_7 e_6 v_6 e_{11} v_4 e_{10} v_2 e_2 v_3 e_3 v_4 e_4 v_5 e_5 v_6 e_{12} v_8 e_8 v_1$$

6.4.3 哈密尔顿图

图论中还有一个看上去与欧拉图问题相似的问题，即哈密尔顿图问题. 欧拉图问题考虑边的遍历性，哈密尔顿图问题则考虑点的遍历性.

英国数学家哈密尔顿（Hamilton）在 1859 年发明了一种游戏，他将世界上 20 个著名的城市的名字分别标在一个由 12 个正五边形组成的正十二面体的 20 个顶点上. 要求玩游戏的人从任一顶点出发，沿正十二面体的棱前进，经过每个顶点一次且仅一次，并回到出发点. 哈密尔顿把这个游戏称为"周游世界". 如果我们以正十二面体的顶点作为点，相应的棱作为边，就得到图 6-35（1）. 因为每个点须经过且只经过一次，所以我们找的是一条经过所有 20 个顶点的初级回路，图 6-35（2）所示就是这样一条回路.

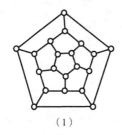　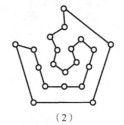

（1）　　　　　　　　　　　（2）

图 6-35

定义 6.38　经过图中每个顶点一次且仅一次的初级通路称为**哈密尔顿通路**，经过图中每个顶点一次且仅一次的初级回路称为**哈密尔顿回路**，具有哈密尔顿回路的图称为**哈密尔顿图**.

规定：平凡图是哈密尔顿图.

根据上面的定义，可直接得出下面的结论：

（1）每个哈密尔顿图都连通且每个顶点的度数均大于等于 2；

（2）若一个图有哈密尔顿回路，则任何顶点所关联的边一定有两条在该哈密尔顿回路上；

（3）若一个图有哈密尔顿回路，则该哈密尔顿回路上的部分边不可能组成一个未经过所有顶点的初级回路.

从这些结论可以判断某些图不是哈密尔顿图.

例 6.18　证明图 6-36 不是哈密尔顿图.

证明　若图 G 中存在一个哈密尔顿回路 H，根据上面的结论（2）知，边(a,b)，(a,f)，(c,b)，(c,d)，(e,d)和(e,f)必须在 H 中. 这 6 条边组成了一个初级回路 $abcdefa$，但它不包含图 6-36 的所有顶点. 根据上面的结论（3）知，图 6-36 中不存在一条哈密尔顿回路.

判断一个图是否是哈密尔顿图，可以借助定义及上面给出的 3 个结论，还可以利用一些简单的性质证明一个图中没有哈密尔顿回路. 例如，若图中有度数为 1 的顶点，则必没有哈密尔顿回路；若图中有度数为 2 的顶点，则关联这个顶点的两条边必属于任意一条

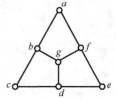

图 6-36

哈密尔顿回路；若一条哈密尔顿回路包含某个顶点及与它关联的两条边时，此顶点的其他所有边必不会出现在这条哈密尔顿回路中.

上述方法对顶点数较多的图来说是不可行的，因此有必要寻找其他的方法. 但可惜的是，尽管哈密尔顿图问题看起来与欧拉图问题类似，但至今尚未解决. 现在人们只是给出了一些充分条件和一些必要条件，有些结论的证明还比较复杂，至今还没有得到一个充分必要条件.

定理 6.13 设无向图 $G = <V, E>$ 是哈密尔顿图，V_1 是 V 的任意非空子集，则

$$p(G - V_1) \leqslant |V_1|$$

其中，$p(G - V_1)$ 是从 G 中删除 V_1 后所得到图的连通分支数.

证明 设 C 是 G 中的一条哈密尔顿回路，V_1 是 V 的任意非空子集，在 C 中删去 V_1 中任一顶点 α_1，则 $C - \alpha_1$ 是连通的非回路，$p(C - \alpha_1) = 1$，若再删去 V_1 中另一顶点 α_2，则 $p(C - \alpha_1 - \alpha_2) \leqslant 2$，由归纳法可得 $p(C - V_1) \leqslant |V_1|$.

同时，$C - V_1$ 是 $G - V_1$ 的一个生成子图，因而

$$p(G - V_1) \leqslant p(C - V_1) \leqslant |V_1|$$

定理 6.13 在应用中本身用处不大，但它的逆否命题非常有用，人们经常利用定理 6.13 的逆否命题来判断某些图不是哈密尔顿图，即若存在 V 的某个非空子集 V_1 使得 $p(G - V_1) > |V_1|$，则 G 不是哈密尔顿图.

例 6.19 证明图 6-37（1）不是哈密尔顿图.

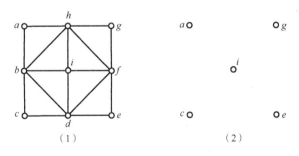

图 6-37

证明 取 $V_1 = \{b, d, f, h\}$，则 $G - V_1$ 中有 5 个连通分支，如图 6-37（2）所示，不满足 $p(G - V_1) = 5 \leqslant |V_1| = 4$，所以图 6-37（1）不是哈密尔顿图.

需要注意的是，用定理 6.13 证明某一特定图不是哈密尔顿图，这个方法并不总是有效的. 例如，图 6-43（1）所示的著名的彼得森图，在图中删去任意 1 个顶点或任意 2 个顶点，它仍然连通；删去任意 3 个顶点，只能得到最多有 2 个连通分支的子图；删去任意 4 个顶点，只能得到最多有 3 个连通分支的子图；删去 5 个或 5 个以上顶点，余下子图的顶点数都不大于 5，故必不能有 5 个以上的连通分支数，所以该图满足 $p(G - V_1) \leqslant |V_1|$，但是它不是哈密尔顿图.

下面给出一个无向图具有哈密尔顿图路的充分条件.

定理 6.14 设 G 是 n 阶无向的简单图，如果 G 中任一对不相邻的顶点的度数之和

大于或等于 $(n-1)$，则在 G 中存在一条哈密尔顿通路.

证明　首先证明 G 是连通图，用反证法：假设 G 有两个或更多连通分支. 设一个连通分支有 n_1 个顶点，另一个连通分支有 n_2 个顶点. 在这两个连通分支中分别任取一个顶点 v_1 和 v_2，显然

$$d(v_1) + d(v_2) \leqslant (n_1 - 1) + (n_2 - 1) \leqslant n - 2$$

这与已知矛盾，故 G 是连通的.

其次证明 G 中存在哈密尔顿通路.

设 $P = v_1 v_2 \cdots v_k$ 为 G 中的一条极大初级通路，即 P 的始点 v_1 与终点 v_k 不与 P 外的顶点相邻，显然 $k \leqslant n$.

（1）若 $k = n$，则 P 为 G 中经过所有顶点的通路，即为哈密尔顿通路.

（2）若 $k < n$，说明 G 中还有在 P 外的顶点，但此时可以证明存在仅经过 P 上所有顶点的初级回路，证明如下：

① 若在 P 上 v_1 与 v_k 相邻，则 $v_1 v_2 \cdots v_k v_1$ 为仅经过 P 上所有顶点的初级回路.

② 若在 P 上 v_1 与 v_k 不相邻，假设 v_1 与 P 上的 $v_{i_1}(=v_2), v_{i_2}, v_{i_3}, \cdots, v_{i_j}$ 相邻，j 必定大于或等于 2，否则 $d(v_1) + d(v_k) \leqslant 1 + k - 2 < n - 1$，此时 v_k 必与 $v_{i_2}, v_{i_3}, \cdots, v_{i_j}$ 相邻的顶点 $v_{i_2 - 1}, v_{i_3 - 1}, \cdots, v_{i_j - 1}$ 中至少一个相邻，否则 $d(v_1) + d(v_k) \leqslant j + k - 2 - (j-1) = k - 1 < n - 1$. 设 v_k 与 $v_{i_r - 1}(2 \leqslant r \leqslant j)$ 相邻，如图 6-38（1）所示，在 P 中添加边 $(v_1, v_{i_r}), (v_k, v_{i_r - 1})$，删除边 $(v_{i_r - 1}, v_{i_r})$，从而得到初级回路 $C = v_1 v_2 \cdots v_{i_r - 1} v_k v_{k-1} \cdots v_{i_r} v_1$.

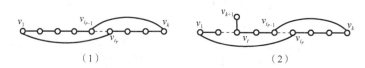

（1）　　　　　　　　　　（2）

图 6-38

（3）证明存在比 P 更长的通路.

因为 $k < n$，所以 V 中还有一些顶点不在 C 中，由 G 的连通性知，存在 C 外的顶点与 C 上的顶点相邻，不妨设 $v_{k+1} \in V - V(C)$ 且与 C 上的顶点 v_t 相邻，如图 6-38（2）所示，在 C 中删除边 (v_{t-1}, v_t) 而添加边 (v_t, v_{k+1}) 得到通路 $P' = v_{t-1} \cdots v_1 v_{i_r} \cdots v_k v_{i_r - 1} \cdots v_t v_{k+1}$. 显然，$P'$ 比 P 长 1，且 P' 上有 $(k+1)$ 个不同的顶点.

对 P' 重复（1）～（3），得到 G 中的哈密尔顿通路或比 P 更长的初级通路，由于 G 中顶点数目有限，故在有限步内一定能得到 G 中的一条哈密尔顿通路.

推论 1　设 G 是 n 阶无向简单图，如果 G 中任一对不相邻的顶点的度数之和大于或等于 n，则在 G 中存在一条哈密尔顿回路.

推论 2　设 G 是 n 阶无向简单图，$n \geqslant 3$，如果 $\delta(G) \geqslant \dfrac{n}{2}$，则图 G 是哈密尔顿图.

例 6.20　某地有 5 个景点，若每个景点均有 2 条道路与其他景点相通. 问：游人可否经过每个景点恰好一次而游完这 5 处？

解　将 5 个风景点看成有 5 个顶点的无向图，两个景点之间的道路看成无向图的边，

因为每处景点均有两条道路与其他景点相通，故每个顶点的度数均为 2，从而任意两个不相邻的顶点的度数之和等于 4，正好为总顶点数减 1，故此图中存在一条哈密尔顿通路，因此游人可以经过每个景点恰好一次而游完这 5 处.

6.4.4 平面图

1. 平面图的定义

在现实生活中，常常要画一些图形，希望边与边之间尽量减少相交的情况，如印制线路板上的布线、交通道路的设计等.

定义 6.39 如果图 G 能做到除顶点处外无边相交，则称 G 是**平面图**，画出的无边相交的图称为 G 的**平面嵌入**，无平面嵌入的图称为**非平面图**.

应当注意，有些图从表面上看它的某些边是相交的，但是不能就此断定它不是平面图. 如图 6-39（1）和（3）的画法都是有边相交的，但可以把它们分别画成图 6-39（2）和（4）所示的没有边相交的形式. 这说明图 6-39（1）和（3）都是平面图，而图 6-39（2）和（4）的画法是它们的一种平面嵌入.

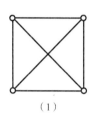 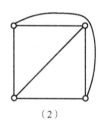 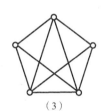 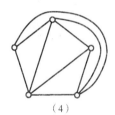

（1）　　　　（2）　　　　（3）　　　　（4）

图 6-39

显然，当且仅当一个图的每个连通分支都是平面图时，这个图是平面图；同时，在平面图中加平行边或环后所得的图还是平面图. 平行边和环不影响图的平面性. 所以在研究平面图的性质时，只研究简单的连通图就可以了. 故在本书中，无特别声明，均认为讨论的图是简单连通图.

有些图不论如何改画，除去顶点外，总有边相交，即不管怎样改画，至少有一条边与其他边相交，故它是非平面图，如图 6-40（1）和（2）所示的 K_5 和 $K_{3,3}$，不管怎样改画，至少均有一条边与其他边相交，图 6-40（3）和（4）是 K_5 和 $K_{3,3}$ 的一种边交叉最少的画法，故 K_5 和 $K_{3,3}$ 是非平面图.

 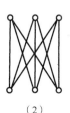 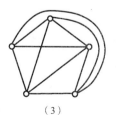 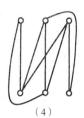

（1）　　　　（2）　　　　（3）　　　　（4）

图 6-40

下面两个定理是显然的.

定理 6.15 若图 G 是平面图，则 G 的任何子图都是平面图.

定理 6.16 若图 G 是非平面图，则 G 的任何母图也都是非平面图.

定义 6.40 在平面图 G 的一个平面嵌入中，由边所包围的其内部不包含图的顶点和边的区域，称为 G 的一个**面**，包围面 R 的所有边组成的回路称为 R 的**边界**，边界的长度称为 R 的**次数**，记为 $\deg(R)$. 区域面积有限的面称为**有限面**或**内部面**，区域面积无限的面称为**无限面**或**外部面**.

显然，平面图有且仅有一个无限面.

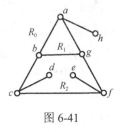

图 6-41

例如，图 6-41 中共有 3 个面 R_0，R_1，R_2，其中，R_1 的边界为初级回路 $abga$，$\deg(R_1)=3$，R_2 的边界为复杂回路 $bcdcfefgb$，$\deg(R_2)=8$，R_0 的边界为复杂回路 $abcfgaha$，$\deg(R_0)=7$.

需要注意的是，R_2 的边界不能是 $bcfgb$，这样的话，其内部就有顶点和边了，由此可见，对于图中的桥，要构成回路，一定要来回各走一次.

定理 6.17 设 G 是平面图，则 G 中所有面的次数之和等于 G 的边数的 2 倍，即

$$\sum_{i=0}^{r-1}\deg(R_i)=2m$$

其中，r 为 G 的面数；m 为 G 的边数.

证明 因任何一条边，或者是两个面边界的公共边或者是在一个面中作为边界被重复计算两次，故平面图所有面的次数之和等于其边数的 2 倍.

2. 欧拉公式

1750 年欧拉发现，任何一个凸多面体，若有 n 个顶点、m 条棱和 r 个面，则有

$$n-m+r=2$$

这个公式可以推广到平面图上来，称为**欧拉公式**.

定理 6.18 设 $G=<V,E>$ 是连通平面图，若它有 n 个顶点、m 条边和 r 个面，则有

$$n-m+r=2$$

证明 对 G 的边数 m 进行归纳.

（1）若 $m=0$，由于 G 是连通图，故必有 $n=1$，这时只有 1 个无限面，即 $r=1$. 所以 $n-m+r=1-0+1=2$，定理成立.

（2）若 $m=1$，这时有以下两种情况.

① 若该边是环，则有 $n=1$，$r=2$，这时 $n-m+r=1-1+2=2$.

② 若该边不是环，则有 $n=2$，$r=1$，这时 $n-m+r=2-1+1=2$.

所以 $m=1$ 时，定理也成立.

（3）假设对少于 m 条边的所有连通平面图，欧拉公式成立. 现考虑 m 条边的连通平面图，设它有 n 个顶点，分以下两种情况.

① 若 G 是树，那么 $m=n-1$（参见第 7 章 7.1.1 节），这时 $r=1$，所以 $n-m+r=n-$

$(n-1)+1=2$.

② 若 G 不是树，则 G 中必有回路，因此有初级回路. 设 e 是某初级回路的一条边，则从 G 中删掉 e 得 $G' =<V, E-e>$ 仍是连通平面图，它有 n 个顶点、$(m-1)$ 条边和 $(r-1)$ 个面，按归纳假设知 $n-(m-1)+(r-1)=2$，整理得 $n-m+r=2$.

所以对 m 条边时，欧拉公式也成立.

定理 6.19（欧拉公式的推广） 设 G 是具有 $k(k \geqslant 2)$ 个连通分支的平面图，若它有 n 个顶点、m 条边和 r 个面，则

$$n-m+r=k+1$$

证明 在 G 的 k 个连通分支之间加 $(k-1)$ 条边得到一个连通平面图，该图有 n 个顶点，$(m+k-1)$ 条边和 r 个面，则由欧拉公式，有

$$n-(m+k-1)+r=2$$

即

$$n-m+r=k+1$$

例 6.21 若一个简单连通平面图有 10 个顶点，每个顶点的度数都是 3，则这个平面图有多少个面？

解 由已知，有 $n=10$，$d(v_i)=3(i=1,2,\cdots,10)$，根据握手定理

$$\sum_{i=1}^{n} d(v_i)=2m$$

可得 $m=15$，再由欧拉公式 $n-m+r=2$，得 $r=7$.

定理 6.20 设 G 为连通的平面图，且每个面的次数至少为 $k(k \geqslant 3)$，则

$$m \leqslant \frac{k}{k-2}(n-2)$$

证明 因为 G 是连通的平面图，且每个面的次数至少为 k，由定理 6.17，得

$$kr \leqslant 2m$$

把欧拉公式代入上式，得

$$k(2-n+m) \leqslant 2m$$

整理后，得

$$m \leqslant \frac{k}{k-2}(n-2)$$

定理 6.20 给出了一个判断连通平面图的必要条件，可用它来判断一些图不是平面图.

例 6.22 证明 K_5 不是平面图.

证明 假设 K_5 是平面图，因为 K_5 中不含环和平行边，没有次数为 1 和 2 的面，所以 K_5 中每个面的次数至少为 3. 在 K_5 中，$n=5$，$m=10$，由定理 6.20 可得

$$10=m \leqslant \frac{3}{3-2} \times (5-2)=9$$

该式不成立，故 K_5 不是平面图.

例 6.23 证明 $K_{3,3}$ 不是平面图.

证明 假设 $K_{3,3}$ 是平面图，因为 $K_{3,3}$ 中不含环和平行边，并且二部图中不含奇数长

度的回路，所以 $K_{3,3}$ 中每个面的次数至少为 4. 在 $K_{3,3}$ 中，$n=6$，$m=9$，由定理 6.20 可得

$$9 = m \leqslant \frac{4}{4-2} \times (6-2) = 8$$

该式不成立，故 $K_{3,3}$ 不是平面图.

由例 6.22 的证明易得下面的结论.

定理 6.21   设 G 是 n 阶简单连通平面图，若 $n \geqslant 3$，则

$$m \leqslant 3n-6$$

3. 库拉托夫斯基定理

虽然利用欧拉公式及一些相关定理可以判断某些图为非平面图，但还没有简便的方法可以确定某个图是平面图. 1930 年，波兰数学家库拉托夫斯基（Kuratowski）给出了判断平面图的充要条件.

定义 6.41   设 $e=(u,v)$ 是图 G 的一条边，在 G 中删除边 e，增加新的顶点 w，使 u,v 均与 w 相邻，则称在 G 中**插入 2 度顶点** w；设 w 为 G 的一个 2 度的顶点，w 与 u,v 相邻，删除 w 及与 w 相连接的边 (w,u)、(w,v)，同时增加新边 (u,v)，则称在图 G 中**消去 2 度顶点** w.

例如，图 6-42（1）通过消去 2 度顶点 w 可得到图 6-42（2），反过来，图 6-42（2）通过插入 2 度顶点 w 可得到图 6-42（1）.

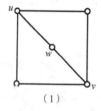 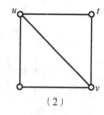 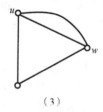

（1）   （2）   （3）

图 6-42

显然，插入 2 度顶点和消去 2 度顶点都不会影响图的平面性. 通过这样的结果可得到接下来要定义的结论——2 度顶点内同构.

定义 6.42   若两个图 G_1 和 G_2 同构，或经过反复插入或消去 2 度顶点后同构，则称 G_1 和 G_2 在 **2 度顶点内同构**（或同胚）.

定义 6.43   删除图 G 的一条边 (u,v)，用新的顶点 w（可以用 u 或 v 充当 w）取代 u,v，并使 w 和除 (u,v) 外的所有与 u,v 关联的边关联，称这个变换为**收缩边** (u,v).

定义 6.44   如果图 G_1 可以通过若干次收缩边得到图 G_2，则称 G_1 **可收缩到** G_2.

例如，图 6-42（2）收缩边 (t,v) 的结果是图 6-42（3）.

1930 年，库拉托夫斯基给出了平面图的一个判别准则.

定理 6.22（库拉托夫斯基定理）   一个无向图是平面图当且仅当它不包含与 K_5 或 $K_{3,3}$ 在 2 度顶点内同构的子图.

此外，1937 年，瓦格那（Wagner）给出了平面图的另一个判别准则.

定理 6.23（瓦格那定理） 一个无向图是平面图当且仅当它没有可收缩到 K_5 或 $K_{3,3}$ 的子图.

例 6.24 证明彼德森图不是平面图.

证明 法 1：在图 6-43（1）所示的彼德森图中，删除边 (d,c) 和 (j,g) 得到子图 6-43（2），消去图 6-43（2）中的 2 度顶点 c,d,g,j，得到图 6-43（3），该图为 $K_{3,3}$，根据定理 6.22 知，彼德森图不是平面图.

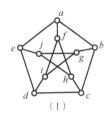 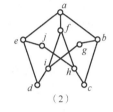 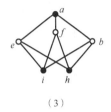

图 6-43

法 2：在图 6-43（1）所示的彼德森图中收缩边 (a,f)，得到图 6-44（1），同样，继续收缩边 (b,g)，(c,h)，(d,i)，(e,j)，得到图 6-44（2），该图为 K_5，根据定理 6.23 知，彼德森图不是平面图.

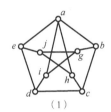 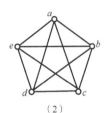

图 6-44

虽然有了判别平面图的充要条件，但如何判断一个无向图是否为平面图仍然是比较困难的. 一般来说，可采取下面的几种判定方法：

（1）观察法：找出初级回路，将交叉的边分别放置在初级回路内或外而避免交叉；

（2）定理 6.20 给出了平面图的必要条件，若不满足这个条件，则一定不是平面图；

（3）运用定理 6.22（库拉托夫斯基定理）和定理 6.23（瓦格那定理）进行判断.

4. 对偶图

与平面图有密切关系的一个图论的应用是图形的着色问题，这个问题最早起源于地图的着色，对一个地图中相邻国家着以不同颜色，那么最少需用多少种颜色？1852 年，毕业于伦敦大学的格斯里（Guthrie）到一家科研单位进行地图着色工作时，发现每幅地图都可以只用 4 种颜色着色，这就是著名的**四色猜想**. 它是世界近代三大数学难题（费马大定理、哥德巴赫猜想、四色猜想）之一. 由于地图着色可以转变成平面图的点着色，四色猜想的提法后来变成：任何平面图都是 4-可着色的. 1890 年，希伍德（Heawood）

证明了任何平面图是 5-可着色的，称为五色定理. 此后一直没有什么进展，直到 1976 年，两位美国数学家阿佩尔（Appel）与黑肯（Haken）宣告借助电子计算机证明了四色猜想. 因此，从 1976 年以后就把四色猜想改为四色定理了. 但这个问题至今仍没有找到数学证明. 对图的面着色可以转化为对顶点着色，为此，先介绍对偶图的概念.

定义 6.45 设有平面图 $G = <V, E>$，它具有面 $R_1, R_2, \cdots, R_r$，若存在一个图 $G^* = <V^*, E^*>$ 满足下述条件：

（1）在 G 的每一个面 R_i 的内部作一个 G^* 的顶点 v_i^*；

（2）若 G 的面 R_i 和面 R_j 有公共边 e_k，则作 $e_k^* = (v_i^*, v_j^*)$，且 e_k^* 与 e_k 相交；

（3）当且仅当 e_k 只是一个面 R_i 的边界时，v_i^* 存在一个环 e_k^* 与 e_k 相交.

则称图 G^* 为 G 的**对偶图**.

例 6.25 画出图 6-45（1）所示的图 G 的对偶图 G^*.

解 按照定义 6.45，先在图 G 的 4 个面内画出对偶图 G^* 的 4 个顶点，再由图 G 的作为面边界的 8 条边画出对偶图 G^* 的 8 条边，过程如图 6-45（2）所示，最终的对偶图 G^* 如图 6-45（3）所示.

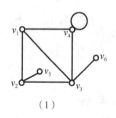 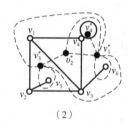 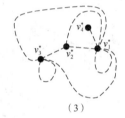

| （1） | （2） | （3） |

图 6-45

例 6.25 中，如果把图 6-45（1）所示的图 G 的顶点 v_6 移到三角形 $v_1 v_2 v_3 v_1$ 内，则对偶图 G^* 中 v_3^* 就会有两个环，而 v_1^* 没有坏，这样得到的对偶图与例题中的对偶图不同构.

从对偶图的定义容易看到，如果 G^* 是 G 的对偶图，则 G 也是 G^* 的对偶图. 一个连通的平面图 G 的对偶图也必是平面图.

定理 6.24 设 G^* 是连通平面图 G 的对偶图，n^*, m^*, r^* 和 n, m, r 分别为 G^* 和 G 的顶点数、边数和面数，则

（1）$n^* = r$；

（2）$m^* = m$；

（3）$r^* = n$；

（4）设 G^* 的顶点 v_i^* 位于 G 的面 R_i 中，则 $d(v_i^*) = \deg(R_i)$.

证明 （1）、（2）显然.

（3）由于 G^* 和 G 都是连通平面图，所以都满足欧拉公式：
$$n^* - m^* + r^* = 2$$
$$n - m + r = 2$$

于是

$$r^* = 2 - n^* + m^* = 2 - r + m = n$$

（4）设 G 的面 R_i 的边界 C，C 中有 k_1 条边为 G 的桥，k_2 条边不是 G 的桥（即 k_2 条边在 R_i 与其他面的公共边界上），于是 C 的长度为 $(k_2 + 2k_1)$，即

$$\deg(R_i) = k_2 + 2k_1$$

而 k_1 条桥对应于 v_i^* 处有 k_1 个环，k_2 条非桥边对应于从 v_i^* 处引出的 k_2 条边，于是

$$d(v_i^*) = k_2 + 2k_1$$

故结论为真.

从对偶图的概念我们可以看到，对于地图的着色问题，可以转化为对平面图的顶点的着色问题，因此四色问题可以转化为要证明对于任何一个平面图，一定可以用至多 4 种颜色对它的顶点进行着色，使得相邻的顶点都有不同的颜色.

例 6.26 画出图 6-46（1）所示的图 G 的对偶图 G^*，并通过对 G^* 的顶点着色得到图 G 的着色.

解 按照定义 6.45，可画出图 G 的对偶图 G^*，如图 6-46（2）所示. 对图 G^* 的 4 个顶点进行着色，得图 G^* 是 3-可着色的. 再由图 G^* 的着色得到图 G 的着色，结果如图 6-46（3）所示.

 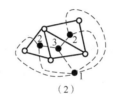

（1）　　　　　　（2）　　　　　　（3）

图 6-46

定义 6.46 对无环无向图 G 的**正常着色**（或简称**着色**）是指对它的每一个顶点指定一种颜色，使得相邻的顶点着不同的颜色. 若能用 k 种颜色给 G 的顶点着色，则称 G 是 k-**可着色的**；若 G 是 k-可着色的，但不是 $(k-1)$-可着色的，则称 G 是 k-**色图**，这样的 k 称为 G 的**色数**，记为 $\chi(G)$.

图的着色问题就是要用尽可能少的颜色给图着色. 图 6-47 给出了各图的着色，不难验证所用的颜色数是最少的. 图 6-47（1）和（2）是圈图，偶圈要用 2 种颜色，奇圈要用 3 种颜色. 图 6-47（3）和（4）是轮图，偶阶轮图要用 4 种颜色，奇阶轮图要用 3 种颜色.

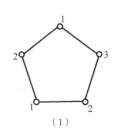 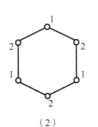 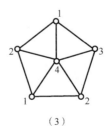 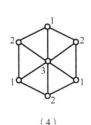

（1）　　　　　　（2）　　　　　　（3）　　　　　　（4）

图 6-47

若一个图是 k-色的，则需要从两方面来证明：一是要证明用 k 种颜色可以对这个图着色，此证明只要把着色构造出来即可；二是要证明用少于 k 种颜色不能着色这个图.

定理 6.25（四色定理）   任何简单平面图都是 4-可着色的.

需要注意的是，四色定理至今仍没有简单的理论证明.

定理 6.26 $\chi(K_n) = n$.

证明   在一个完全图中，图中每一个顶点都与其他各个顶点相邻，若图中有 n 个顶点，则着色数不能少于 n，而 n 个顶点的着色数至多也为 n，故 $\chi(K_n) = n$.

对图的顶点着色，可以使用韦尔奇·鲍威尔（Welch Powell）法，其方法如下：

（1）将图 G 中的顶点按度数递减的次序进行排列（相同度数的顶点的排列随意）；

（2）用第一种颜色，对第一点着色，并按排列次序对与前面着第一种颜色的顶点不相邻的每一点着同样的颜色；

（3）用第二种颜色对未着色的顶点重复步骤（2），用第三种颜色继续这种做法，直到全部点均着色为止.

例 6.27   试用韦尔奇·鲍威尔法对图 6-48 所示的图进行着色.

解   （1）将图 G 中的顶点按度数递减次序排列：$C, A, B, F, G, H,$ D, E.

（2）用第一种颜色对 C 着色，按顺序与 C 不相邻的顶点有 A，对 A 着第一种颜色后，按顺序与 C, A 不相邻的顶点有 G，对 G 也着第一种颜色，在剩余的顶点中找不到与 C, A, G 都不相邻的顶点，至此，第一种颜色着色完毕.

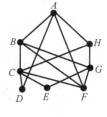

图 6-48

用第二种颜色对 B 着色，按顺序与 B 不相邻的顶点有 H，对 H 着第二种颜色后，按顺序与 B, H 不相邻的顶点有 D，对 D 也着第二种颜色，按顺序与 $B, H,$ D 不相邻的顶点有 E，对 E 也着第二种颜色，至此，第二种颜色着色完毕.

用第三种颜色对 F 着色.

至此，所有顶点均已着色，所以图 G 可以用 3 种颜色着色. 注意到图 G 中有三角形 ABF，说明图 G 至少要用 3 种颜色着色，故 $\chi(G) = 3$.

习 题   6

1. 设 $V = \{v_1, v_2, v_3, v_4, v_5\}$，给定下列各图：

（1）$G_1 = <V, E_1>$， $E_1 = \{(v_1, v_2), (v_2, v_2), (v_2, v_4), (v_4, v_5), (v_3, v_4), (v_1, v_3)\}$；

（2）$G_2 = <V, E_2>$， $E_2 = \{(v_1, v_2), (v_2, v_3), (v_3, v_4), (v_1, v_5)\}$；

（3）$G_3 = <V, E_3>$， $E_3 = \{(v_1, v_2), (v_2, v_3), (v_3, v_2), (v_3, v_5), (v_5, v_3)\}$；

（4）$G_4 = <V, E_4>$， $E_4 = \{<v_1, v_2>, <v_2, v_3>, <v_3, v_1>, <v_1, v_4>, <v_4, v_1>, <v_5, v_3>\}$；

（5）$G_5 = <V, E_5>$， $E_5 = \{<v_1, v_2>, <v_1, v_2>, <v_3, v_1>, <v_3, v_4>, <v_5, v_4>\}$；

（6）$G_6 = <V, E_6>$， $E_6 = \{<v_1, v_1>, <v_2, v_1>, <v_2, v_3>, <v_3, v_4>, <v_4, v_5>\}$.

画出以上 6 个图，并指出哪些是简单图，哪些是多重图，求出 G_1 的各顶点的度数，并验证握手定理.

2．给定下列各序列，哪些可以构成无向简单图的度数序列？

（1）$(2, 2, 2, 2, 2)$;　　　（2）$(1, 2, 3, 4, 5)$;

（3）$(1, 1, 2, 2, 2)$;　　　（4）$(1, 1, 2, 2, 3)$;

（5）$(0, 1, 3, 3, 3)$.

3．设无向图 G 有 13 条边，有 3 个 2 度顶点，2 个 3 度顶点，1 个 4 度顶点，其余顶点度数均为 5，则 G 中有几个 5 度顶点？

4．设无向图 G 有 12 条边，3 度与 4 度顶点各 2 个，其余顶点度数不超过 2，则 G 中至少有几个顶点？

5．画出以 $(2, 2, 2)$ 为度数序列的无向简单图和无向非简单图各 1 个.

6．已知共有 4 个非同构的 3 阶无向简单图，画出这些图.

7．已知共有 11 个非同构的 4 阶无向简单图，画出这些图，并找出自补图（若 $G \cong \overline{G}$，则称 G 为**自补图**）.

8．画出所有具有 5 个顶点的自补图.

9．分别画出图 6-49 所示的两个图的补图.

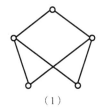 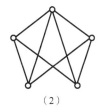

（1）　　　　　　（2）

图 6-49

10．在图 6-50 所示的各图中，哪些图是同构的？

（1）　　　（2）　　　（3）　　　（4）　　　（5）

图 6-50

11．在无向图 G 中，若 $\delta(G) \geqslant 2$，则 G 中至少含有一条回路.

12．一个 $n(n \geqslant 2,$ 偶数) 阶无向简单图中，已知 G 中有 r 个奇度顶点，问：G 的补图 $\overline{G}$ 中有几个奇度顶点？

13．画出所有非同构的 6 阶 2-正则图.

14．已知 3-正则图 G 的阶数 n 与边数 m 满足 $m = 2n - 3$，证明 G 只有两种非同构的情况.

15．证明：若无向图 G 不连通，则 G 的补图是连通的.

16．证明：若无向图 G 中只有两个奇度顶点，则这两个顶点一定是连通的.

17. 已知无向图 G 如图 6-51 所示.

（1）G 中最长的初级回路长为多少？最短的初级回路长为多少？

（2）G 中最长的简单回路长为多少？最短的简单回路长为多少？

（3）求 $\delta(G)$，$\Delta(G)$，$\kappa(G)$，$\lambda(G)$.

18. 已知有向图 D 如图 6-52 所示.

（1）D 中有多少条非同构的初级回路？有多少条非同构的简单回路？

（2）D 是哪类连通图？

（3）D 中 v_1 到 v_2 长为 1，2，3，4 的通路各有多少条？

（4）D 中长为 4 的通路（含回路）总数有多少条？

（5）D 中长为 4 的回路总数有多少条？

（6）求出 v_1 到 v_4 的短程线.

（7）写出 D 的可达矩阵.

19. 给彼得森图的边加方向，使该图

（1）成为强连通图；

（2）成为单向连通图，但不是强连通图.

20. 已知无向图 G 如图 6-53 所示.

（1）求出 G 的全部点割集和边割集，并指出其中的割点和桥；

（2）求 $\delta(G)$，$\Delta(G)$，$\kappa(G)$，$\lambda(G)$.

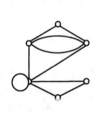 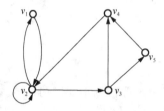 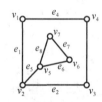

图 6-51　　　　　　　　　图 6-52　　　　　　　　　图 6-53

21. 设无向图 $G = <V,E>$，$V = \{v_1,v_2,v_3,v_4\}$，$E = \{e_1,e_2,e_3,e_4,e_5\}$，其关联矩阵为

$$M(G) = \begin{bmatrix} 1 & 0 & 1 & 1 & 0 \\ 0 & 2 & 1 & 0 & 0 \\ 1 & 0 & 0 & 1 & 1 \\ 0 & 0 & 0 & 0 & 1 \end{bmatrix}$$

试在同构意义下画出 G 的图形.

22. 设有向图 $D = <V,E>$，$V = \{v_1,v_2,v_3,v_4\}$，其邻接矩阵为

$$A = \begin{bmatrix} 0 & 2 & 1 & 0 \\ 0 & 0 & 1 & 0 \\ 0 & 0 & 0 & 1 \\ 0 & 0 & 1 & 1 \end{bmatrix}$$

（1）在同构意义下画出 D 的图形；

（2）求 D 中各顶点的入度与出度；

（3）求 D 中长度分别为 1，3 的通路数和回路数.

23．对于完全二部图 $K_{r,s}$，如果 $2 \leqslant r \leqslant s$，求：

（1）$K_{r,s}$ 中含有多少种不同构的初级回路？

（2）$K_{r,s}$ 中至多有多少个顶点彼此不相邻？

（3）$K_{r,s}$ 中至多有多少条边彼此不相邻？

（4）$K_{r,s}$ 的点连通度 κ 为多少？边连通度 λ 为多少？

24．在图 6-54 所示的各图中：

（1）找出所有的二部图、欧拉图、哈密尔顿图；

（2）求 $\delta(G)$，$\Delta(G)$，$\kappa(G)$，$\lambda(G)$.

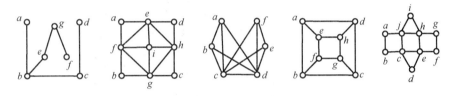

图 6-54

25．有张、王、李、赵、孙、周 6 位教师，学校要安排他们去教 6 门课程，即语文、英语、数学、物理、化学和程序设计，已知张老师擅长教数学、程序设计和英语课程，王老师擅长教语文和英语课程，李老师擅长教数学和物理课程，赵老师擅长教化学课程，孙老师擅长教物理和程序设计课程，周老师擅长教数学和物理课程．问：应如何安排课程才能使每门课程都有老师教，且每位老师都只教 1 门自己擅长的课程？

26．如图 6-55 所示，4 个村庄下面各有一个防空洞，分别是甲、乙、丙、丁，相邻的两个防空洞之间有地道相通，并且每个防空洞各有一条地道与地面相通．问：能否每条地道恰好走过一次，既无重复也无遗漏？

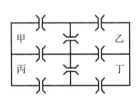

图 6-55

27．判断下列命题是否为真.

（1）完全图 $K_n (n \geqslant 3)$ 都是欧拉图；

（2）n 阶有向完全图都是欧拉图；

（3）完全二部图 $K_{r,s}$（r,s 均为正偶数）都是欧拉图；

（4）n 阶轮图 W_n 都是欧拉图.

28．判断下列命题是否为真.

（1）完全图 $K_n (n \geqslant 3)$ 都是哈密尔顿图；

（2）n 阶有向完全图都是哈密尔顿图；

（3）完全二部图 $K_{r,s}$ 都是哈密尔顿图；

（4）n 阶轮图 W_n 都是哈密尔顿图.

29．分别画出具有下列特点的无向欧拉图.

（1）偶数个顶点，偶数条边；

（2）偶数个顶点，奇数条边；

（3）奇数个顶点，偶数条边；

（4）奇数个顶点，奇数条边.

30. 分别画出具有下列特点的无向图.

（1）既是欧拉图，又是哈密尔顿图；

（2）是欧拉图，不是哈密尔顿图；

（3）不是欧拉图，是哈密尔顿图；

（4）既不是欧拉图，又不是哈密尔顿图.

31. 设有 27 个 $1×1×1$ 的立方体形奶酪，堆成一个 $3×3×3$ 的立方体. 问：一只老鼠能否从角上的一块奶酪出发，打洞穿过相邻奶酪的面，经过每个奶酪恰好一次，最后到达位于立方体中心的那块奶酪？

32. 某工厂生产由 6 种不同颜色的纱织成的双色布. 已知在产品品种中，每种颜色分别和其他 5 种颜色中的 3 种相搭配. 证明：可以挑出 3 种双色布，它们恰有 6 种不同的颜色.

33. 证明在任意 6 个人的聚会上至少有 3 人相互认识或者相互不认识.

34. 已知 8 阶连通平面图 G 有 5 个面，求 G 的边数 m.

35. 已知具有 4 个连通分支的平面图 G 有 6 个面、9 条边，求 G 的阶数 n.

36. 证明小于 30 条边的简单平面图有一个顶点度数小于等于 4.

37. 设 G 是 $n(n \geq 11)$ 阶无向简单图，证明 G 和 $\overline{G}$ 不可能都是平面图.

38. 判断图 6-56 所示的各图是否为平面图.

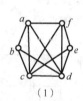

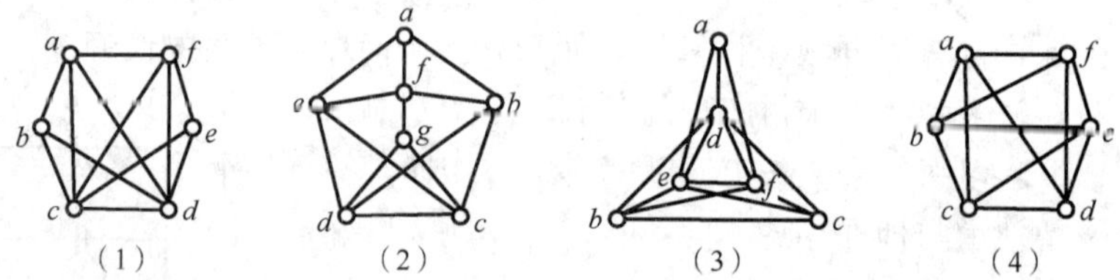

（1）   （2）   （3）   （4）

图 6-56

39. 画出图 6-57 所示的平面图的对偶图.

40. 举例说明两个同构的平面图的对偶图未必同构.

41. 给下列各图的顶点着色最少要用多少种颜色？

（1）5 阶圈图 C_5；   （2）6 阶圈图 C_6；

（3）5 阶轮图 W_5；   （4）6 阶轮图 W_6；

（5）5 阶完全图 K_5；   （6）完全二部图 $K_{r,s}$；

图 6-57

（7）彼德森图.

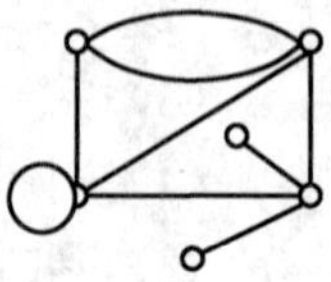

42. 用韦尔奇·鲍威尔法对图 6-58 所示的各图着色，使相邻的两个点着不同的颜色.

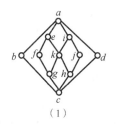（1） 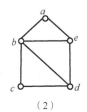（2） 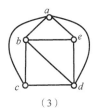（3）

图 6-58

43. 用韦尔奇·鲍威尔法对图 6-59 所示的平面图着色，使相邻的两个点着不同的颜色.

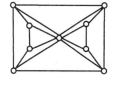

图 6-59

44. 某大学计算机专业三年级有 5 门选修课，其中课程 1 与 2、1 与 3、1 与 4、2 与 5、3 与 4、3 与 5 均有人同时选修. 问：安排这 5 门课的考试至少需要几个时间段？

45. 已知某专业的 5 名研究生的选课情况如表 6-1 所示，试安排课程考试的日程.

表 6-1

姓名	选修课 1	选修课 2	选修课 3
杨一	算法分析	形式语言	计算机网络
石磊	计算机图形学	模式识别	—
魏涛	计算机图形学	计算机网络	人工智能
马耀先	模式识别	人工智能	算法分析
齐砚生	形式语言	人工智能	—

第 7 章　树

我们在第 6 章中研究了几种不同类型的图及其应用，还有一类特殊的图——树，在计算机科学中非常有用．1847 年，德国物理学家基尔霍夫（Kirchhoff）在他的关于电路网络的工作中首次用到了树．后来，英国数学家凯莱（Cayley）在化学研究中也使用了树．现在，树作为一种组织和处理数据的方法，已经在计算机科学中得到了广泛的应用．本章介绍树的基本知识和应用．

7.1　无　向　树

7.1.1　无向树的定义与性质

定义 7.1　连通而不含回路的无向图称为**无向树**，简称树，常用 T 表示．树中度数为 1 的顶点称为**叶**，度数大于 1 的顶点称为**分支点**或**内点**．连通分支数大于或等于 2，且每个连通分支均是树的非连通无向图称为**森林**，平凡图称为**平凡树**．

由定义 7.1 容易看出，树中没有环和平行边，因此一定是简单图，并且任何非平凡树中都没有度数为 0 的顶点．

例 7.1　判断图 7-1 所示的各图中哪些是树？

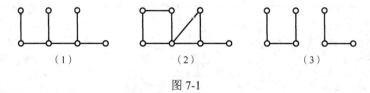

（1）　　　　　　　　（2）　　　　　　　　（3）

图 7-1

解　在图 7-1 中，（1）连通且无回路，故是树；（2）含有回路，故不是树；（3）是非连通图，故不是树．

定理 7.1　设 $G=<V,E>$ 是 n 阶 m 条边的无向图，则下面各命题是等价的：

（1）G 是树；

（2）G 中任意两个顶点之间存在唯一的初级通路；

（3）G 中无回路且 $m=n-1$；

（4）G 是连通的且 $m=n-1$；

（5）G 是连通的且 G 中任何边均为桥；

（6）G 中没有回路，但在任意两个不同的顶点之间加一条新边，就在所得图中得到唯一的一个含新边的圈．

证明　（1）$\Rightarrow$（2）：

由于图 G 是连通的, 所以 G 中任意两个顶点之间都有通路, 于是有一条初级通路. 若此初级通路不唯一, 如有两条不同的初级通路, 则这两条通路形成了回路, 这与 G 无回路矛盾.

（2）$\Rightarrow$（3）:

若 G 中有回路, 则回路上任意两点之间的初级通路不唯一, 这与前提矛盾, 下面用归纳法证明 $m = n - 1$.

① 当 $n = 1$ 时, 为平凡树, $m = 0$, 显然 $m = n - 1$.

② 设 $n \leqslant k$ 时, $m = n - 1$ 成立, 于是证 $n = k + 1$ 时, $m = n - 1$ 也成立.

任取 G 中一边 e, $G - e$ 有且仅有两个连通分支 G_1, G_2, 设 n_1, n_2 为 G_1, G_2 的顶点数, 设 m_1, m_2 为 G_1, G_2 的边数, 则 $n_1 \leqslant k$, $n_2 \leqslant k$, 由归纳假设, 得 $m_1 = n_1 - 1$, $m_2 = n_2 - 1$, 于是,

$$m = m_1 + m_2 + 1 = (n_1 - 1) + (n_2 - 1) + 1 = n - 1$$

（3）$\Rightarrow$（4）:

只需证明 G 连通, 用反证法.

假设不然, 设 G 有 $k(k \geqslant 2)$ 个连通分支, 每个连通分支均无回路, 因而都是树, 于是有

$$m_i = n_i - 1, \quad 1 \leqslant i \leqslant k, \quad m = \sum_{i=1}^{k} m_i = \sum_{i=1}^{k} (n_i - 1) = \sum_{i=1}^{k} n_i - k = n - k < n - 1$$

这与 $m = n - 1$ 矛盾.

（4）$\Rightarrow$（5）:

只需证明 G 中每条边都是桥. 若有某边 e 不是桥, 则从 G 中删去 e 后仍连通, 但 G 中只有 $(n - 2)$ 条边, 这与 n 阶连通图的边数至少为 $(n - 1)$ 条矛盾, 故 e 为桥.

（5）$\Rightarrow$（6）:

由于 G 中每条边均是桥, 所以 G 中无回路, 又由 G 是连通的, 知 G 为树. 由（1）$\Rightarrow$（2）知, $\forall u, v \in V(u \neq v)$, u 到 v 有唯一路径, 加新边 (u, v) 后得唯一的一个圈.

（6）$\Rightarrow$（1）:

只需证明 G 连通, 如果 G 不连通, 那么从 G 的两个连通分支中分别取一点, 在这两点之间加边就不会得到回路, 这与已知矛盾. 所以 G 是连通的.

由定理 7.1 得出, 在顶点给定的无向图中, 树是边数最多的无回路图, 称为最大无回路图; 同时树是边数最少的连通图, 称为最小连通图.

设 $G = <V, E>$ 是 n 阶 m 条边的无向图, 若 $m < n - 1$, 则 G 是不连通的; 若 $m > n - 1$, 则 G 中必含回路.

定理 7.2 设 $T = <V, E>$ 是 n 阶非平凡树, 则 T 中至少有 2 片树叶.

证明 设 T 有 x 片树叶, 由握手定理及定理 7.1, 可知

$$2(n - 1) = 2m = \sum_{v \in V} d(v) \geqslant x + 2(n - x)$$

解得

$$x \geqslant 2$$

例 7.2 若树 T 共有 20 个顶点，其中 8 个叶，其他顶点的度数均小于等于 3，问：度数为 2 的顶点和度数为 3 的顶点各有多少个？

解 设 T 中度数为 2 的顶点有 x 个，度数为 3 的顶点有 y 个，T 中的边数 $m = n - 1 = 20 - 1 = 19$，由题意及握手定理，有

$$8 + x + y = 20$$
$$8 + 2x + 3y = 2 \times 19$$

由上述方程求得

$$x = 6, y = 6$$

所以所求的树 T 中，度数为 2 的顶点有 6 个，度数为 3 的顶点有 6 个.

7.1.2 无向树的应用例子

例 7.3 有机化学中碳氢化合物 C_nH_{2n+2}，n 取不同的整数时为不同的化合物，如 $n = 1$ 时为甲烷，$n = 2$ 时为乙烷，$n = 3$ 时为丙烷，$n = 4$ 时则因化学支链结构不同而有丁烷和异丁烷之分，那么当 $n = 5, 6$ 时情况又如何？

解 对于有机化学中的碳氢化合物，可以用图来表示，其中，顶点表示原子，边表示原子之间的化学键，英国数学家凯莱在 1857 年发现了树，当时他正在试图列举形如 C_nH_{2n+2} 的化合物的同分异构体，它们称为饱和碳氢化合物，如当 $n = 4$ 时，发现有两种不同的丁烷，如图 7-2 所示，其中，图 7-2（1）为丁烷，图 7-2（2）为异丁烷.

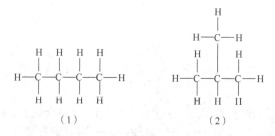

（1）   （2）

图 7-2

实际上，寻找形如 C_nH_{2n+2} 的化合物的同分异构体个数，可以通过求 n 个顶点的非同构树的个数来得到，当 $n = 1, 2, 3$ 时，非同构树的个数均为 1，故甲烷、乙烷和丙烷不存在同分异构体；当 $n = 4$ 时，4 个顶点的树有 2 个非同构的树，如图 7-3 所示.

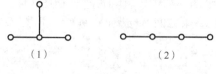

（1）   （2）

图 7-3

下面求 5 个顶点的非同构树的个数.

5 个顶点的树的边数为 4，根据握手定理，所有顶点的度数和为 8，最大的度数为 4，则可能的度数序列为

（1）4,1,1,1,1;

（2）3,2,1,1,1;

（3）2,2,2,1,1.

所以有 3 种不同的非同构树，如图 7-4 所示，故化合物 C_5H_{12} 的同分异构体个数为 3.

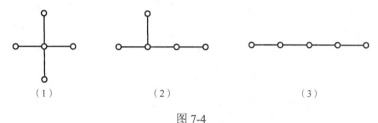

图 7-4

同理可求得 6 个顶点的非同构树有 6 种，如图 7-5 所示．由于图 7-5（1）中有顶点的度数为 5，而碳元素的化合价为 4，故舍去图 7-5（1）所示的结构，所以化合物 C_6H_{14} 的同分异构体个数为 5.

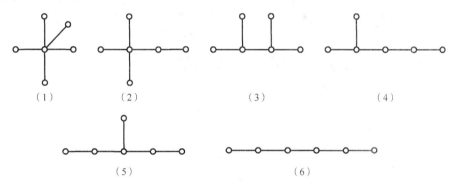

图 7-5

7.1.3　生成树

有些图本身不是树，但它的某些子图是树．一个图可能有许多子图是树，其中重要的一类是生成树．

定义 7.2　设 $G = <V, E>$ 是无向连通图，T 是 G 的生成子图，若 T 是树，则称 T 是 G 的**生成树**．G 在 T 中的边称为 T 的**树枝**，G 不在 T 中的边称为 T 的**弦**，T 的所有弦的集合的导出子图称为 T 的**余树**．

余树不一定是树．

例 7.4　判断图 7-6（2）～（5）是否是图 7-6（1）的生成树．

解　图 7-6（2）不是图 7-6（1）的生成子图，图 7-6（3）有回路，图 7-6（5）不连通，所以图 7-6（2）、（3）、（5）都不是图 7-6（1）的生成树．图 7-6（4）是图 7-6（1）的生成树.

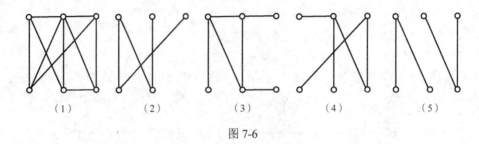

图 7-6

定理 7.3　图 G 有生成树当且仅当 G 是连通的.

证明　必要性：若图 G 有生成树，由于树是连通的，故 G 有连通的生成子图，因此 G 是连通的.

充分性：当 G 是连通图时，若 G 没有回路，则 G 本身就是一棵生成树；若 G 至少有一个回路，则删去 G 的回路上的任一条边，得到图 G_1，它仍是连通的并与 G 有同样的顶点集. 若 G_1 没有回路，则 G_1 就是生成树；若 G_1 仍有回路，则再删去 G_1 回路上的一条边，重复上述步骤，直至得到一个连通图 H，它没有回路，但与 G 有同样的顶点集，因此它是 G 的生成树.

由于树的边数比顶点数少 1，于是有下面的推论.

推论　设 n 阶无向连通图 G 有 m 条边，则 $m \geqslant n-1$.

由定理 7.3 的证明过程可以看出，一个连通图可以有许多生成树. 因为在取定一个回路后，就可以从中去掉任一条边，去掉的边不一样，得到的生成树就可能不同，同时，定理 7.3 的证明过程是构造性证明，这个产生生成树的方法称为**破圈法**. 该算法的关键是判断 G 中是否有回路. 若有回路，则删除回路中的一条边，直到图中无回路为止，由于树的边数比顶点数少 1，所以共删除 $(m-n+1)$ 条边.

另外，由定理 7.1 和定理 7.3 可知，n 点 m 边的连通图一定存在生成树，且有 n 个顶点，$(n-1)$ 条树枝，$(m-n+1)$ 条弦，因此选择 G 中不构成任何回路的 $(n-1)$ 条边，就得到 G 的生成树，这种方法称为**避圈法**.

例 7.5　分别用破圈法和避圈法求图 7-7（1）所示的图 G 的生成树.

解　（1）破圈法：其构造生成树的步骤如图 7-7（2）～（4）所示.

（2）避圈法：其构造生成树的步骤如图 7-7（5）～（8）所示.

破圈法和避圈法的计算量较大，需要找出回路或验证不存在回路. 下面介绍一种不需要找回路的、适合计算机处理的求生成树的算法.

求连通图 $G = \langle V, E \rangle$ 的生成树的广度优先搜索算法的步骤如下：

（1）在 G 中任取一个顶点 v_0，将 v_0 标记为 0，令 $V_T = \{v_0\}$，$V = V - V_T$，$E_T = \varnothing$，$k = 0$；

（2）如果 $V = \varnothing$，则结束，否则 $k = k+1$；

（3）依次检查 V_T 中所有标记为 $(k-1)$ 的顶点 v，如果 v 与 V 中的顶点 u 相邻，则将 u 标记为 k，令 $V_T = V_T \bigcup \{u\}$，$V = V - \{u\}$，$E_T = E_T \bigcup \{(v,u)\}$.

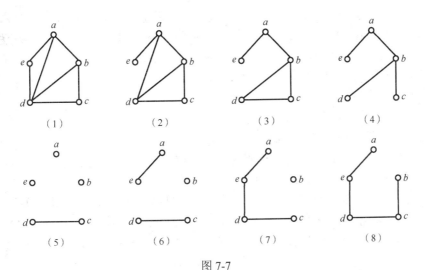

图 7-7

例 7.6 利用广度优先搜索算法求图 7-8（1）所示的图 G 的生成树.

解 可以从任意顶点开始，如从 a 开始，广度优先搜索算法的执行步骤如下：

$k=0$，将 a 标记为 $0(-)$，$V_T=\{a\}$，$V=\{b,c,d,e,f,g,h\}$，$E_T=\varnothing$.

$k=1$，与 a 相邻的顶点是 b 和 d，把它们标记为 $1(a)$，$V_T=\{a,b,d\}$，$V=\{c,e,f,g,h\}$，$E_T=\{(a,b),(a,d)\}$.

$k=2$，与 b 相邻的顶点是 c 和 f，把它们标记为 $2(b)$，$V_T=\{a,b,d,c,f\}$，$V=\{e,g,h\}$，$E_T=\{(a,b),(a,d),(b,c),(b,f)\}$；与 d 相邻的顶点是 e 和 g，把它们标记为 $2(d)$，$V_T=\{a,b,d,c,f,e,g\}$，$V=\{h\}$，$E_T=\{(a,b),(a,d),(b,c),(b,f),(d,e),(d,g)\}$.

$k=3$，与 f 相邻的顶点是 h，把它标记为 $3(f)$，$V_T=\{a,b,d,c,f,e,g,h\}$，$V=\varnothing$，$E_T=\{(a,b),(a,d),(b,c),(b,f),(d,e),(d,g),(f,h)\}$.

由于 $V=\varnothing$，所以算法结束. 算法执行过程如图 7-8（2）所示. 此时，按照 E_T 中的边即可画出生成树，如图 7-8（3）所示. 也可按照图 7-8（2）中的每个顶点的标记画出生成树.

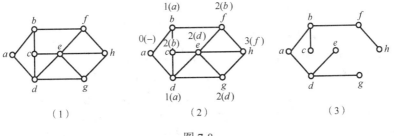

图 7-8

7.1.4 最小生成树

定义 7.3 对图 G 的每条边 e 附加一个实数 $w(e)$，称 $w(e)$ 为边 e 的**权**，G 连同附加在各边的权称为**带权图**，常记作 $G=<V,E,W>$。

定义 7.4 设 $G=<V,E>$ 是无向连通带权图，T 是 G 的一棵生成树，T 的所有边的权之和称为 T 的**权**，记为 $W(T)$，G 的所有生成树中的权最小的生成树称为 G 的**最小生成树**．

一个连通图的生成树不是唯一的，同样地，一个带权连通图的最小生成树也不一定是唯一的．下面介绍几种求最小生成树的算法．

1. 克鲁斯卡尔（Kruskal）算法

克鲁斯卡尔算法的步骤如下：

（1）按权从小到大排列边，不妨设 $W(e_1)\leqslant W(e_2)\leqslant\cdots\leqslant W(e_m)$；

（2）令 $T=\varnothing$，$i=1$，$k=0$；

（3）若 e_i 与 T 中的边不构成回路，则令 $T=T\bigcup\{e_i\}$，$k=k+1$，否则丢弃 e_i；

（4）若 $k<n-1$，则令 $i=i+1$，转步骤（3）．

克鲁斯卡尔算法是避圈法，其要点是在与已选取的边不构成回路的边中选取权最小者．

例 7.7 用克鲁斯卡尔算法求图 7-9（1）所示的带权图的最小生成树．

解 把所有的边按权值从小到大排列为 (c,d)，(b,e)，(d,e)，(b,d)，(b,c)，(a,d)，(a,b)，(a,e)，按克鲁斯卡尔算法生成最小生成树的过程如图 7-9（2）～（5）所示，其中，在图 7-9（2）中加入 (c,d)；在图 7-9（3）中加入 (b,e)；在图 7-9（4）中加入 (d,e)；在图 7-9（5）中若加入 (b,d)，则形成回路应舍弃，若加入 (b,c)，也形成回路应舍弃，若加入 (a,d)，则得到最小生成树，算法结束．

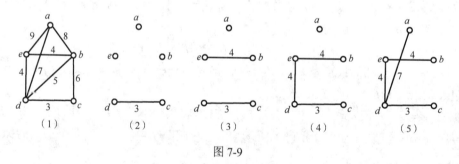

图 7-9

2. 普里姆（Prim）算法

普里姆算法的步骤如下：

（1）在 G 中任取一个顶点 v_1，令 $V_T=\{v_1\}$，$E_T=\varnothing$，$k=1$．

（2）在连接两顶点集 V_T 与 $V-V_T$ 的所有边中选取权值最小的边 (v_i,v_j)，其中，$v_i\in V_T$，$v_j\in V-V_T$，令 $V_T=V_T\bigcup\{v_j\}$，$E_T=E_T\bigcup\{(v_i,v_j)\}$，$k=k+1$．

（3）重复步骤（2），直到 $k=|V|$ 时结束．

例 7.8 用普里姆算法求图 7-10（1）所示的带权图的最小生成树．

解 （1）从顶点 a 出发，$V_T=\{a\}$，$V-V_T=\{b,c,d,e,f\}$，在 V_T 与 $V-V_T$ 之间有边 (a,e)，(a,f)，(a,b)，选择最小边 (a,f) 加入树 T 中，如图 7-10（2）所示．图中用实线表示这 3 条边，其中粗线表示选择的最小边 (a,f)，其他无关边用虚线表示（下同）．

（2）$V_T=\{a,f\}$，$V-V_T=\{b,c,d,e\}$，在 V_T 与 $V-V_T$ 之间有边 (a,e)，(a,b)，(f,e)，

(f,d)，(f,c)，(f,b)，选择最小边 (f,c) 加入树 T 中，如图 7-10（3）所示．

（3）$V_T=\{a,f,c\}$，$V-V_T=\{b,d,e\}$，在 V_T 与 $V-V_T$ 之间有边 (a,e)，(a,b)，(f,e)，(f,d)，(f,b)，(c,b)，(c,d)，选择最小边 (c,b) 加入树 T 中，如图 7-10（4）所示．

（4）$V_T=\{a,f,c,b\}$，$V-V_T=\{d,e\}$，在 V_T 与 $V-V_T$ 之间有边 (a,e)，(f,e)，(f,d)，(c,d)，选择最小边 (f,e) 加入树 T 中，如图 7-10（5）所示．

（5）$V_T=\{a,f,c,b,e\}$，$V-V_T=\{d\}$，在 V_T 与 $V-V_T$ 之间有边 (f,d)，(c,d)，(e,d)，选择最小边 (e,d) 加入树 T 中，如图 7-10（6）所示．

（6）$V_T=\{a,f,c,b,e,d\}$，$V-V_T=\varnothing$，结束算法．

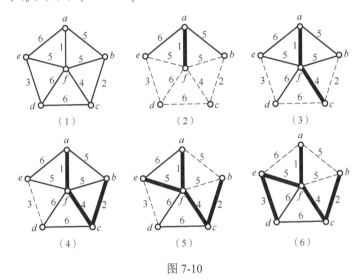

图 7-10

由普里姆算法可以看出，每一步得到的图一定是树，故不需要验证是否有回路，因此它的计算工作量较克鲁斯卡尔算法要小．

7.2　根树及应用

7.2.1　根树的定义

定义 7.5　一个有向图 D，如果略去有向边的方向所得的无向图是一棵无向树，则称 D 为**有向树**．

例 7.9　判断图 7-11 中的有向图中哪些是有向树，并说明理由．

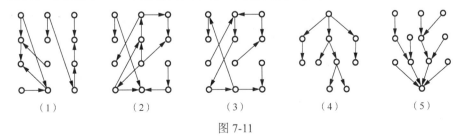

图 7-11

　　解　将图 7-11 中的有向图略去所有有向边的方向后，图 7-11（1）、（2）所得到的无向图都不是树，因此不是有向树；图 7-11（3）～（5）所得到的无向图都是树，因此是有向树.

　　有向树由于边方向的任意性，结构比较复杂，所以一般研究的是如图 7-11（4）所示的被称为根树的有向树.

　　定义 7.6　一棵非平凡的有向树，如果有一个顶点的入度为 0，其余顶点的入度均为 1，则称之为**根树**. 入度为 0 的顶点称为**树根**，入度为 1、出度为 0 的顶点称为**树叶**，入度为 1、出度大于 0 的顶点称为**内点**，内点和树根统称为**分支点**. 在根树中，从树根到任意顶点 v 的通路长度称为 v 的**层数**，记为 $l(v)$，称层数相同的顶点在同一层，层数最大的顶点的层数称为**树高**，根树 T 的树高记为 $h(T)$.

　　例 7.10　判断图 7-12（1）中的有向图是否是根树，若是根树，指出其树根、树叶和内点，并计算所有顶点所在的层数和树高.

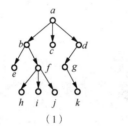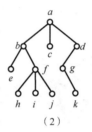

图 7-12

　　解　图 7-12（1）中的有向图是根树，其中，a 是根，c, e, h, i, j, k 是叶，b, d, f, g 是内点. a 处在第 0 层，层数为 0；b, c, d 处在第 1 层，层数为 1；e, f, g 处在第 2 层，层数为 2；h, i, j, k 处在第 3 层，层数为 3. 这棵树的高为 3.

　　习惯上常使用"倒栽树"来画根树，即把根树画成如图 7-12（2）所示的样式，树根在最上方，边的方向统一地自上而下，故可以省略边的方向. 另外，也可用家族关系表示根树中各顶点间的关系.

　　定义 7.7　在根树中，若从顶点 v_i 到顶点 v_j 可达，则称 v_i 是 v_j 的**祖先**，v_j 是 v_i 的后代；又若 $<v_i, v_j>$ 是根树中的有向边，则称 v_i 是 v_j 的**父亲**，v_j 是 v_i 的儿子；如果两个顶点是同一个顶点的儿子，则称这两个顶点是**兄弟**.

　　在实际的家庭关系中，家庭成员之间是有长幼顺序的，为此又引入有序树的概念.

　　定义 7.8　如果在根树中规定了每一层上顶点的次序，这样的根树称为**有序树**.

　　一般地，在有序树中同一层中顶点的次序为从左至右，有时也可以用边的次序来代替顶点的次序.

　　在根树的实际应用中，经常用到 m 叉树.

　　定义 7.9　在根树 T 中，

　　（1）若每个分支点至多有 m 个儿子，则称 T 为 m **叉树**或 m **元树**；

　　（2）若每个分支点都恰有 m 个儿子，则称 T 为 m **叉正则树**，若其所有树叶层次相同，则称为 m **叉完全正则树**；

（3）若 m 叉树 T 是有序的，则称 T 为 m **叉有序树**；

（4）若 m 叉完全正则树 T 是有序的，则称 T 为 m **叉完全正则有序树**.

定义 7.10   在根树 T 中，任一顶点 v 及其所有后代导出的子图 T' 称为 T 的**以 v 为根的子树**. 二叉有序树的每个顶点 v 至多有两个儿子，分别称为 v 的**左儿子**和**右儿子**. 以顶点 v 的两个儿子顶点为根的子树称为 v 的**左子树**和**右子树**.

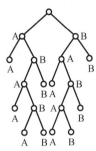

有很多实际问题可用二叉树或 m 叉树表示. 例如，A 和 B 两人进行网球比赛，如果一人连胜两盘或共胜三盘就获胜，比赛结束. 图 7-13 表示了比赛可能进行的各种情况，它有 10 片树叶，从根到树叶的每一条路径对应比赛中可能发生的一种情况，即 AA，ABAA，ABABA，ABABB，ABB，BAA，BABAA，BABAB，BABB，BB.

任何一棵有序树都可以改写成为一棵对应的二叉树. 如图 7-14（1）所示的 m 叉树可用下述方法改写为二叉树.

（1）对每个分支点保留最左边长出的边，删去其余的边；在同一层次中，兄弟顶点之间用从左到右的有向边连接，如图 7-14（2）所示.

图 7-13

（2）按如下方法选定二叉树的左儿子和右儿子：将直接处于给定顶点下面的顶点作为左儿子，对于同一水平线上与给定顶点右邻的顶点作为右儿子，以此类推，如图 7-14（3）所示.

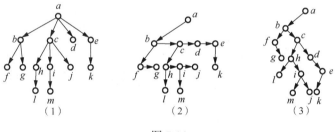

图 7-14

在根树的实际应用中，我们经常研究完全 m 叉树. 下面定理给出了完全 m 叉树中分支点与叶顶点数目之间的关系.

定理 7.4   在 m 叉完全正则树中，若树叶数为 t，分支点数为 i，则 $(m-1)i = t-1$.

证明   若把 m 叉树看作每局有 m 位选手参加比赛的淘汰赛计划表，树叶数 t 表示参加比赛的选手数，分支点数 i 表示比赛的局数，因为每局比赛将淘汰 $(m-1)$ 位选手，故比赛共淘汰 $(m-1)i$ 位选手后，最后剩下一位冠军，因此 $(m-1)i+1 = t$，即 $(m-1)i = t-1$.

例 7.11   设有 36 台计算机，拟公用一个电源插座，问：需要多少块具有 6 插位的插座面板？

解   将六叉树的每个分支点看作具有 6 插位的插座面板，树叶看作计算机，则有 $(6-1)i = 36-1$，解得 $i = 7$，所以需要 7 块具有 6 插位的插座面板.

196

7.2.2 最优树与哈夫曼算法

定义 7.11 设有一棵二叉树 T，若对 T 中所有的 t 片叶赋以权值 $w_1, w_2, \cdots, w_t$，则称此树为**带权二叉树**（或赋权二叉树）；若叶 v_i 的层数为 $l(v_i)$，则称 $W(T) = \sum_{i=1}^{t} w_i \times l(v_i)$ 为 T 的**权**；而在所有带权 $w_1, w_2, \cdots, w_t$ 的二叉树中，带权最小的二叉树称为**最优二叉树**，简称**最优树**.

可以画出多棵有 5 片叶子带权 2, 3, 5, 7, 11 的二叉树，图 7-15 中列出了其中的 3 棵，它们的权值各不相同.

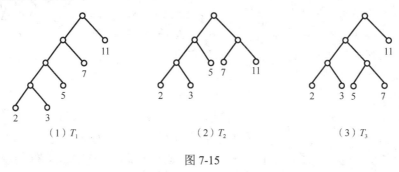

（1）T_1 （2）T_2 （3）T_3

图 7-15

图 7-15 中，各二叉树的权值分别为

$$W(T_1) = 2 \times 4 + 3 \times 4 + 5 \times 3 + 7 \times 2 + 11 \times 1 = 60$$
$$W(T_2) = 2 \times 3 + 3 \times 3 + 5 \times 2 + 7 \times 2 + 11 \times 2 = 61$$
$$W(T_3) = 2 \times 3 + 3 \times 3 + 5 \times 3 + 7 \times 3 + 11 \times 1 = 62$$

如何求得带权最小的最优树呢？1952 年，美国数学家哈夫曼（Huffman）给出了求最优树的算法. 假设有 t 个权值 $w_1, w_2, \cdots, w_t$，且 $w_1 \leqslant w_2 \leqslant \cdots \leqslant w_t$，则构造出的最优树有 t 个叶子顶点，利用哈夫曼算法构造最优树的规则如下：

（1）将 $w_1, w_2, \cdots, w_t$ 看成有 t 棵树的森林（每棵树仅有一个顶点）；

（2）在森林中选出两个根顶点的权值最小的树合并，作为一棵新树的左、右子树，且新树的根顶点权值为其左、右子树根顶点权值之和；

（3）从森林中删除选取的两棵树，并将新树加入森林；

（4）重复步骤（2）、（3），直到森林中只剩一棵树为止，该树即为所求得的最优树，这样求得的最优树也称为**哈夫曼树**.

例 7.12 求带权 4, 5, 6, 7, 11 的最优树.

解 步骤如下：

（1）创建森林，森林包括 5 棵树，这 5 棵树的权值分别是 4, 5, 6, 7, 11，如图 7-16（1）所示.

（2）在森林中，选择根顶点权值最小的两棵树（4 和 5）进行合并，将它们作为一棵新树的左、右儿子（谁左谁右无关紧要，这里，我们选择较小的作为左儿子），并且新树的根顶点权值是左、右儿子的权值之和，即新树的根顶点权值是 9. 然后，将树 4

和树 5 从森林中删除，并将新的树（树 9）添加到森林中，如图 7-16（2）所示.

（3）在森林中，选择根顶点权值最小的两棵树（6 和 7）进行合并，得到的新树的根顶点权值是 13. 然后，将树 6 和树 7 从森林中删除，并将新的树（树 13）添加到森林中，如图 7-16（3）所示.

（4）在森林中，选择根顶点权值最小的两棵树（9 和 11）进行合并，得到的新树的根顶点权值是 20. 然后，将树 9 和树 11 从森林中删除，并将新的树（树 20）添加到森林中，如图 7-16（4）所示.

（5）在森林中，选择根顶点权值最小的两棵树（13 和 20）进行合并，得到的新树根顶点权值是 33. 然后，将树 13 和树 20 从森林中删除，并将新的树（树 33）添加到森林中，如图 7-16（5）所示.

此时，森林中只有一棵树（树 33），这棵树就是我们要求的最优树.

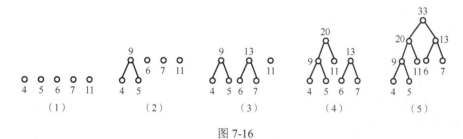

图 7-16

在计算机及通信技术中，常用二进制编码来表示符号，称之为码字，如可用码字 00, 01, 10, 11 分别表示字母 A, B, C, D. 如果字母 A, B, C, D 出现的频率是一样的，则传输 100 个字母会使用 200 个二进制位，但实际上字母出现的频率可能不一样，如 A 出现的频率为 50%，B 出现的频率为 25%，C 出现的频率为 20%，D 出现的频率为 5%，能否用不等长的二进制序列表示字母 A, B, C, D，使传输的信息的二进制位尽可能少呢？事实上，可用 0 表示字母 A，用 10 表示字母 B，110 表示字母 C，111 表示字母 D. 这样表示的编码传输上述频率的 100 个字母所用的二进制位为

$$50 \times 1 + 25 \times 2 + 20 \times 3 + 5 \times 3 = 175$$

这种表示比用等长的二进制序列表示法好，节省了二进制位，并且，这种编码表示方法是可行的，按此编码翻译一串 0, 1 串不会出现歧义（如果翻译到最后剩余一个 1 或两个 1，可约定补上一个 0 将其译为 B 或 D）. 这种编码就是下面介绍的前缀码.

定义 7.12　设 $\beta = a_1 a_2 \cdots a_n$ 为长度为 n 的符号串，称其子串 $a_1, a_1 a_2, \cdots, a_1 a_2 \cdots a_{n-1}$ 分别为 β 的长度为 $1, 2, \cdots, n-1$ 的**前缀**.

设 $B = \{\beta_1, \beta_2, \cdots, \beta_m\}$ 是一个符号串集合，若对任意 β_i，$\beta_j \in B$，$\beta_i \neq \beta_j$，β_i 不是 β_j 的前缀，β_j 也不是 β_i 的前缀，则称 B 为**前缀码**. 若符号串 $\beta_i (i = 1, 2, \cdots, m)$ 中，只出现两个符号（如 0 和 1），则称 B 为**二元前缀码**.

例 7.13　下面给出的符号串集合中，哪些是前缀码？

（1）$B_1 = \{00, 01, 10, 11\}$；

（2）$B_2 = \{1, 10, 110, 111\}$；

（3）$B_3 = \{1, 01, 011, 000\}$；

（4）$B_4 = \{0, 1, 20, 21, 220, 221, 222\}$．

解　（1）因为等长的编码一定是前缀码，所以 B_1 是前缀码．

（2）因为 1 是 10 的前缀，所以 B_2 不是前缀码．

（3）因为 01 是 011 的前缀，所以 B_3 不是前缀码．

（4）B_4 中任两个编码都互不为前缀，所以 B_4 是三元前缀码．

可用一棵二叉树来产生一个二元前缀码，给定一棵二叉树 T，假设它有 t 片叶，设 v 是 T 的任意一个分支点，则 v 至少有一个儿子至多有两个儿子．若 v 有两个儿子，则在由 v 引出的两条边上，左边的标上 0，右边的标上 1；若 v 只有一个儿子，则在 v 引出的边上可标 0 也可标 1．设 v_i 为 T 的任意一片叶，从树根到 v_i 的通路上各边的标号组成的符号串放在 v_i 处，t 片叶处的 t 个符号串组成的集合为一个二元前缀码．由上述作法可知，v_i 处的符号串的前缀均在从树根到 v_i 的通路上，因而所得的集合为二元（0 和 1 组成）前缀码．由此法可知，若 T 存在带一个儿子的分支点，则由 T 产生的前缀码不唯一，但若 T 为二叉正则树，则 T 产生的前缀码就是唯一的了．

如图 7-17 所示的二叉树产生的前缀码为 $\{01, 10, 000, 001, 110, 111\}$．

当已知传输的符号出现的频率时，如何选择前缀码使传输的二进制位尽可能得少呢？这就要先产生一棵最优二叉树 T，然后用 T 产生二元前缀码，这样就能使传输的二进制位最少．这样的前缀码称为**最佳前缀码**.

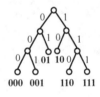

图 7-17

例 7.14　在通信中，八进制数字出现的频率如下．

| 0：25% | 1：20% | 2：15% | 3：10% |
| 4：10% | 5：10% | 6：5% | 7：5% |

如何设计传输它们的编码，使得传输 10000 个这样的数字所需的二进制位数最少？

解　（1）用哈夫曼算法求带权 5, 5, 10, 10, 10, 15, 20, 25 的最优二叉树 T，如图 7-18 所示．

（2）在 T 上求一个前缀码：每个分支点的左分支边标 0，右分支边标 1，每个叶子处标上从根到叶子的通路上的标号组成的符号串，得到前缀码 $\{01, 10, 001, 110, 111, 0001, 00000, 00001\}$．

（3）每片树叶的权等于它对应的数字的频率乘 100，八进制数字与它的编码对应如下．

| 0：01 | 1：10 | 2：001 | 3：110 |
| 4：111 | 5：0001 | 6：00000 | 7：00001 |

当然，这种对应不是唯一的，等长的码字可以互换（如 0 和 1；2、3 和 4；6 和 7），频率相同的数字的码字也可以互换（如 3、4 和 5；6 和 7），其余的就不能随便换了．

用这种编码来传输 10 000 个上述比例的数字，所用的二进制位为

$$(2500 + 2000) \times 2 + 1500 \times 3 + (1000 + 1000) \times 3 + 1000 \times 4 + (500 + 500) \times 5 = 28\,500$$

作为比较，如果用长为 3 的等长编码（如 000—0，001—1，010—2，011—3，100—4，101—5，110—6，111—7）传输 10 000 个八进制数字，要用 30 000 个二进制数字，用最佳前缀码节省了 1500 个二进制数字，为 5%.

7.2.3　根树的遍历

对于根树，一个十分重要的问题是要找到一些方法能系统地访问树的顶点，使得每个顶点恰好访问一次，这就是根树的遍历问题. m 叉树中，应用最广泛的是二叉树，因为二叉树在计算机中最容易处理. 下面介绍二叉树的 3 种常用的遍历方法.

算法 7.1　二叉树的先根次序（先序）遍历算法：

（1）访问根；

（2）按先根次序遍历根的左子树；

（3）按先根次序遍历根的右子树.

算法 7.2　二叉树的中根次序（中序）遍历算法：

（1）按中根次序遍历根的左子树；

（2）访问根；

（3）按中根次序遍历根的右子树.

算法 7.3　二叉树的后根次序（后序）遍历算法：

（1）按后根次序遍历根的左子树；

（2）按后根次序遍历根的右子树；

（3）访问根.

例 7.15　写出如图 7-19 所示的二叉树的先序、中序和后序遍历序列.

解　先序遍历序列为 $abdecfhijkg$；中序遍历序列为 $dbeahfjikcg$；后序遍历序列为 $debhjkifgca$.

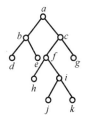

图 7-19

若将每个根子树的遍历结果加上括号，就可以更清晰地表示二叉树的结构，从而上述遍历序列又可写为，先序遍历序列为 $a(bde)(c(fh(ijk))g)$；中序遍历序列为 $(dbe)a(hf(jik))cg$；后序遍历序列为 $(deb)(h(jki)f)gc)a$.

对于由二元运算符组成的表达式，如算术表达式、布尔表达式和集合表达式等，可以用一棵二叉树来表示，其中，分支点表示运算符，叶子表示变量或常量，另外规定被减数和被除数放在左子树上. 当算式中含有一元运算符时，需要使一元运算符与它的运算对象的位置和原式中的一致，若原式中运算对象位于一元运算符的后面（如 $\neg p$），则应把运算对象放在一元运算符所在分支点的右儿子处；若原式中运算对象位于一元运算符的前面（如矩阵转置 A^{T}），则应把运算对象放在一元运算符所在分支点的左儿子处.

例如，表达式 $a+b$，$a+b*c$，$(a+b)*c$ 可分别用 3 棵二叉树 T_1，T_2，T_3 来表示，如图 7-20 所示.

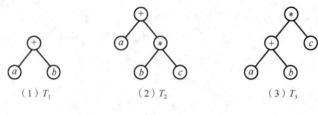

（1）T_1 （2）T_2 （3）T_3

图 7-20

（1）若按中序遍历次序访问图 7-20 中的 3 棵二叉树 T_1, T_2, T_3，其结果分别为

$$a+b, \quad a+(b*c), \quad (a+b)*c$$

由此可见，中序遍历法的访问结果是还原算式.

（2）若按先序遍历次序访问图 7-20 中的 3 棵二叉树 T_1, T_2, T_3，其结果分别为

$$+ab, \quad +a(*bc), \quad *(+ab)c$$

略去全部括号后，规定每个运算符对它后面紧邻的两个数进行运算，仍是正确的，因而可省去全部括号，得

$$+ab, \quad +a*bc, \quad *+abc$$

因为运算符在参加运算的两数之前，故称此种表示法为**前缀符号法**，或称为**波兰表示法**.

（3）若按后序遍历次序访问图 7-20 中的 3 棵二叉树 T_1，T_2，T_3，其结果分别为

$$ab+, \quad a(bc*)+, \quad (ab+)c*$$

略去全部括号后，规定每个运算符对它前面紧邻的两个数进行运算，仍是正确的. 因而可省去全部括号，得

$$ab+, \quad abc*+, \quad ab+c*$$

因为运算符在参加运算的两数之后，故称此种表示法为**后缀符号法**，或称为**逆波兰表示法**.

例 7.16 画出表达式 $(a-(b+c))/d+e*f*g$ 对应的二叉树，并写出该表达式的波兰表示法和逆波兰表示法.

解 表达式 $(a-(b+c))/d+e*f*g$ 对应的二叉树如图 7-21 所示.

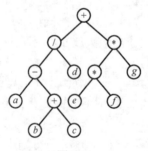

图 7-21

先序遍历该二叉树得到该表达式的波兰表示法为 $+/-a+bcd**efg$，后序遍历该二叉树得到该表达式的逆波兰表示法为 $abc+-d/ef*g*+$.

习 题 7

1. 已知无向树 T 中有 1 个 3 度顶点，2 个 2 度顶点，其余顶点全是树叶，试求树叶数，并画出满足要求的所有非同构的无向树.

2. 已知无向树 T 有 5 片树叶，2 度与 3 度顶点各 1 个，其余顶点的度数均为 4，求 T 的阶数 n，并画出满足要求的所有非同构的无向树.

3. 无向树 T 有 n_i 个 i 度顶点，$i = 2, 3, \cdots, k$，其余顶点全是树叶，求 T 的树叶数.

4. 设 n 阶非平凡的无向树中，$\Delta(T) \geqslant k$，$k \geqslant 1$. 证明 T 至少有 k 片树叶.

5. 证明：若 n 点 m 边的无向图 G 是由 k 个树组成的森林，则 $m = n - k$.

6. 证明：除平凡树外，树都是二部图.

7. 证明：除平凡树外，树都不是欧拉图.

8. 证明：除平凡树外，树都不是哈密顿图.

9. 证明：树都是平面图.

10. 哪些完全二部图是树？

11. 无向完全图 $K_n (n \geqslant 1)$ 中有树吗？

12. 下面三组数中，哪组可以作为无向树的度数列？若是树的度数列，请画出两棵非同构的无向树.

（1）1, 1, 2, 2, 3, 3；

（2）1, 1, 1, 1, 1, 2, 3, 4；

（3）1, 1, 1, 1, 1, 1, 2, 3, 4.

13. 图 7-22 所示的各无向图中，分别有几棵非同构的生成树？请画出它们来.

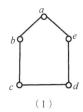 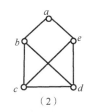 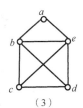

（1）　　　　　　　（2）　　　　　　　（3）

图 7-22

14. 求图 7-23 所示的带权无向图的最小生成树，并计算它的权.

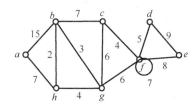

图 7-23

15． 分别用克鲁斯卡尔算法、普里姆算法求图 7-24 的一棵最小生成树，并计算它的权．

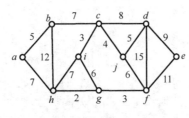

图 7-24

16． 设 T_1, T_2 都是连通图 G 的生成树，已知边 $e_1 \in T_1 - T_2$，证明：必定存在 $e_2 \in T_2 - T_1$，使得 $(T_1 - e_1) \bigcup \{e_2\}$ 和 $(T_2 - e_2) \bigcup \{e_1\}$ 都是 G 的生成树．

17． 图 7-25 所示各图中哪些是树或根树？

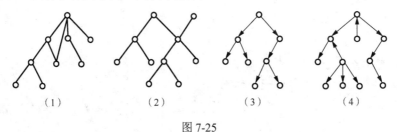

（1）　　　　　（2）　　　　　（3）　　　　　（4）

图 7-25

18． 根据图 7-26 所示根树 T，回答以下问题．

（1）T 有多少个内点？

（2）T 有多少个分支点？

（3）T 有多少片树叶？

（4）T 的高度 $h(T)$ 为多少？

（5）T 是几叉树？

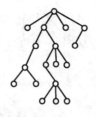

图 7-26

19．（1）画出所有 $2, 3, 4, 5$ 阶非同构的无向树．

（2）画出所有 $2, 3, 4, 5$ 阶非同构的根树．

20． 证明：在完全二叉树中，$m = 2(t-1)$，其中，m 为边数，t 为树叶数．

21． 求带权 $2, 3, 5, 7, 11, 13, 17, 19, 23$ 的最优二叉树．

22． 判断字符串集合 $\{10, 11, 000, 010, 011, 00100\}$ 是否是前缀码，如果是前缀码，请画出对应的二叉树．

23．写出图 7-27 所示的 3 棵二叉树的先序遍历、中序遍历和后序遍历结果.

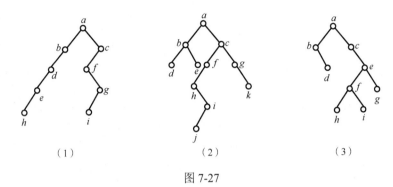

图 7-27

24．画出表达式 $(a*(b+c)+d*e*f)/(g+(h-i)*j)$ 对应的二叉树，并写出该表达式的波兰符号表示法和逆波兰符号表示法.

25．画出波兰符号法表达式 $*+-abc+de$ 所对应的二叉树，并写出该表达式.

26．用一棵二叉树表示下述命题公式，并写出它的波兰符号法表达式和逆波兰符号法表达式.

$$((p \land \neg q) \lor \neg r) \to ((\neg p \land q) \to (q \lor r))$$

27．计算用波兰符号法表示的表达式 $-*2/9\ 3\ 3$ 和用逆波兰符号法表示的表达式 $5\ 2\ 1--3\ 1\ 4++*$ 的值.

28．设用于通信的电文由字符集 $\{a, b, c, d, e, f, g\}$ 中的字母构成，它们在电文中出现的频率分别为 $\{0.31, 0.16, 0.10, 0.08, 0.11, 0.20, 0.04\}$. 构造一棵最优树来实现对各个字母的编码，并使得电文的总编码长度最小.

第8章 代数系统

代数系统是由集合上定义若干个运算而组成的系统,是一种特殊的数学结构. 在代数系统中,集合的元素均为抽象元素,运算通常是以运算组合表的形式定义的抽象运算,从而考察抽象元素在抽象运算上的一般运算性质,其运算和运算性质具有更高的通用性和普适性. 以运算性质和特殊元素为标准对代数系统进行分类,可以抽象出一些典型的抽象代数系统如群、环、域、格等.

代数系统也是一种数学模型,可以用它表示实际世界中的离散结构. 从计算机角度看,计算机对多种多样信息的处理一般需要建立若干抽象数据类型,代数系统的相关理论可以为这些抽象数据类型及相关运算的设计提供基本思路和方法技巧. 此外,代数系统的研究方法和结果在构造计算模型、程序理论、编码理论和数据理论等领域有广泛的应用.

8.1 代数系统概述

8.1.1 二元运算

代数系统的重要成分是代数运算. 例如,求一个数 a 的倒数 $\dfrac{1}{a}$ 是非零实数集合 $\mathbf{R}^*$ 上的一元运算;在幂集合 $P(S)$ 上规定全集为 S,求绝对补运算 $(\sim)$ 是 $P(S)$ 上的一元运算;数理逻辑中的否定是谓词集合上的一元运算. 再如,在集合 $\mathbf{R}$ 上,任意两个实数进行的普通加、减、乘运算是集合 $\mathbf{R}$ 上的二元运算;两个集合的并与交运算是集合上的二元运算;数理逻辑中的合取与析取是谓词集合上的二元运算;等等. 上述例子的一个共同的特征就是运算结果都在原来的集合中. 具有这种特征的运算是封闭的.

定义 8.1 设 S 为集合,函数 $f: S \times S \to S$ 称为 S 上的一个二元运算,简称为二元运算,这时也称 S 对 f 封闭.

从上述定义可以看出,在代数系统中,运算是集合 S 上的一种函数,与一般函数的区别在于其封闭性. 封闭性是运算的主要特征.

总结: (1) $f: \mathbf{N} \times \mathbf{N} \to \mathbf{N}, f(<x,y>) = x+y$,即自然数集合 $\mathbf{N}$ 上的普通加法是 $\mathbf{N}$ 上的二元运算. 普通减法不是 $\mathbf{N}$ 上的二元运算,因为两个自然数相减可能得负数,而负数不属于 $\mathbf{N}$,这时称集合 $\mathbf{N}$ 对减法运算不封闭.

(2) 整数集 $\mathbf{Z}$ 上的加法、减法和乘法是 $\mathbf{Z}$ 上的二元运算,而除法不是.

(3) 非零实数集 $\mathbf{R}^*$ 上的乘法和除法是 $\mathbf{R}^*$ 上的二元运算,而加法和减法不是,因为两个非零实数相加或相减可能得 0.

（4）正整数集合 $\mathbf{Z}^+$ 上两个数 a,b 的最小公倍数 $\text{lcm}(a,b)$ 和最大公约数 $\gcd(a,b)$ 是 $\mathbf{Z}^+$ 上的二元运算.

（5）设 $M_n(\mathbf{R})$ 表示所有 n 阶 $(n \geq 2)$ 实矩阵的集合，则矩阵的加法和乘法都是 $M_n(\mathbf{R})$ 上的二元运算；求转置矩阵是 $M_n(\mathbf{R})$ 上的一元运算，而求逆矩阵不是 $M_n(\mathbf{R})$ 上的一元运算，因为只有行列式不为 0 的 n 阶矩阵才有逆矩阵.

（6）设 S 是任意集合，则 "$\cup$""$\cap$""$-$""$\oplus$" 为 S 的幂集 $P(S)$ 上的二元运算.

（7）设 S 为集合，S^s 为 S 上所有函数的集合，则函数的复合运算 "$\circ$" 为 S^s 上的二元运算.

通常用 "$\circ$""$*$""$\bullet$" 等运算符来表示二元运算. 二元运算一般采用中置表示，如 x 与 y 运算得到 z，记作 $x \circ y = z$；一元运算通常采用前置表示，如 x 的运算结果记作 $\circ x$.

运算的表示方法有运算表达式和运算表两种. 运算表达式适合表示运算的元素与运算结果之间具有映射规则的运算，运算表不要求运算有共同的映射规则，但运算必须定义在有穷集上. 二元运算表和一元运算表的一般形式分别如表 8-1 和表 8-2 所示.

表 8-1

$\circ$	a_1	a_2	$\cdots$	a_n
a_1	$a_1 \circ a_1$	$a_1 \circ a_2$	$\cdots$	$a_1 \circ a_n$
a_2	$a_2 \circ a_1$	$a_2 \circ a_2$	$\cdots$	$a_2 \circ a_n$
$\vdots$	$\vdots$	$\vdots$	$\vdots$	$\vdots$
a_n	$a_n \circ a_1$	$a_n \circ a_2$	$\cdots$	$a_n \circ a_n$

表 8-2

a_i	$\circ(a_i)$
a_1	$\circ(a_1)$
a_2	$\circ(a_2)$
$\vdots$	$\vdots$
a_n	$\circ(a_n)$

例 8.1 设 $\mathbf{R}$ 为实数集合，如下定义 $\mathbf{R}$ 上的二元运算 "$*$"：$\forall x,y \in \mathbf{R}$，$x * y = x$. 计算 $(-1)*5$，$2*0$，$-4*\dfrac{1}{3}$.

解 $(-1)*5 = -1$；$2*0 = 2$；$(-4)*\dfrac{1}{3} = -4$.

例 8.2 设 $S = \{a,b\}$，试写出 $P(S)$ 上的绝对补运算 $(\sim)$ 和对称差运算 $(\oplus)$ 的运算表.

解 所求运算表分别如表 8-3 和表 8-4 所示.

表 8-3

X	$\sim X$
$\varnothing$	$\{a,b\}$
$\{a\}$	$\{b\}$
$\{b\}$	$\{a\}$
$\{a,b\}$	$\varnothing$

表 8-4

$\oplus$	$\varnothing$	$\{a\}$	$\{b\}$	$\{a,b\}$
$\varnothing$	$\varnothing$	$\{a\}$	$\{b\}$	$\{a,b\}$
$\{a\}$	$\{a\}$	$\varnothing$	$\{a,b\}$	$\{b\}$
$\{b\}$	$\{b\}$	$\{a,b\}$	$\varnothing$	$\{a\}$
$\{a,b\}$	$\{a,b\}$	$\{b\}$	$\{a\}$	$\varnothing$

例 8.3 设集合 Z_n，模 n 加法 "$\oplus$" 和模 n 乘法 "$\otimes$" 定义为 $x \oplus y = (x+y) \bmod n$，$x \otimes y = (xy) \bmod n$. 试写出当 $n=5$ 时，这两个运算的运算表.

解　当 $n=5$ 时，这两个运算的运算表分别如表 8-5 和表 8-6 所示.

表 8-5

$\oplus$	0	1	2	3	4
0	0	1	2	3	4
1	1	2	3	4	0
2	2	3	4	0	1
3	3	4	0	1	2
4	4	0	1	2	3

表 8-6

$\otimes$	0	1	2	3	4
0	0	0	0	0	0
1	0	1	2	3	4
2	0	2	4	1	3
3	0	3	1	4	2
4	0	4	3	2	1

类似于二元运算，可以定义集合上的 $n(n\in \mathbf{Z}^+)$ 元运算.

定义 8.2　设 S 为集合，$n\in \mathbf{Z}^+$，则函数 $f:\underbrace{S\times S\times \cdots \times S}_{n\uparrow}\to S$ 称为 S 上的一个 n 元运算.

例如，设集合 $S=\{a_1,a_2,\cdots a_n,b\}$，定义 S 上的 n 元运算 $f(<a_1,a_2,\cdots,a_n>)=b$．当 $n=1$ 时，称 f 为一元运算.

8.1.2　二元运算的性质

当运算满足一定的条件时，运算才有研究的价值和意义. 下面对二元运算的性质进行讨论，主要讨论二元运算遵从的运算律. 对于一个二元运算的运算律主要有交换律、结合律和幂等律；对于两个不同的二元运算的运算律主要有分配律和吸收律.

定义 8.3　设 "∘" 为 S 上的二元运算，如果对任意的 $x,y\in S$，有

$$x\circ y=y\circ x$$

则称该二元运算 "∘" 是**可交换**的，或者说 "∘" 在 S 上满足**交换律**.

总结：幂集 $P(S)$ 上的 "∪""∩""⊕" 都是可交换的，但相对补不是可交换的.

例 8.4　设 $\mathbf{Q}$ 是有理数集合，"∘" 是 $\mathbf{Q}$ 上的二元运算，对 $x,y\in \mathbf{Q}$，$x\circ y=x+y-xy$，问：运算 "∘" 是否可交换？

解　因为

$$x\circ y=x+y-xy=y+x-yx=y\circ x$$

所以运算 "∘" 是可交换的.

定义 8.4　设 "∘" 为 S 上的二元运算，如果对任意的 $x,y,z\in S$，有

$$(x\circ y)\circ z=x\circ (y\circ z)$$

则称该二元运算 "∘" 是**可结合**的，或者说 "∘" 在 S 上满足**结合律**.

总结：幂集 $P(S)$ 上的 "∪""∩""⊕" 都是可结合的；n 阶实矩阵集合 $M_n(\mathbf{R})$ 上的加法和乘法运算也是可结合的.

例 8.5　设 A 是非空集合，"∘" 是 A 上的二元运算，对于任意 $a,b\in A$，有 $a\circ b=b$．证明运算 "∘" 是可结合的.

证明　因为对任意 $a,b,c\in A$，有

$$(a \circ b) \circ c = b \circ c = c$$
$$a \circ (b \circ c) = a \circ c = c$$

所以

$$(a \circ b) \circ c = a \circ (b \circ c)$$

可结合性表明:

(1) 对于满足结合律的二元运算,在一个只由该运算的运算符连接起来的表达式中,可以去掉标记运算顺序的括号;反之,对于 S 中的任意 n 个元素 $a_1, a_2, \cdots, a_n$,只要不改变运算的顺序,可以用任意加括号的方式进行计算,其结果相同.

(2) 对于满足结合律的二元运算,如果参与运算的元素相同,就可以用该元素的幂来表示,如 $\underbrace{x \circ x \circ \cdots \circ x}_{n\text{个}} = x^n$.

关于幂运算有公式:

$$x^m \circ x^n = x^{m+n}, \quad (x^m)^n = x^{mn}, \quad m, n \text{为正整数}$$

(3) 如果运算"$\circ$"同时满足交换律和结合律,那么在计算 $a_1 \circ a_2 \circ \cdots \circ a_n$ 时可以按照任意次序进行计算.

定义 8.5 设"$\circ$"为 S 上的二元运算,如果对任意的 $x \in S$,有

$$x \circ x = x$$

则称该二元运算"$\circ$"是**幂等**的,或者说"$\circ$"在 S 上满足**幂等律**.

例 8.6 验证幂集 $P(S)$ 上的"$\cup$"和"$\cap$"是幂等的.

解 对任意的 $A \in P(S)$,有 $A \cup A = A$ 和 $A \cap A = A$,故"$\cup$"和"$\cap$"满足幂等律.

定义 8.6 设"$\circ$"和"$*$"为 S 上两个不同的二元运算,如果对任意的 $x, y, z \in S$,有

$$x * (y \circ z) = (x * y) \circ (x * z)$$
$$(y \circ z) * x = (y * x) \circ (z * x)$$

则称该二元运算"$*$"对"$\circ$"是**可分配**的,或者说"$*$"对"$\circ$"在 S 上满足**分配律**.

分配律的意义在于将两个运算联系起来,通过这种联系,能在运算过程中改变两个运算的次序.

总结:(1) 在实数集 $\mathbf{R}$ 上,对任意的 $x, y, z \in \mathbf{R}$,对于普通的乘法和加法,有

$$x(y + z) = xy + xz, \quad (y + z)x = yx + zx$$

即乘法对加法是可分配的. 但加法对乘法不满足可分配性.

(2) n 阶实矩阵集合 $M_n(\mathbf{R})$ 上矩阵乘法对加法运算是可分配的;幂集 $P(S)$ 上的"$\cup$"和"$\cap$"是互相可分配的.

定义 8.7 设"$\circ$"和"$*$"为 S 上两个不同的二元运算,如果对任意的 $x, y \in S$,有

$$x \circ (x * y) = x$$
$$x * (x \circ y) = x$$

则称"$\circ$"和"$*$"满足**吸收律**.

例如,幂集 $P(S)$ 上的"$\cup$"和"$\cap$"是满足吸收律的.

8.1.3 代数系统的定义

定义 8.8 非空集合 S 连同 S 上 k 个运算 $f_1, f_2, \cdots, f_k$ 组成的系统称为**代数系统**，简称**代数**，记作 $< S, f_1, f_2, \cdots, f_k >$.

由定义可知，一个代数系统需满足下列条件：

（1）有非空集合 S；

（2）有在 S 上的一些运算；

（3）这些运算在 S 上是封闭的.

另外，若没有特别说明，运算均指二元运算. 一个代数系统中有一元运算时，代数系统的符号中二元运算排在一元运算的前面.

总结：（1）$< \mathbf{N}, + >$，$< \mathbf{Z}, +, \cdot >$，$< \mathbf{R}, +, \cdot >$ 是代数系统，"+"和"·"分别表示普通加法和乘法；

（2）$< M_n(\mathbf{R}), +, \cdot >$ 是代数系统，"+"和"·"分别表示矩阵加法和乘法；

（3）$< Z_n, \oplus, \otimes >$ 是代数系统，$Z_n = \{0, 1, \cdots, n-1\}$，"$\oplus$"和"$\otimes$"分别表示模 n 加法和乘法；

（4）$< P(S), \cup, \cap, \sim >$ 是代数系统，其中，"$\cup$"和"$\cap$"为二元运算，"$\sim$"为一元运算；

（5）设 A 为命题逻辑公式的全体，"$\wedge$""$\vee$"分别是合取运算和析取运算，则 $< A, \wedge, \vee >$ 是代数系统，称为逻辑代数.

对代数系统的考察，除它的集合和集合上的运算外，最根本的是对运算性质的讨论. 所以运算的性质和某些特殊元素也是代数系统的性质.

研究代数系统，就是要研究代数系统的性质和代数系统的内在联系，为此给出同类型代数系统的概念.

定义 8.9 设 $< S, f_1, f_2, \cdots, f_m >$ 和 $< T, g_1, g_2, \cdots, g_m >$ 是两个代数系统，若 f_i 和 g_i $(1 \leqslant i \leqslant m)$ 的元数相同，则称 $< S, f_1, f_2, \cdots, f_m >$ 和 $< T, g_1, g_2, \cdots, g_m >$ 是同类型的代数系统.

总结：（1）代数系统 $< \mathbf{Z}, \cdot > < \mathbf{R}, + >$ 和 $< P(B), \cup >$ 是同类型的，因为它们都有一个二元运算符；

（2）$< \mathbf{Z}, \cdot >$ 与 $< \mathbf{Z}, +, \cdot >$ 不是同类型的，因为它们的运算符个数不同；

（3）$< P(B), \cup >$ 与 $< P(B), \sim >$ 也不是同类型的，因为它们的运算元数不同.

8.1.4 代数系统的特殊元素

在某些代数系统中存在着一些特定的元素，它对该系统的运算起着重要的作用，称之为该系统的特殊元素或代数常数，即幺元、零元、逆元、消去元等.

1. 幺元

定义 8.10 设 $< S, \circ >$ 是一个代数系统，如果存在元素 $e_l, e_r, e \in S$，对 $\forall x \in S$，

（1）若 $e_l \circ x = x$ ，则称 e_l 是 S 中关于 "。" 运算的左幺元；

（2）若 $x \circ e_r = x$ ，则称 e_r 是 S 中关于 "。" 运算的右幺元；

（3）若 e 关于 "。" 既是左幺元又是右幺元，则称 e 是 S 中关于 "。" 运算的幺元．幺元也称为单位元．

例如，设 $S = \{a, b, c, d\}$ ，S 上定义的两个二元运算 "。" 和 " $*$ " 如表 8-7 和表 8-8 所示，则

（1）b 和 d 是关于 "。" 运算的左幺元，关于 "。" 运算的右幺元不存在；

（2）对于运算 " $*$ " ，a 既是左幺元又是右幺元，从而 a 是幺元．

表 8-7

。	a	b	c	d
a	a	a	b	c
b	a	b	c	d
c	a	b	c	c
d	a	b	c	d

表 8-8

$*$	a	b	c	d
a	a	b	c	d
b	b	a	c	d
c	c	d	a	b
d	d	d	b	c

定理 8.1 设 $<S, \circ>$ 是一个代数系统，如果 S 中既存在关于 "。" 运算的左幺元 e_l ，又存在关于 "。" 运算的右幺元 e_r ，则 S 中必存在关于 "。" 运算的幺元 e ，即

（1）$e_l = e_r = e$ ；

（2）幺元 e 唯一．

证明 （1）因为

$$e_l = e_l \circ e_r \quad （因为 e_r 是右幺元）$$
$$e_l \circ e_r = e_r \quad （因为 e_l 是左幺元）$$

所以 $e_l = e_r$ ．若把这个幺元记作 e ，则

$$e_l = e_r = e .$$

（2）设 e' 是 S 上关于 "。" 运算的幺元，则

$$e' = e' \circ e \quad （e 是幺元）$$
$$= e \quad （e' 是幺元）$$

所以幺元是唯一的．

2．零元

定义 8.11 设 $<S, \circ>$ 是一个代数系统，如果存在元素 $\theta_l, \theta_r, \theta \in S$ ，对 $\forall x \in S$ ，有

（1）若 $\theta_l \circ x = \theta_l$ ，则称 θ_l 是 S 中关于 "。" 运算的左零元；

（2）若 $x \circ \theta_r = \theta_r$ ，则称 θ_r 是 S 中关于 "。" 运算的右零元；

（3）若 θ 关于 "。" 运算既是左零元又是右零元，则称 θ 是 S 中关于 "。" 运算的零元．

说明：（1）在表 8-7 中，a 是 "。" 运算的右零元，"。" 运算中没有的左零元，也没有零元；

（2）设 $V = <Z_n, \otimes>$，"$\otimes$" 是模 n 乘法运算，对任意 $a \in Z_n$，有 $a \otimes 0 = 0 \otimes a = 0$，所以 0 是零元.

定理 8.2　设 $<S, \circ>$ 是一个代数系统，如果 S 中既存在关于 "$\circ$" 运算的左零元 θ_l，又存在关于 "$\circ$" 运算的右零元 θ_r，则 S 中必存在关于 "$\circ$" 运算的零元 θ，即

（1）$\theta_l = \theta_r = \theta$；

（2）零元 θ 唯一.

证明　可仿定理 8.1 证明，此处省略.

3. 逆元

定义 8.12　设 $<S, \circ>$ 是一个代数系统，e 为幺元. 如果存在元素 $y_l, y_r, y \in S$，对 $\forall x \in S$，有

（1）若 $y_l \circ x = e$，则称 y_l 是 S 中关于 "$\circ$" 运算的左逆元；

（2）若 $x \circ y_r = e$，则称 y_r 是 S 中关于 "$\circ$" 运算的右逆元；

（3）若 y 既是 x 的左逆元又是 x 的右逆元，则称 y 是 x 的逆元.

如果 x 的逆元存在，就称 x 是可逆的.

说明：整数集 $\mathbf{Z}$ 上关于加法的幺元是 0，$\forall m \in \mathbf{Z}$，m 关于加法的逆元是 $-m$. 因为
$$m + (-m) = 0, \quad (-m) + m = 0$$

自然数集 $\mathbf{N}$ 关于加法运算只有 $0 \in \mathbf{N}$ 有逆元 0，其他的自然数都没有加法逆元.

定理 8.3　设 $<S, \circ>$ 是一个代数系统，"$\circ$" 为 S 上可结合的二元运算，e 为幺元. 如果存在元素 $x \in S$，对于 x 既存在关于 "$\circ$" 运算的左逆元 y_l，又存在关于 "$\circ$" 运算的右逆元 y_r，则 S 中必存在关于 "$\circ$" 运算的逆元 y，即

（1）$y_l = y_r = y$；

（2）y 是 x 的唯一逆元.

证明　（1）因为
$$
\begin{aligned}
y_l &= y_l \circ e && (e \text{ 是幺元}) \\
&= y_l \circ (x \circ y_r) && (y_r \text{ 是 } x \text{ 的右逆元}) \\
&= (y_l \circ x) \circ y_r && ("\circ" \text{ 是可结合的}) \\
&= e \circ y_r && (y_l \text{ 是 } x \text{ 的左逆元}) \\
&= y_r && (e \text{ 是幺元})
\end{aligned}
$$

所以 $y_l = y_r$，并把这个逆元记作 y，则 $y_l = y_r = y$.

（2）假设 $y' \in S$ 是 x 的逆元，则有
$$
\begin{aligned}
y' &= y' \circ e && (e \text{ 是幺元}) \\
&= y' \circ (x \circ y) && (y \text{ 是 } x \text{ 的逆元}) \\
&= (y' \circ x) \circ y && ("\circ" \text{ 是可结合的}) \\
&= e \circ y && (y' \text{ 是 } x \text{ 的逆元}) \\
&= y && (e \text{ 是幺元})
\end{aligned}
$$

所以 x 的逆元是唯一的，通常将 x 的逆元记作 x^{-1}.

4. 消去律

定义 8.13 设 $<S, \circ>$ 是一个代数系统，$\forall x, y, z \in S$，且 $x \neq \theta$，有

$$x \circ y = x \circ z \Rightarrow y = z, y \circ x = z \circ x \Rightarrow y = z$$

成立，则称运算 "$\circ$" 满足**消去律**.

总结： 实数集 $\mathbf{R}$ 上的加法和乘法满足消去律；幂集 $P(S)$ 上的对称差 "$\oplus$" 运算满足消去律. 但集合的并和交运算不满足消去律. 表 8-9 列出了相关运算的特殊元素.

表 8-9

集合	运算	幺元	零元	逆元
$\mathbf{Z}, \mathbf{Q}, \mathbf{R}$	普通 +	0	无	x 的逆元 $-x$
	普通 ×	1	0	非零 x 的逆元 $1/x$
$M_n(\mathbf{R})$	矩阵 +	全 0 矩阵	无	$\boldsymbol{M}$ 的逆元为 $-\boldsymbol{M}$
	矩阵 ×	单位矩阵	全 0 矩阵	可逆矩阵 $\boldsymbol{M}$ 的逆元为 $\boldsymbol{M}^{-1}$
$P(B)$	$\cup$	$\varnothing$	B	只有 $\varnothing$ 有逆元，为 $\varnothing$
	$\cap$	B	$\varnothing$	只有 B 有逆元，为 B
	$\oplus$	$\varnothing$	无	X 逆元为自身 X
A^A	函数复合。	I_A	无	双射函数 f 的逆元 f^{-1}

对于给定的代数系统来说，特别指出以下几点：

（1）如果幺元或零元存在，则一定是唯一的.

（2）如果幺元和零元同时存在，当集合中的元素大于 1 时，二者不相同（读者自己证明）.

（3）逆元与集合中的元素相关，有的元素有逆元，有的元素没有逆元. 一般而言，一个元素的左逆元不一定等于该元素的右逆元，有的元素的左（右）逆元还可以不是唯一的.

（4）如果运算满足结合律，那么集合中给定元素的逆元若存在，则是唯一的.

（5）使用消去律时，消去元不能是零元.

说明： 通过运算表也可以反映关于运算的各种性质. 例如，"$\circ$" 为 S 上的二元运算，该运算的有些性质和特殊元素可以从运算表中直接判别得出，其中 $x, y, e, \theta \in S$.

（1）运算是封闭的 $\Leftrightarrow$ 运算表中的任何元素属于 S；

（2）运算满足交换律 $\Leftrightarrow$ 运算表关于主对角线是对称的；

（3）运算满足幂等律 $\Leftrightarrow$ 主对角线上的元素顺序与所在行表头元素或所在列表头元素顺序一致；

（4）S 中有关于 "$\circ$" 的幺元 $e \Leftrightarrow e$ 所对应的行和列的元素排列顺序与所在行表头元素和所在列表头元素顺序一致；

（5）S 中有关于 "$\circ$" 的零元 $\theta \Leftrightarrow \theta$ 所对应的行和列的元素也都是 θ；

（6）x 与 y 互逆 $\Leftrightarrow x$ 所在行与 y 所在列的元素及 y 所在行与 x 所在列的元素都是幺元.

例 8.7 表 8-10～表 8-12 分别给出了 3 个运算表，讨论这 3 个运算的可交换性、可结合性、幂等性，并说明是否含有幺元、零元和逆元.

表 8-10			
∘	a	b	c
a	a	b	c
b	b	b	c
c	c	c	c

表 8-11			
*	a	b	c
a	c	a	b
b	a	b	c
c	b	c	a

表 8-12			
•	a	b	c
a	a	b	c
b	a	b	c
c	a	b	c

解 "∘"运算满足交换律、结合律、幂等律. a 为幺元, c 为零元, $a^{-1}=a$.

"*"运算满足交换律、结合律, 不满足幂等律. b 为幺元, 没有零元, $a^{-1}=c$, $b^{-1}=b$, $c^{-1}=a$.

"•"运算不满足交换律, 满足结合律和幂等律. 没有幺元, 没有零元, 也没有可逆元素.

说明: 为了强调特殊元素的存在, 有时会把它们列到有关的代数系统表达式中. 例如, $<\mathbf{Z},+>$ 的幺元是 0, 同样也可记为 $<\mathbf{Z},+,0>$.

8.1.5 子代数

对于代数结构的研究, 有时需要在代数系统的某个子集上讨论其性质, 为此给出子代数系统的概念.

定义 8.14 $V=<S,f_1,f_2,\cdots,f_m>$ 是代数系统, 非空集 $B\subseteq S$ 在 $f_1,f_2,\cdots,f_m$ 中都是封闭的, 若 B 和 S 都有相同的代数常数, 则称 $<B,f_1,f_2,\cdots,f_m>$ 是 V 的子代数系统, 简称子代数.

从定义 8.14 不难看出, 子代数和原代数是同类型的代数系统, 有相同的运算律和相同的代数常数; 不同的是子代数中运算的作用范围一般会小一些.

对于任何代数系统 $V=<S,f_1,f_2,\cdots,f_m>$, 其子代数一定存在, 最大的子代数就是 V 本身. 如果令 V 中所有代数常数构成集合 B, 且 B 对 V 中所有的运算都是封闭的, 从而 B 构成了 V 的最小子代数. 这种最大和最小的子代数称为 V 的平凡子代数. 若 B 是 V 的真子集, 则 B 构成的子代数称为 V 的真子代数.

总结: (1) $<\mathbf{N},+>$ 是 $<\mathbf{Z},+>$ 的子代数, 因为 $\mathbf{N}$ 对加法是封闭的;

(2) 设 Z_1,Z_2 分别是奇数集合与偶数集合, 则 $<Z_2,+>$ 是 $<\mathbf{Z},+>$ 的子代数, $<Z_1,+>$ 不是 $<\mathbf{Z},+>$ 的子代数, 因为 Z_1 对 "+" 运算不是封闭的;

(3) $<\mathbf{Z}^+,+>$ 不是 $<\mathbf{Z},+,0>$ 的子代数, 因为 $<\mathbf{Z},+,0>$ 中的代数常数 0 不在 $\mathbf{Z}^+$ 中.

例 8.8 设 $V=<\mathbf{Z},+>$, 对于自然数 n, 令 $n\mathbf{Z}=\{nz\,|\,z\in\mathbf{Z}\}$, 证明: $<n\mathbf{Z},+>$ 是 V 的子代数.

证明 任取 $n\mathbf{Z}$ 中的两个元素 $nz_1,nz_2(z_1,z_2\in\mathbf{Z})$, 有

$$nz_1+nz_2=n(z_1+z_2)\in n\mathbf{Z}$$

即运算 "+" 在 $n\mathbf{Z}$ 上是封闭的. 又 $0\in n\mathbf{Z}$, 则 $<n\mathbf{Z},+>$ 是 V 的子代数.

当 $n=1$ 和 $n=0$ 时, $n\mathbf{Z}$ 就是 $\mathbf{Z}$ 和 $\{0\}$, 都是 V 的平凡子代数; 对于其他的 n, 都是 $n\mathbf{Z}$ 的真子代数.

8.2 代数系统的同态与同构

在讨论代数系统时,我们会发现有些代数系统虽然表面上看似不相同,但实际上具有相似或完全相同的特征,而映射正是刻画两个代数系统之间的这种特征的强有力工具.

定义 8.15 设 $V_1 = <A, \circ>$ 和 $V_2 = <B, *>$ 是同类型的代数系统,"$\circ$"和"$*$"是二元运算. 若存在映射 $f: V_1 \to V_2$,且 $\forall x, y \in A$,有

$$f(x \circ y) = f(x) * f(y)$$

则称 f 是 V_1 到 V_2 的**同态映射**,简称**同态**,也称代数系统 V_1 与 V_2 同态.

例 8.9 设 $<\mathbf{R}, +>$ 和 $<\mathbf{R}, \cdot>$ 是两个代数系统,令映射 $f: \mathbf{R} \to \mathbf{R}$,$f(x) = \mathrm{e}^x$,证明:$f$ 是 $<\mathbf{R}, +>$ 到 $<\mathbf{R}, \cdot>$ 的同态映射.

证明 因为对 $\forall x, y \in \mathbf{R}$,

$$f(x+y) = \mathrm{e}^{x+y} = \mathrm{e}^x \cdot \mathrm{e}^y = f(x) \cdot f(y)$$

所以 f 是 $<\mathbf{R}, +>$ 到 $<\mathbf{R}, \cdot>$ 的同态映射.

例 8.10 设 $<\mathbf{Z}, +>$ 和 $<\mathbf{Z}_n, \oplus>$ 是两个代数系统,其中,"$+$"为普通加法,"$\oplus$"为模 n 加法. 令映射 $f: \mathbf{Z} \to \mathbf{Z}_n$,$f(x) = (x)_{\bmod n}$,证明:$f$ 是 $<\mathbf{Z}, +>$ 到 $<\mathbf{Z}_n, \oplus>$ 的同态映射.

证明 因为对 $\forall x, y \in \mathbf{Z}$,有

$$f(x+y) = (x+y)_{\bmod n} = (x)_{\bmod n} \oplus (y)_{\bmod n} = f(x) \oplus f(y)$$

所以 f 是 $<\mathbf{Z}, +>$ 到 $<\mathbf{Z}_n, \oplus>$ 的同态映射.

定义 8.16 若 f 是代数系统 $V_1 = <A, \circ>$ 到 $V_2 = <B, *>$ 的同态映射,则称 $<f(A), *>$ 是 V_1 在 f 下的**同态像**,记作 $f(V_1)$.

定义 8.17 若 f 是代数系统 $V_1 = <A, \circ>$ 到 $V_2 = <B, *>$ 的同态映射,则

(1) 如果 f 为单射,则称 f 是 V_1 到 V_2 的**单同态映射**;

(2) 如果 f 为满射,则称 f 是 V_1 到 V_2 的**满同态映射**;

(3) 如果 f 为双射,则称 f 是 V_1 到 V_2 的**同构映射**,也称代数系统 V_1 **同构** V_2,记作 $V_1 \cong V_2$.

定义 8.18 若 f 是代数系统 $<A, *>$ 到 $<A, *>$ 的同态映射,则称 f 是**自同态**. 若 f 是代数系统 $<A, *>$ 到 $<A, *>$ 的同构映射,则称 f 是**自同构**.

例如,(1) 例 8.9 中的 f 是单同态映射,例 8.10 中的 f 是满同态映射.

(2) 设 Σ^* 是有限个字母组成的所有串的集合(包括空串 λ),在 Σ^* 上定义的二元运算"$\circ$"是串的连接运算. $\forall \omega \in \Sigma^*$,串 ω 中字母的个数称为串的长度,记作 $|\omega|$. 设 $f: \Sigma^* \to \mathbf{N}$,$f(\omega) = |\omega|$,则 f 是 $<\Sigma^*, \circ>$ 到 $<\mathbf{N}, +>$ 的满同态. 因为 $\forall \omega_1, \omega_2 \in \Sigma^*$,有

$$f(\omega_1 \circ \omega_2) = |\omega_1 \circ \omega_2| = |\omega_1| + |\omega_2| = f(\omega_1) + f(\omega_2)$$

(3) $f: \mathbf{Z} \to \mathbf{Z}$,$f(x) = ax$,则当 $a \neq 0$ 时,f 是 $<\mathbf{Z}, +>$ 到 $<\mathbf{Z}, +>$ 的自同态映射,

同时也是单同态；当 $a = \pm 1$ 时，f 是 $<\mathbf{Z}, +>$ 到 $<\mathbf{Z}, +>$ 的自同构映射.

例 8.11　设 $V = <\mathbf{R}^{*}, \cdot>$，判断下面哪些函数是 V 的自同态？如果是，进一步判断是否为单自同态、满自同态和自同构，并计算 V 的同态像 $f(V)$.

（1）$f(x) = |x|$；　　　　　　（2）$f(x) = 2x$；

（3）$f(x) = x^{2}$；　　　　　　（4）$f(x) = \dfrac{1}{x}$；

（5）$f(x) = -x$；　　　　　　（6）$f(x) = x + 1$.

解　（2）、（5）、（6）不是自同态.

（1）是自同态，但不是单自同态，也不是满自同态，不是自同构；$f(V) = <\mathbf{R}^{+}, \cdot>$.

（3）是自同态，但不是单自同态，也不是满自同态，不是自同构；$f(V) = <\mathbf{R}^{+}, \cdot>$.

（4）是自同态、单自同态、满自同态、自同构；$f(V) = V$.

说明：（1）由定义可知，同构的条件要比同态强一点，但同态可以得到比同构范围更广的一些关系. 同态映射也能保持运算的性质和特异元素，但需要具体讨论.

（2）如果两个代数系统同构，那么可以证明它们的集合有相同的基数，还可以证明它们具有完全相同的性质. 在抽象意义上，两个代数系统同构是没有区别的，只是采用不同的符号命名它们的元素和运算罢了. 因此，彼此同构的代数系统可以认为是同一个代数系统.

（3）同构关系是等价关系（证明略）.

8.3　几个典型的代数系统

前面介绍了代数系统的性质，以这些运算性质为标准对所有代数系统进行分类，并抽象出一些常用的、典型的代数系统，如半群、群、环、域、格、布尔代数等. 它们都是具有某些共同性质，在研究过程中各自形成了一套比较完整的理论，构成了代数系统的各个分支.

8.3.1　半群与群

群是最常见的代数系统. 群代数是由法国天才少年伽罗瓦提出的伽罗瓦群衍生而成，是最早发明也是最重要的一种抽象代数系统. 它在形式语言与自动机、组合计算与分析、编码理论等领域有具体的应用. 掌握好群的基本理论和基本方法，对学习环、域、格等其他代数系统具有重要的影响.

半群和群只有一个二元运算，半群是较简单的代数系统之一.

1. 半群与独异点的定义

定义 8.19　设 $V = <S, \circ>$ 是代数系统，"$\circ$"为二元运算. 如果"$\circ$"满足结合律，则称 V 为**半群**. 如果半群 V 中的二元运算含幺元，则称"V"为**含幺半群**，也称为**独异点**，有时记作 $V = <S, \circ, e>$.

总结：（1）$<\mathbf{Z}^+,+>$，$<\mathbf{N},+>$，$<\mathbf{Z},+>$，$<\mathbf{Q},+>$，$<\mathbf{R},+>$ 都是半群，"$+$"是普通加法. 这些半群中除 $<\mathbf{Z}^+,+>$ 外都是独异点，因为 0 是普通加法运算中的幺元.

（2）$<M_n(\mathbf{R}),+>$ 和 $<M_n(\mathbf{R}),\cdot>$ $(n\geqslant 2, n\in\mathbf{N})$ 都是半群，也都是独异点，其中 "$+$" 和 "$\cdot$" 表示矩阵的加法和乘法.

（3）$<P(B),\oplus>$ 为半群，也为独异点，其中，"$\oplus$"为集合的对称差运算.

（4）$<Z_n,\oplus>$ 为半群，也为独异点，其中，"$\oplus$"为模 n 加法.

（5）$<A^A,\circ>$ 为半群，也为独异点，其中，"$\circ$"为函数的复合运算.

（6）$<\Sigma^*,\circ>$ 为半群，也是独异点，其中 Σ^* 为所有串的集合，$\circ$ 为串的连接运算，空串 λ 是幺元.

2. 半群和独异点的性质

由于半群 $V=<S,\circ>$ 中的运算 "$\circ$" 满足结合律，所以可以定义元素的幂，$\forall x\in S$，规定：

$$x^1=x$$
$$x^{n+1}=x^n\circ x, \quad n\in\mathbf{Z}^+$$

由于独异点 V 中含有幺元 e，所以 $\forall x\in S$，可以定义 x 的零次幂，即

$$x^0=e$$
$$x^{n+1}=x^n\circ x, \quad n\in\mathbf{N}$$

用数学归纳法易证 x 的幂遵从以下运算规则：

$$x^n\circ x^m=x^{n+m}$$
$$(x^n)^m=x^{nm}$$

对半群而言 $m,n\in\mathbf{Z}^+$，对独异点而言 $m,n\in\mathbf{N}$.

3. 子系统

半群与独异点的子代数分别称为子半群和子独异点. 由子代数的定义可以得到子半群和子独异点的判断方法：

设 $V=<S,\circ>$ 是半群，$T\subseteq S$，T 非空，如果 T 对 V 中的运算 "$\circ$" 封闭，则 $<T,\circ>$ 是 V 的子半群.

设 $V=<S,\circ,e>$ 是独异点，$T\subseteq S$，T 非空，如果 T 对 V 中的运算 "$\circ$" 封闭，而且 $e\in T$，则 $<T,\circ,e>$ 是 V 的子独异点.

说明：（1）$<\mathbf{Z}^+,+>$，$<\mathbf{N},+>$ 都是 $<\mathbf{Z},+>$ 的子半群，$<\mathbf{N},+>$ 也是 $<\mathbf{Z},+>$ 的子独异点，但 $<\mathbf{Z}^+,+>$ 不是 $<\mathbf{Z},+>$ 的子独异点，因为 $\mathbf{Z}$ 的幺元 $0\notin\mathbf{Z}^+$；

（2）设 $<S,*>$ 是一个半群，$a\in S$，$M=\{a^n\mid n\in\mathbf{N}\}$，则 $<M,*>$ 是 $<S,*>$ 的子半群.

证明 因为 $a\in S$，则 $a^n\in S$，所以 $M\subseteq S$ 且 M 是非空的. 又 $\forall a^i,a^j\in M$，有

$$a^i*a^j=a^{i+j}\in M$$

所以运算 "$*$" 在 M 上是封闭的. 故 $<M,*>$ 是 $<S,*>$ 的子半群.

4. 半群与独异点的同态

定义 8.20 设 $V_1 = <S_1, \circ>$，$V_2 = <S_2, *>$ 是半群，$f: S_1 \to S_2$．对 $\forall x, y \in S_1$，有

$$f(x \circ y) = f(x) * f(y)$$

则称 f 为半群 V_1 到 V_2 的**同态映射**，简称**同态**．

设 $V_1 = <S_1, \circ, e_1>$，$V_2 = <S_2, *, e_2>$ 是独异点，$f: S_1 \to S_2$．对 $\forall x, y \in S_1$，有

$$f(x \circ y) = f(x) * f(y) \text{ 且 } f(e_1) = e_2$$

则称 f 为独异点 V_1 到 V_2 的**同态映射**，简称**同态**．

因为半群和独异点只有一个二元运算，为了书写简便，经常省略表达式中的运算符"$\circ$"和"$*$"，简记为

$$f(xy) = f(x)f(y)$$

例如，例 8.10 中，f 是半群 $<\mathbf{Z}, +>$ 到 $<\mathbf{Z}_n, \oplus>$ 的同态映射，也是独异点 $<\mathbf{Z}, +>$ 到 $<\mathbf{Z}_n, \oplus>$ 的同态映射，因为 0 既是 $<\mathbf{Z}, +>$ 的幺元也是 $<\mathbf{Z}_n, \oplus>$ 的幺元，$f(0) = (0)_{\bmod n} = 0$．

5. 群

定义 8.21 设 $<G, \circ>$ 为代数系统，"$\circ$" 为二元运算．若

（1）运算 "$\circ$" 是可结合的；

（2）存在幺元 e；

（3）对于每个元素 $x \in G$，都存在它的逆元 x^{-1}．

则称 $<G, \circ>$ 是一个群，也简称**群** G．

由定义可知，群对独异点做了进一步的限制．由半群到独异点再到群，对代数系统的讨论也逐步深入．

总结：（1）$<\mathbf{Z}, +>$，$<\mathbf{Q}, +>$，$<\mathbf{R}, +>$ 都是群，因为任何实数 x 的加法逆元是 $-x$．而 $<\mathbf{Z}^+, +>$，$<\mathbf{N}, +>$ 都不是群，因为 $<\mathbf{Z}^+, +>$ 中没有加法幺元，而在 $<\mathbf{N}, +>$ 中，除 0 以外的其他自然数都没有加法逆元．

（2）$<M_n(\mathbf{R}), +>$ 是群，幺元是零矩阵，逆元是负矩阵．而 $<M_n(\mathbf{R}), \cdot>$ 不是群，因为幺元是单位矩阵，逆元是逆矩阵，但有的矩阵不存在可逆矩阵．

（3）$<P(B), \oplus>$ 是群，幺元是 $\varnothing$，$\forall A \in P(B)$，其逆元就是其本身．

（4）$<\mathbf{Z}_n, \oplus>$ 是群，幺元是 0，$\forall x (\neq 0) \in \mathbf{Z}_n$ 的逆元 $x^{-1} = n - x$，0 的逆元是 0．

（5）$<\Sigma^*, \circ>$ 不是群，因为除幺元空串 λ 外，其他符号串都没有逆元．

例 8.12 设 $G = \{e, a, b, c\}$，G 上的二元运算由表 8-13 给出．证明 $<G, \circ>$ 是一个群．

表 8-13

$\circ$	e	a	b	c
e	e	a	b	c
a	a	e	c	b
b	b	c	e	a
c	c	b	a	e

证明 从表 8-13 中可以看出，G 的运算具有以下特点：

（1）e 是幺元；

（2）运算是可交换的；

（3）每个元素的逆元是它自身；

（4）在 a,b,c 3 个元素中，任何两个元素的运算结果都等于另一个元素，且运算是可结合的.

因此，$<G,\circ>$ 是群，并称这个群为克莱因（Klein）四元群.

定义 8.22 （1）设 $<G,\circ>$ 是群，若 G 为有限集，则称 $<G,\circ>$ 为**有限群**. G 的基数称为 $<G,\circ>$ 的阶数，记为 $|G|$. 若 G 为无穷集，则称 $<G,\circ>$ 为**无限群**.

（2）只含幺元的群称为**平凡群**.

（3）若 $<G,\circ>$ 中的运算是可交换的，则称 $<G,\circ>$ 为**交换群**或阿贝尔（Abel）**群**.

例如，克莱因四元群是 4 阶群，$<\mathbf{Z}_n,\oplus>$ 是 n 阶群，$<\mathbf{R},+>$ 是无限群，$<\{0\},+>$ 是平凡群. 上述群都是交换群.

6. 群的运算性质

群的幂运算. 设 G 为群，由于 G 中每个元素都有逆元，所以能定义负整数次幂. $\forall x \in G$，$n \in \mathbf{Z}^+$，定义 $x^{-n}=(x^{-1})^n$.

例如，在 $<\mathbf{R},+>$ 中，$2^{-3}=(2^{-1})^3=(-2)+(-2)+(-2)=-6$.

群的幂运算 x^n 可扩充为

$$x^0=e$$
$$x^{n+1}=x^n \circ x, \quad n \in \mathbf{N}$$
$$x^{-n}=(x^{-1})^n, \quad n \in \mathbf{Z}^+$$

幂运算满足：$\forall x,y \in G$，有

$$(x^{-1})^{-1}=x$$
$$(xy)^{-1}=y^{-1}x^{-1}$$
$$x^n x^m=x^{n+m}, \quad n,m \in \mathbf{Z}$$
$$(x^n)^m=x^{nm}, \quad n,m \in \mathbf{Z}$$

定理 8.4 设 $<G,\circ>$ 为群，则消去律成立，即对 $\forall a,b,c \in G$，有

（1）若 $a \circ b=a \circ c$，则 $b=c$；

（2）若 $b \circ a=c \circ a$，则 $b=c$.

证明留作练习，此处省略.

定理 8.5 若 $<G,\circ>$ 是群，$|G|>1$，则 $<G,\circ>$ 中无零元.

证明 假设 $<G,\circ>$ 中存在零元 θ，e 为 $<G,\circ>$ 的幺元，显然，$e \neq \theta$. 对 $\forall x \in G$，有

$$\theta \circ x=x \circ \theta=\theta \neq e$$

所以零元 θ 不存在逆元，这与 $<G,\circ>$ 是群矛盾. 故 $<G,\circ>$ 中无零元.

定理 8.6　群 $<G,\circ>$ 的方程 $a\circ x=b$ 与 $y\circ a=b(a,b\in G)$ 在群内有唯一解.

证明　先证 $a^{-1}\circ b$ 是方程 $a\circ x=b$ 的解. 将 $a^{-1}\circ b$ 代入方程左边的 x, 得
$$a\circ(a^{-1}\circ b)=(a\circ a^{-1})\circ b=e\circ b=b$$
所以 $a^{-1}\circ b$ 是该方程的解. 下面证明唯一性.

假设 c 是方程 $a\circ x=b$ 的解, 则必有 $a\circ c=b$, 从而有
$$c=e\circ c=(a^{-1}\circ a)\circ c=a^{-1}\circ(a\circ c)=a^{-1}\circ b$$
因此, $a^{-1}\circ b$ 是方程 $a\circ x=b$ 的唯一解.

同理可证, $b\circ a^{-1}$ 是方程 $y\circ a=b$ 的唯一解.

7. 元素的阶

元素的阶是一个重要的概念, 它对刻画群的性质、确定群的结构具有重要意义.

定义 8.23　设 G 是群, $a\in G$, 使得等式 $a^k=e$ 成立的最小正整数 k 称为 a 的阶, 记作 $|a|=k$, 这时称 a 为 k 阶元. 若不存在这样的正整数 k, 则称 a 为无限阶元.

例如, 任何群 $<G,\circ>$ 的幺元 e 的阶都是 1. 在克莱因四元群中, a,b,c 的阶都是 2, e 的阶是 1. $<\mathbf{Z}_6,\oplus>$ 中, 因为 $2\oplus 2\oplus 2=0$, 所以 $|2|=3$, 同样
$$|3|=2,\quad |4|=3,\quad |1|=|5|=6,\quad |0|=1$$

定理 8.7　设 G 是群, $\forall a\in G$, 则 a 与 a^{-1} 具有相同的阶, 即 $|a|=|a^{-1}|$.

证明　(1) 设 $|a|=r$, 则 $a^r=e$. 由 $(a^{-1})^r=(a^r)^{-1}=e^{-1}=e$ 可知 a^{-1} 的阶存在. 令 $|a^{-1}|=r'$, 则 $r'\leqslant r$. 又因为 $a^r=((a^{-1})^{r'})^{-1}=e^{-1}=e$, 所以 $r\leqslant r'$, 故 $r'=r$.

(2) 若 a 是无限阶元, 而 a^{-1} 是有限阶元, 由 (1) 可知, a 是有限阶元, 与假设矛盾. 所以 a^{-1} 是无限阶元.

8. 子群

定义 8.24　设 $<G,\circ>$ 是群, H 是 G 的非空子集, 若 $<H,\circ>$ 构成群, 则称 $<H,\circ>$ 是 $<G,\circ>$ 的子群, 记作 $H\leqslant G$. 若 $H\subsetneq G$, 则称 $<H,\circ>$ 是 $<G,\circ>$ 的真子群, 记作 $H<G$.

任何群都存在子群. G 和 $\{e\}$ 都是 G 的子群, 称为 G 的平凡子群.

注意: 在子独异点的定义中, 要求子独异点必须与独异点有相同的幺元, 而在子群中没有特别提出, 这是因为对于群 G 的子集 S, 如果 $<S,\circ>$ 是群, 那么 $<S,\circ>$ 必与 $<G,\circ>$ 有相同的幺元.

总结: (1) $<2\mathbf{Z},+>$ 是 $<\mathbf{Z},+>$ 的真子群.

(2) 在克莱因四元群中, 有 5 个子群 $\{e\},\{e,a\},\{e,b\},\{e,c\},G$, 其中 $\{e\}$ 和 G 是 G 的平凡子群, 其他子群都是 G 的真子群. 但 $\{e,a,b\}$ 不是 G 的子群, 因为 $ab=c\notin\{e,a,b\}$, 运算不封闭.

下面给出子群的判定定理.

定理 8.8 (判定定理)　设 G 为群, H 是 G 的非空子集, 则 H 是 G 的子群的充要条件是

(1) 对 $\forall x,y\in H$, 有 $xy\in H$;

（2）对 $\forall x \in H$，有 $x^{-1} \in H$．

本定理表明 H 是 G 的子群的充要条件是 H 对于 G 中的运算封闭及 H 中的每个元素都有逆元．

证明 先证明充分性．因为 H 非空，所以必有 $x \in H$．由条件（2）知 $x^{-1} \in H$，由条件（1）可得 $xx^{-1} \in H$，即 $e \in H$，从而 H 中有幺元．由于 H 对运算的结合性是保持的，所以 H 是 G 的子群．

必要性是显然的．

推论 设 G 为群，H 是 G 的非空子集，则 H 是 G 的子群的充要条件是对 $\forall x, y \in H$，有 $xy^{-1} \in H$．

根据判定定理可以证明一些重要的子群，如生成子群、群的中心等．

例 8.13 设 G 为群，$a \in G$，令 $H = \{a^k \mid k \in \mathbf{Z}\}$，证明：$H$ 是 G 的子群．

证明 由 $a \in G$，可知 $H \neq \varnothing$，任取 $a^m, a^l \in H$，则

$$a^m(a^l)^{-1} = a^m a^{-l} = a^{m-l} \in H$$

所以 $H \leqslant G$．

说明：本例中，H 称为由 a 生成的子群，记作 $<a>$．例如，群 $<Z_6, \oplus>$ 中由 2 生成的子群包含 2 的各次幂，即 $<2> = \{0, 2, 4\}$．同理，有

$$<3> = \{0, 3\}，\quad <1> = <5> = G，\quad <4> = <2>，\quad <0> = \{0\}$$

克莱因四元群 $G = \{e, a, b, c\}$ 中所有由单个元生成的子群是

$$<e> = \{e\}，\quad <a> = \{e, a\}，\quad <b> = \{e, b\}，\quad <c> = \{e, c\}$$

例 8.14 设 G 为群，令 C 是与 G 中所有元素都可以交换的元素构成的集合，即

$$C = \{a \mid a \in G \wedge \forall x \in G(ax = xa)\}$$

证明：C 是 G 的子群，称为 G 的中心．

证明 首先，由 e 与 G 中所有元素的交换性，可知 $e \in C$，C 是 G 的非空子集．

$\forall a, b \in C$，为证明 $ab^{-1} \in C$，只需证明 ab^{-1} 与 G 中所有元素都可交换．对 $\forall x \in G$，有

$$(ab^{-1})x = ab^{-1}x = ab^{-1}((x)^{-1})^{-1} = a(x^{-1}b)^{-1}$$
$$= a(bx^{-1})^{-1} = a(xb^{-1}) = ax(b^{-1})$$
$$= (xa)b^{-1} = x(ab^{-1})$$

由判定定理可知 $C \subseteq G$．

说明：本例中，C 称为 G 的中心，例如，对于阿贝尔（Abel）群 G，因为 G 中所有元素互相都可交换，所以 G 的中心就是 G．但是对某些非交换群 G，它的中心是 $\{e\}$．

9. 群同态和同构

定义 8.25 设 G_1，G_2 是群，$f: G_1 \to G_2$．对 $\forall x, y \in G_1$，有

$$f(xy) = f(x)f(y)$$

则称 f 为群 G_1 到 G_2 的**同态映射**，简称**同态**．

如例 8.10 中，$f: \mathbf{Z} \to \mathbf{Z}_n$ 是群 $<\mathbf{Z}, +>$ 到 $<\mathbf{Z}_n, \oplus>$ 的同态映射，而且是满同态．

下面介绍两类重要的群——循环群和置换群．

10. 循环群

定义 8.26　设 G 是群，若存在 $a \in G$，使得 G 的每一个元素都是 a 的幂，即 $G = \{a^k \mid k \in \mathbf{Z}\}$，则称 G 为**由 a 生成的循环群**，记作 $G = <a>$，而称 a 为 G 的**生成元**.

定理 8.9　每个循环群都是可交换的.

证明略.

循环群 $G = <a>$ 根据生成元 a 的阶可以分成两类：n 阶循环群和无限阶循环群. 若 a 是 n 阶元，则 $G = \{a^0 = e, a^1, a^2, \cdots, a^{n-1}\}$，这时 $|G| = n$，称 G 为 n 阶循环群；若 a 是无限阶元，则 $G = \{a^0 = e, a^{\pm 1}, a^{\pm 2}, \cdots\}$，这时称 G 为无限阶循环群.

例 8.15　证明整数加群 $<\mathbf{Z}, +>$ 是无限阶循环群.

证明　前面已证 $<\mathbf{Z}, +>$ 是群，幺元是 0. 对于 $1 \in \mathbf{Z}$，有

$$1^0 = 0, 1^1 = 1, 1^2 = 1 + 1 = 2, \cdots, 1^n = n, \cdots$$
$$1^{-1} = -1, 1^{-2} = (-1) + (-1) = -2, \cdots, 1^{-n} = -n, \cdots$$

由此可知，1 是群 $<\mathbf{Z}, +>$ 的生成元. 同理，可知 -1 也是群 $<\mathbf{Z}, +>$ 的生成元. 所以，$<\mathbf{Z}, +>$ 是无限阶循环群.

例 8.16　证明 $<\mathbf{Z}_6, \oplus>$ 是 6 阶循环群.

证明　已知 $<\mathbf{Z}_6, \oplus>$ 是群，幺元是 0. 对于 $5 \in \mathbf{Z}_6$，有

$$5^0 = 0$$
$$5^1 = 5^1 5^0 = 5 \oplus 0 = (5 + 0)_{\mathrm{mod}\, 6} = 5$$
$$5^2 = 5^1 5^1 = 5 \oplus 5 = (5 + 5)_{\mathrm{mod}\, 6} = 4$$
$$\cdots\cdots$$
$$5^5 = 5 \oplus 5 \oplus 5 \oplus 5 \oplus 5 = (5 + 5 + 5 + 5 + 5)_{\mathrm{mod}\, 6} = 1$$

由此可知，5 是 $<\mathbf{Z}_6, \oplus>$ 的生成元. 同理，可证 1 也是 $<\mathbf{Z}_6, \oplus>$ 的生成元. 因为生成元 1 和 5 的阶数都是 6，即 $|G| = 6$，所以 $<\mathbf{Z}_6, \oplus>$ 是 6 阶循环群.

由上面的例题可知，循环群的生成元不止一个，那么如何求循环群的生成元呢？下面的定理可以给出.

定理 8.10　设 $G = <a>$ 是循环群.

（1）若 G 是无限阶循环群，则 G 只有两个生成元，即 a 和 a^{-1}.

（2）若 G 是 n 阶循环群，则 G 的生成元是 $a^t \Leftrightarrow t$ 与 n 互质 $(t < n)$.

证明略.

下面考虑循环群的子群. 一般来说，求一个群的子群并不是一件容易的事，但对于循环群来说，可以直接求出它的所有子群.

定理 8.11　设 $G = <a>$ 是循环群，那么

（1）G 的子群仍是循环群；

（2）若 $G = <a>$ 是无限阶循环群，则 G 的子群除 $\{e\}$ 外都是无限阶循环群；

（3）若 $G = <a>$ 是 n 阶循环群，则对 n 的每个正因子 d，G 恰好含有一个 d 阶子群，就是 $<a^{n/d}>$.

证明略.

总结：（1）设 $G=<\mathbf{Z},+>$ 是无限循环群，则 G 的子群除 $\{0\}$ 外都是无限循环群，即对于任何自然数 n，$<n>=n\mathbf{Z}=\{nk|k\in\mathbf{Z}\}$ 都是 G 的子群.

（2）设 $<\mathbf{Z}_9,\oplus>$ 是 9 阶循环群，小于或等于 9 且与 9 互质的数是 1，2，4，5，7，8，则有 6 个生成元 1，2，4，5，7，8. 因为 9 有 3 个正因子 1，3，9，因此有 3 个子群，即 $<1>,<3>,<9>$.

11. 置换群

置换群是一种重要的有限群，它在具有对称结构的离散系统中有着重要的作用. 这里只介绍置换群的基本概念. 先给出置换、轮换等名词的定义.

定义 8.27 设 $S=\{1,2,\cdots,n\}$，S 上的任何双射函数 $\sigma:S\to S$ 称为 S 上的 **n 元置换**. 一般将 n 元置换记为

$$\sigma=\begin{pmatrix} 1 & 2 & \cdots & n \\ \sigma(1) & \sigma(2) & \cdots & \sigma(n) \end{pmatrix}$$

由于 n 个不同元素有 $n!$ 种排列方法，所以 $S=\{1,2,\cdots,n\}$ 上有 $n!$ 个置换.

例如，设 $S=\{1,2,3\}$，令 $\sigma:S\to S$，有 $3!=6$ 种不同的置换，即

$$\sigma_1=\begin{pmatrix} 1 & 2 & 3 \\ 1 & 2 & 3 \end{pmatrix},\quad \sigma_2=\begin{pmatrix} 1 & 2 & 3 \\ 2 & 3 & 1 \end{pmatrix},\quad \sigma_3=\begin{pmatrix} 1 & 2 & 3 \\ 3 & 1 & 2 \end{pmatrix}$$

$$\sigma_4=\begin{pmatrix} 1 & 2 & 3 \\ 3 & 2 & 1 \end{pmatrix},\quad \sigma_5=\begin{pmatrix} 1 & 2 & 3 \\ 1 & 3 & 2 \end{pmatrix},\quad \sigma_6=\begin{pmatrix} 1 & 2 & 3 \\ 2 & 1 & 3 \end{pmatrix}$$

定义 8.28 设 σ,τ 是 n 元置换，σ 和 τ 的复合 $\sigma\circ\tau$ 也是 n 元置换，称为 σ 与 τ 的 **乘积**，记作 $\sigma\tau$.

说明：置换的复合也是就是函数的复合，是从左向右的右复合. 例如，

$$\sigma=\begin{pmatrix} 1 & 2 & 3 & 4 & 5 \\ 5 & 3 & 2 & 1 & 4 \end{pmatrix},\quad \tau=\begin{pmatrix} 1 & 2 & 3 & 4 & 5 \\ 4 & 3 & 1 & 2 & 5 \end{pmatrix}$$

$$\sigma\tau=\begin{pmatrix} 1 & 2 & 3 & 4 & 5 \\ 5 & 1 & 3 & 4 & 2 \end{pmatrix},\quad \tau\sigma=\begin{pmatrix} 1 & 2 & 3 & 4 & 5 \\ 1 & 2 & 5 & 3 & 4 \end{pmatrix}$$

定义 8.29 设 σ 是 $S=\{1,2,\cdots,n\}$ 上的 n 元置换. 若

$$\sigma(i_1)=i_2,\sigma(i_2)=i_3,\cdots,\sigma(i_{k-1})=i_k,\sigma(i_k)=i_1$$

且保持 S 中的其他元素不变，则称 σ 为 S 上的 k 阶**轮换**，记作 $(i_1i_2\cdots i_k)$. 若 $k=2$，则称 σ 为 S 上的**对换**.

任何 n 元置换可以分解为不相交的轮换之积，且这种表达式是唯一的. 轮换还可以进一步表示成对换之积，即有 $(i_1i_2\cdots i_k)=(i_1i_2)(i_1i_3)\cdots(i_1i_k)$. 因此任何 n 元置换都可以表示成对换之积. 例如，设

$$S=\{1,2,\cdots,8\}$$

$$\sigma=\begin{pmatrix} 1 & 2 & 3 & 4 & 5 & 6 & 7 & 8 \\ 5 & 3 & 6 & 4 & 2 & 1 & 8 & 7 \end{pmatrix}$$

则

$$\sigma = (15236)(4)(78) = (15236)(78) = (15)(12)(13)(16)(78)$$

定理 8.12　设 S_n 是 S 上的 $n!$ 个置换构成的集合，运算 "。" 表示置换之积，则 $<S_n,\circ>$ 是一个群.

证明　（1）对任意的置换 $\sigma,\tau \in S_n$，由于 σ 和 τ 是 S 到 S 的双射函数，所以 $\sigma \circ \tau$ 也是 S 到 S 的双射函数，即 $\sigma \circ \tau \in S_n$，从而 $<S_n,\circ>$ 是代数系统.

（2）置换的乘法（函数的复合运算）满足结合律.

（3）幺元是恒等置换 $I_S = (1) \in S_n$.

（4）每个置换都有逆元（逆置换），即

$$\sigma^{-1} = \begin{pmatrix} \sigma(1) & \sigma(2) & \cdots & \sigma(n) \\ 1 & 2 & \cdots & n \end{pmatrix}$$

所以 $<S_n,\circ>$ 是一个群.

定义 8.30　群 $<S_n,\circ>$ 称为 S 上的 n 元**对称群**. $<S_n,\circ>$ 的任何子群称为 S 上的 n 元**置换群**.

例 8.17　设 $S = \{1,2,3\}$，写出 S 的对称群及 S 上的置换群.

解　令 $S_3 = \{\sigma_e,\sigma_1,\sigma_2,\sigma_3,\sigma_4,\sigma_5\}$，其中，

$$\sigma_e = (1)，\quad \sigma_1 = (12)，\quad \sigma_2 = (13)，\quad \sigma_3 = (23)，\quad \sigma_4 = (123)，\quad \sigma_5 = (132)$$

S_3 的关于运算 "。" 的运算表如表 8-14 所示.

表 8-14

。	σ_e	σ_1	σ_2	σ_3	σ_4	σ_5
σ_e	σ_e	υ_1	σ_2	σ_3	σ_4	σ_5
σ_1	σ_1	σ_e	σ_4	σ_5	σ_2	σ_3
σ_2	σ_2	σ_5	σ_e	σ_4	σ_3	σ_1
σ_3	σ_3	σ_4	σ_5	σ_e	σ_1	σ_2
σ_4	σ_4	σ_3	σ_1	σ_2	σ_5	σ_e
σ_5	σ_5	σ_2	σ_3	σ_1	σ_e	σ_4

由 "。" 的运算表知，"。" 在 S_3 中是封闭的. 因为运算 "。" 表示置换之积，即函数的复合，所以 "。" 满足结合律.

又因为幺元是 σ_e，且每个置换都有逆元，分别为

$$\sigma_e^{-1} = \sigma_e，\quad \sigma_1^{-1} = \sigma_1，\quad \sigma_2^{-1} = \sigma_2，\quad \sigma_3^{-1} = \sigma_3，\quad \sigma_4^{-1} = \sigma_5，\quad \sigma_5^{-1} = \sigma_4$$

所以 $<S_3,\circ>$ 是群. 由于 $\sigma_1 \circ \sigma_3 \neq \sigma_3 \circ \sigma_1$，所以 $<S_3,\circ>$ 不是阿贝尔群. 所以 S 上的置换群有

$$\langle\{\sigma_e\},\circ\rangle,\langle\{\sigma_e,\sigma_1\},\circ\rangle,\langle\{\sigma_e,\sigma_2\},\circ\rangle,\langle\{\sigma_e,\sigma_3\},\circ\rangle,\langle\{\sigma_e,\sigma_4,\sigma_5\},\circ\rangle，\quad <S_3,\circ>$$

8.3.2　环与域

环和域都是具有两个二元运算的代数系统. 通常把这两个运算分别叫作 "加法" 和

"乘法"，记作 "+" 和 "·". 域是特殊的环.

定义 8.31 设 $<R,+,\cdot>$ 是代数系统，R 是集合，"+" 和 "·" 是二元运算. 若满足以下条件：

（1）$<R,+>$ 构成交换群；

（2）$<R,\cdot>$ 构成半群；

（3）"·" 运算关于 "+" 运算满足分配律.

则称 $<R,+,\cdot>$ 是一个**环**.

说明：（1）$<\mathbf{Z},+,\cdot>$，$<\mathbf{Q},+,\cdot>$ 和 $<\mathbf{R},+,\cdot>$ 都是环，"+" 和 "·" 表示普通加法和乘法；

（2）$<M_n(\mathbf{R}),+,\cdot>$ 是环，"+" 和 "·" 表示矩阵的加法和乘法；

（3）$<\mathbf{Z}_n,\oplus,\otimes>$ 是模 n 的整数环，"$\oplus$" 和 "$\otimes$" 分别表示模 n 的加法和乘法；

（4）$<P(B),\oplus,\bigcap>$ 是环，"$\oplus$" 和 "$\bigcap$" 表示对称差和交运算.

特别指出：为了叙述的方便，环中加法幺元记作 0，乘法幺元（如果存在）记作 1. 对环中任一元素 x，称 x 的加法逆元为负元，记作 $-x$. 若 x 存在乘法逆元，则称之为逆元，记为 x^{-1}.

下面给出环的运算性质.

定理 8.13 设 $<R,+,\cdot>$ 是环，则

（1）$\forall a \in R$，$a0 = 0a = 0$；

（2）$\forall a,b \in R$，$(-a)b = a(-b) = -ab$；

（3）$\forall a,b \in R$，$(-a)(-b) = ab$；

（4）$\forall a,b,c \in R$，$a(b-c) = ab - ac$，$(b-c)a = ba - ca$.

从定理 8.13 可以看出，环中加法的幺元恰好是乘法的零元. 在环中进行计算时，除乘法不能使用交换律外，其他都与普通数的运算相同.

定义 8.32 设 $<R,+,\cdot>$ 是环.

（1）若环中乘法 "·" 满足交换律，则称 $<R,+,\cdot>$ 是**交换环**；

（2）若环中乘法 "·" 存在幺元，则称 $<R,+,\cdot>$ 是**含幺环**；

（3）若 $\forall a,b \in R$，$ab = 0 \Rightarrow a = 0 \vee b = 0$，则称 $<R,+,\cdot>$ 是**无零因子环**；

（4）若 R 既是交换环、含幺环，也是无零因子环，则称 $<R,+,\cdot>$ 是**整环**.

说明：（1）整数环 $<\mathbf{Z},+,\cdot>$，有理数环 $<\mathbf{Q},+,\cdot>$，实数环 $<\mathbf{R},+,\cdot>$ 都是交换环、含幺环、无零因子环和整环.

（2）$<\mathbf{Z}_6,\oplus,\otimes>$ 是交换环、含幺环，但不是无零因子环和整环. 因为 $3 \otimes 2 = 0$，而 3 和 2 都不是乘法的零元，通常称 3 是左零因子，2 是右零因子，因此它们都是零因子，这种含有零因子的环就不是无零因子环.

（3）$<M_n(\mathbf{R}),+,\cdot>$ 是含幺环，不是交换环和无零因子环，也不是整环. 因为矩阵乘法不满足交换律；两个非零矩阵相乘的结果可能是零矩阵（矩阵乘法的零元），这种含有零因子的环就不是无零因子环.

定义 8.33　设 $<R,+,\cdot>$ 是代数系统，若满足：

（1）R 中至少有两个元素；

（2）$<R,+,\cdot>$ 是整环；

（3）除 0 元素外，其余元素均有逆元（$a\in R$ 逆元为 a^{-1}）.

则称 R 是**域**.

总结：（1）整数环 $<\mathbf{Z},+,\cdot>$ 不是域，因为不包含 0 的任何整数除 ±1 外均没有乘法逆元.

（2）实数环 $<\mathbf{R},+,\cdot>$ 是域，即实数域，因为 $\forall x\in\mathbf{R}$，$x\neq0$，有 $x^{-1}=\dfrac{1}{x}\in\mathbf{R}$.

例 8.18　判断下列集合给定的运算是否构成环、整环和域. 如果不构成，请说明理由.

（1）$S=\{a+bi\,|\,a,b\in\mathbf{Q}\}$，其中 $i^2=-1$，运算为复数的加法和乘法；

（2）$S=\{2z\,|\,z\in\mathbf{Z}\}$，运算为实数的加法和乘法；

（3）$S=\{a+b\sqrt{5}\,|\,a,b\in\mathbf{Q}\}$，运算为实数加法和乘法；

（4）$S=\{a+b\sqrt[4]{5}\,|\,a,b\in\mathbf{Q}\}$，运算为实数加法和乘法.

解　（1）是环，也是整环，也是域.

（2）是环，但不是整环和域，因为乘法没有单位元.

（3）是环，也是整环，也是域.

（4）不是环，因为关于乘法不封闭.

8.3.3　格与布尔代数

1. 格

格是另一种形式的代数系统，它具有两个二元运算. 布尔代数是特殊的格. 格的概念在有限自动机的研究方面很重要，而布尔代数可直接用于开关理论和逻辑设计方面.

首先利用偏序关系来定义格. 对于偏序集来说，它的任一对元素不是必定存在最小上界或最大下界的. 在图 8-1 所示的偏序集中 $\{a,b\}$ 中，最小上界是 c，但没有最大下界；$\{e,f\}$ 的最大下界是 d，但没有最小上界. 本节将讨论的是其中每一对元素都有最小上界和最大下界的偏序集.

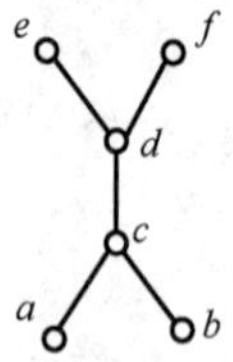

图 8-1

定义 8.34　设 $<L,\leqslant>$ 是偏序集，若 $\forall a,b\in L$，$\{a,b\}$ 都有最小上界和最大下界，则称 L 关于 "$\leqslant$" 构成一个格，称 $<L,\leqslant>$ 为**偏序格**.

由于最大下界和最小上界的唯一性，所以可以把求 $\{a,b\}$ 的最小上界和最大下界看作二元运算 "$\vee$" 和 "$\wedge$"，记为 $a\vee b$ 和 $a\wedge b$.

注意：这里的 "$\vee$" 和 "$\wedge$" 只代表格中的运算，而不再有其他含义.

图 8-2 所示的 4 个哈斯图所组成的偏序集均是偏序格.

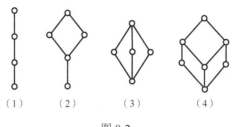

图 8-2

例 8.19 图 8-3 所示的 4 个哈斯图所组成的偏序集均不是偏序格.

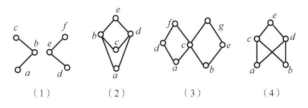

图 8-3

解 图 8-3（1）中的 $\{a,b,c\}$ 中任意一个元素与 $\{e,f,d\}$ 中的任意一个元素都没有最小上界和最大下界. 图 8-3（2）中 $\{b,d\}$ 没有最大下界；图 8-3（3）中 $\{a,b\}$ 没有最大下界，$\{d,e\}$ 既没有最小上界也没有最大下界，$\{f,g\}$ 没有最小上界；图 8-3（4）中 $\{a,b\}$ 没有最小上界，也没有最大下界，$\{c,d\}$ 没有最大下界.

例 8.20 判断下列偏序集是否构成格，并说明理由.

（1）$<S_n,\preccurlyeq>$，其中，n 是正整数，S_n 是 n 的正因子的集合，"$\preccurlyeq$" 是整除关系.

（2）$<\mathbf{Z},\leqslant>$，其中，$\mathbf{Z}$ 是整数集，"$\leqslant$" 为小于或等于关系.

（3）$<P(B),\subseteq>$，其中，$P(B)$ 是集合 B 的幂集.

解 （1）是格. $\forall x,y\in S_n$，$x\vee y$ 是 x 与 y 的最小公倍数，$x\wedge y$ 是 x 与 y 的最大公约数.

（2）是格. $\forall x,y\in\mathbf{Z}$，$x\vee y=\max\{x,y\}$，$x\wedge y=\min\{x,y\}$.

（3）是格. $\forall x,y\in P(B)$，$x\vee y=x\bigcup y$，$x\wedge y=x\bigcap y$.

下面介绍格的性质. 格的一条重要性质，即格的对偶原理，即设 f 是含有格中的元素及符号 "$=$""$\leqslant$""$\geqslant$""$\vee$""$\wedge$" 的命题，f^* 是将 "$\leqslant$" 替换为 "$\geqslant$"，"$\geqslant$" 替换为 "$\leqslant$"，"$\vee$" 替换为 "$\wedge$"，"$\wedge$" 替换为 "$\vee$" 所得的命题. 称 f^* 为 f 的对偶命题. 根据格的对偶原理，若 f 为真，则 f^* 也为真.

例如，若在格中有

$$(a\vee b)\wedge c\leqslant c$$

成立，则有

$$(a\wedge b)\vee c\geqslant c$$

成立.

定理 8.14 设 $<L,\leqslant>$ 是格，运算 "$\vee$" 和 "$\wedge$" 满足：

（1）交换律：$\forall a,b \in L$，有 $a \vee b = b \vee a$，$a \wedge b = b \wedge a$；

（2）结合律：$\forall a,b,c \in L$，有 $(a \vee b) \vee c = a \vee (b \vee c)$，$(a \wedge b) \wedge c = a \wedge (b \wedge c)$；

（3）幂等律：$\forall a \in L$，有 $a \vee a = a$，$a \wedge a = a$；

（4）吸收律：$\forall a,b \in L$，有 $a \vee (a \wedge b) = a$，$a \wedge (a \vee b) = a$.

证明略.

这个定理说明格是具有两个二元运算的代数系统 $<L,\vee,\wedge>$，其中，"$\vee$" 和 "$\wedge$" 满足交换律、结合律、吸收律. 下面给出格的代数系统的定义.

定理 8.15　设 $<L,\vee,\wedge>$ 是具有两个二元运算的代数系统，且对于 "$\vee$" 和 "$\wedge$" 满足交换律、结合律、吸收律，则可以适当在 L 上定义偏序 "$\leqslant$"：

$$\forall a,b \in L，a \leqslant b \Leftrightarrow a \wedge b = a$$

于是 $<L,\leqslant>$ 构成格.

证明留给读者.

定义 8.35　设 $<L,\vee,\wedge>$ 是具有两个二元运算的代数系统，且对于 "$\vee$" 和 "$\wedge$" 满足交换律、结合律、吸收律，则 $<L,\vee,\wedge>$ 是**代数格**.

说明：上述定义与格的偏序集定义是等价的，即代数格必是偏序格，反之亦然.

定义 8.36　设 $<L,\vee,\wedge>$ 是格，S 是 L 的非空子集，若 S 关于 L 的运算 "$\vee$" 和 "$\wedge$" 仍构成格，则称 S 是 L 的**子格**.

例如，设 $L = \{a,b,c,d\}$，$\leqslant = \{<a,b>,<a,c>,<a,d>,<b,d>,<c,d>\} \bigcup I_L$，则 $<L,\leqslant>$ 是格. 令 $S = \{a,b\}$，$T = \{b,c\}$，则 S 是 L 的子格，因为 $a \vee b = b$，$a \wedge b = a$. 而 T 不是 L 的子格，因为 $b \vee c = d$，$b \wedge c = a$，而 $d \notin T, a \notin T$.

下面讨论几种特殊的格：分配格、有补格与布尔格. 一般说来，格中运算不一定满足分配律，满足分配律的格称为分配格.

定义 8.37　设 $<L,\vee,\wedge>$ 是格，若 $\forall a,b,c \in L$，有

$$a \wedge (b \vee c) = (a \wedge b) \vee (a \wedge c)$$
$$a \vee (b \wedge c) = (a \vee b) \wedge (a \vee c)$$

则称 L 为**分配格**.

应该指出的是，在分配格的定义中，条件可以减弱，只需求一个分配律成立即可. 这是由格的对偶原理保证的.

说明：$P(B)$ 关于集合的并和交运算所组成的幂集格 $<P(B),\bigcup,\bigcap>$ 是分配格.

例 8.21　指出图 8-4 所示的各图中哪些是分配格？如果不是分配格，请说明理由.

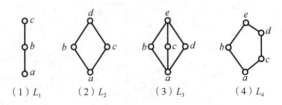

图 8-4

解　L_1 和 L_2 是分配格，L_3 和 L_4 不是分配格. 在 L_3 中，有

$$b \wedge (c \vee d) = b \wedge e = b，\quad (b \wedge c) \vee (b \wedge d) = a \vee a = a$$

在 L_4 中，有

$$c \vee (b \wedge d) = c \vee a = c，\quad (c \vee b) \wedge (c \vee d) = e \wedge d = d$$

称 L_3 为钻石格，L_4 为五角格. 这两个五元格在分配格的判别中有着重要的意义.

定理 8.16 格 L 是分配格当且仅当 L 不含有与钻石格或五角格同构的子格.

例 8.22 判断图 8-5 中的格是否为分配格.

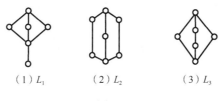

（1）L_1 （2）L_2 （3）L_3

图 8-5

解 L_1 不是分配格，因为它含有与钻石格同构的子格；L_2 和 L_3 也不是分配格，因为它们含有与五角格同构的子格.

定理 8.17 格 L 是分配格当且仅当 $\forall a,b,c \in L$，有

$$a \wedge b = a \wedge c \text{ 且 } a \vee b = a \vee c \Rightarrow b = c$$

定义 8.38 若在格 $<L, \vee, \wedge>$ 中存在一个元素 a，$\forall b \in L$，$a \leqslant b$（或 $b \leqslant a$），则称 a 为 L 的全下界（或全上界）.

格 L 若存在全下界或全上界，一定是唯一的. 一般将格 L 的全下界记为 0，全上界记为 1.

定义 8.39 设 $<L, \vee, \wedge>$ 是格，若 L 存在全上界和全下界，则称 L 为有界格，记为 $<L, \vee, \wedge, 0, 1>$.

所有有限格都是有界格，其中 $a_1 \wedge a_2 \wedge \cdots \wedge a_n$ 是 L 的全下界，$a_1 \vee a_2 \vee \cdots \vee a_n$ 是 L 的全上界. 幂集格 $<P(B), \bigcup, \bigcap>$ 是有界格，它的全下界是空集，全上界是 B. 而 $<\mathbf{Z}, \leqslant>$，其中，"$\leqslant$" 为小于等于关系，不是有界格，因为没有最小的整数和最大的整数.

定义 8.40 设 $<L, \vee, \wedge, 0, 1>$ 是有界格，对于 $a \in L$，若存在 $b \in L$，使得

$$a \wedge b = 0 \text{ 和 } a \vee b = 1$$

成立，则称 b 是 a 的**补元**.

例 8.23 考虑图 8-4 中的 4 个格，说明各个格的补元，全上界和全下界情况.

解 L_1 中，a 与 c 互为补元，其中，a 为全下界，c 为全上界；b 没有补元.

L_2 中，a 与 d 互为补元，其中，a 为全下界，d 为全上界；b 与 c 互为补元.

L_3 中，a 与 e 互为补元，其中，a 为全下界，e 为全上界；b 的补元是 c 和 d，c 的补元是 b 和 d，d 的补元是 b 和 c. b, c, d 每个元素都有两个补元.

L_4 中，a 与 e 互为补元，其中，a 为全下界，e 为全上界；b 的补元是 c 和 d，c 的补元是 b，d 的补元是也是 b.

可以证明，在任何有界格中，全下界 0 与全上界 1 互补. 对于其他元素，可能存在补元，也可能不存在补元. 如果存在，可能是唯一的，也可能是多个补元. 但对于有界

分配格，如果它的元素存在补元，一定是唯一的．

定理 8.18 设 $<L,\lor,\land,0,1>$ 是有界分配格，若 L 中的元素 a 存在补元，则存在唯一的补元．

证明 假设 b,c 是 a 的补元，故有 $a\lor c=1$，$a\land c=0$ 和 $a\lor b=1$，$a\land b=0$．从而得

$$a\lor c=a\lor b,\quad a\land c=a\land b$$

由于 L 是分配格，根据定理 8.17，有 $b=c$．

定义 8.41 设 $<L,\lor,\land,0,1>$ 是有界格，对于 L 中所有元素都有补元存在，则称 L 为**有补格**．

例如，图 8-4 中的 L_2,L_3,L_4 是有补格，L_1 不是有补格．又如，幂集格 $<P(B),\bigcup,\bigcap>$ 是有补格，它的全下界是空集 $\varnothing$，全上界是 B，B 的每一个子集 S 的补元是 $B-S$．

2. 布尔代数

定义 8.42 如果一个格既是有补格也是分配格，则称它为**布尔格**或**布尔代数**．

根据定理 8.18，在分配格中如果一个元素存在补元，则补元是唯一的．因此，在布尔代数中，每个元素都存在唯一的补元．求补元的运算可看作布尔代数的一元运算，通常将布尔代数记为 $<L,\lor,\land,',0,1>$，其中"$'$"为求补运算．

总结：（1）集合代数 $<P(B),\bigcup,\bigcap,\sim,\varnothing,B>$ 是布尔代数．

（2）开关代数 $<\{0,1\},\land,\lor,\lnot,0,1>$ 是布尔代数，其中，"$\land$"为与运算，"$\lor$"为或运算，"$\lnot$"为非运算．各自的运算表分别如表 8-15～表 8-17 所示．

表 8-15

$\land$	0	1
0	0	0
1	0	1

表 8-16

$\lor$	0	1
0	0	1
1	1	1

表 8-17

$\lnot$	
0	1
1	0

布尔代数有以下性质．

定理 8.19 设 $<L,\lor,\land,',0,1>$ 是布尔代数，则有：

（1）$\forall a\in L$，$(a')'=a$；

（2）$\forall a,b\in L$，$(a\lor b)'=a'\land b'$，$(a\land b)'=a'\lor b'$（德·摩根律）．

证明留给读者．

定理 8.20 设 L 是有限集，则有限布尔代数 $<L,\lor,\land,',0,1>$ 必与 $<P(B),\bigcup,\bigcap,\sim,\varnothing,B>$ 同构．

证明略．

由定理 8.20 可知，任何有限布尔代数的元素个数都是 2^n，其中 $n\in\mathbf{N}$．含有 2^n 个元素的布尔代数在同构意义下只有一个，就是集合代数．

习 题 8

1．判断下列集合关于给定运算是否封闭.

（1）集合 $S=\{0,1\}$ 上普通的加法和乘法运算；

（2）正实数集合 $\mathbf{R}^+$ 上定义运算"。"：对 $\forall x,y\in\mathbf{R}^+$，有 $x\circ y=xy-x-y$；

（3）集合 $S=\{x\,|\,x=2^n,n\in\mathbf{N}\}$ 上普通的加法和乘法运算；

（4）集合 $S=\{1,2,\cdots,10\}$ 上定义运算"。"：$\forall x,y\in S,x\circ y=\mathrm{lcm}\,(x,y)$；

（5）实数集 $\mathbf{R}$ 上定义函数 f：对 $\forall x,y\in\mathbf{R}$，有 $f(<x,y>)=\max\{x,y\}$.

2．已知集合 $S=\{1,2,3,4\}$，"。"和"$*$"都是 S 上的运算. $\forall x,y\in S$，列出以下运算的运算表.

（1）$x\circ y=\min\{x,y\}$；　　　　（2）$x*y=\max\{x,y\}$.

3．完成表 8-18，判断表中所列二元运算是否具有所列性质，在相应位置填写"有"或"无"．其中，$\mathbf{Z}$，$\mathbf{Q}$，$\mathbf{R}$ 分别为整数集、有理数集、实数集，$M_n(\mathbf{R})$ 为 $n(n\geq2)$ 阶实矩阵集合，$P(B)$ 为 B 的幂集，A^A 为所有从 A 到 A 的函数的集合.

表 8-18

集合	运算	交换律	结合律	幂等律	分配律	吸收律
$\mathbf{Z},\mathbf{Q},\mathbf{R}$	普通+				+ 对 ×	
	普通×				× 对 +	
$M_n(\mathbf{R})$	矩阵+				+ 对 ×	
	矩阵×				× 对 +	
$P(B)$	集合∪				∪ 对 ∩	
	集合∩				∩ 对 ∪	
A^A	函数复合。					

4．设在有理数集 $\mathbf{Q}$ 上定义二元运算"$*$"：$\forall x,y\in\mathbf{Q}$，有

$$x*y=x+y-xy$$

（1）判断"$*$"运算是否满足交换律和结合律，并说明理由；

（2）求出"$*$"运算的幺元、零元和可逆元素的逆元.

5．设 $V=<S,\circ>$ 是代数系统，e 是其幺元，"。"是可结合的，证明：

（1）若一个元素 x 的左逆元 x_1 和右逆元 x_r 存在，则 $x_1=x_r$；

（2）若一个元素 x 的逆元 x^{-1} 存在，则 x^{-1} 是唯一的.

6．设 $V=<R^*,\circ>$ 是代数系统，其中，R^* 是非零实数的集合．分别讨论下列运算"。"是否可交换、可结合，并求幺元和所有可逆元素的逆元.

（1）$\forall x,y\in R^*$，$x\circ y=\dfrac{1}{2}(x+y)$；

（2）$\forall x,y\in R^*$，$x\circ y=\dfrac{x}{y}$；

（3）$\forall x,y \in R^*$，$x \circ y = xy$．

7．设 $V = <S,*>$ 为代数系统，其中 $S = \{0,1,2,3,4\}$．$\forall a,b \in S$，$a*b = (ab) \bmod 5$．

（1）列出 "$*$" 的运算表；

（2）"$*$" 运算是否有零元和幺元？若有幺元，求出所有可逆元素的逆元．

8．设 $S = \mathbf{Q} \times \mathbf{Q}$，$\mathbf{Q}$ 为有理数集，在 S 上定义的二元运算 "$*$" 满足：

$$<a,b>*<x,y> = <ax,ay+b>$$

（1）运算 "$*$" 是否是可交换的、可结合的？是否为幂等的？

（2）运算 "$*$" 是否有幺元和零元？如果有，请指出，并求 S 中所有可逆元素的逆元．

9．设 $V = <S,*>$ 为代数系统，$|S|>1$，幺元 e 和零元 θ 同时存在．证明 $e \neq \theta$．

10．设集合 $A = \{a,b,c\}$ 与集合 $B = \{\alpha,\beta,\gamma\}$ 上定义的运算 "$\circ$" 和 "$*$" 如表 8-19 和表 8-20 所示．

（1）集合与运算是否构成代数系统？如果是，说明该系统是否满足交换律和结合律？

（2）求出该运算的幺元、零元和所有可逆元素的逆元．

表 8-19

$\circ$	a	b	c
a	b	b	b
b	b	b	b
c	b	b	a

表 8-20

$*$	α	β	γ
α	α	β	γ
β	α	β	γ
γ	α	β	γ

11．设 $V_1 = <\{1,2,3\},\circ,1>$，其中 $x \circ y = \max\{x,y\}$，$V_2 = <\{5,6\},\circ,6>$，其中 $x \circ y = \min\{x,y\}$．求出 V_1 和 V_2 的所有子代数，并指出哪些是平凡子代数，哪些是真子代数．

12．设 $V = <\mathbf{Z},+,\cdot>$，其中 "$+$" 和 "$\cdot$" 分别代表普通加法和乘法．对下面给定的每个集合确定它是否构成 V 的子代数，并说明理由．

（1）$S_1 = \{2n \mid n \in \mathbf{Z}\}$；

（2）$S_2 = \{2n+1 \mid n \in \mathbf{Z}\}$；

（3）$S_3 = \{-1,0,1\}$．

13．设 $V = <\mathbf{Z},+>$，判断下列哪些函数是 V 的自同态？并判断是否为单自同态、满自同态和自同构？计算 V 的同态像．

（1）$f(x) = x$；　　　（2）$f(x) = x+5$；　　　（3）$f(x) = x^2$；　　　（4）$f(x) = 0$．

14．给定代数结构 $<A,*>$ 和 $<B,\circ>$，其中 $A = \{a,b,c\}$，$B = \{1,2,3\}$，运算表如表 8-21 和表 8-22 所示．试证：$<A,*> \cong <B,\circ>$．

表 8-21

*	a	b	c
a	a	b	c
b	b	b	c
c	c	b	c

表 8-22

∘	1	2	3
1	1	2	1
2	1	2	2
3	1	2	3

15．在实数集 $\mathbf{R}$ 上定义二元运算" $*$ "为 $a*b=a+b+ab$ ，试判断下列命题是否正确，并说明理由.

（1）$<\mathbf{R},*>$ 是一个代数系统；

（2）$<\mathbf{R},*>$ 是一个半群；

（3）$<\mathbf{R},*>$ 是一个独异点.

16．设 $\mathbf{Z}$ 是整数集，在 $\mathbf{Z}$ 上定义二元运算" $\circ$ "，$\forall x,y\in\mathbf{Z}$ ，有 $x\circ y=x+y-2$ ，那么 $\mathbf{Z}$ 与运算" $\circ$ "是否能构成群？为什么？

17．下列代数系统 $<G,*>$ 中能否构成群？若能构成群，给出其幺元及每个元素的逆元.

（1）$G=\{1,10\}$ ，" $*$ "是按模 11 的乘法；

（2）$G=\{1,3,4,5,9\}$ ，" $*$ "是按模 11 的乘法；

（3）$G=\mathbf{Q}$ ，" $*$ "是普通加法；

（4）$G=\mathbf{Q}$ ，" $*$ "是普通乘法；

（5）$G=\mathbf{Z}$ ，" $*$ "是普通减法.

18．设 $<G,*>$ 是群，若对任意的 $\forall x\in G$ ，有 $x*x=e$ ，证明：$<G,*>$ 是阿贝尔群.

19．设 $S=\{1,2,3,4,5\}$ ，$<P(S),\oplus>$ 构成群，其中，" $\oplus$ "为集合的对称差.

（1）求解群方程：$\{1,3\}\oplus X=\{3,4,5\}$ 和 $Y\oplus\{2,5\}=\{3,4\}$ ；

（2）令 $A=\{1,4,5\}$ ，求由 A 生成的循环子群 $<A>$.

20．判断以下映射是否为同态映射，如果是，说明它是否为单同态、满同态和同构.

（1）G_1,G_2 是群，e_2 是 G_2 的单位元，$f:G_1\to G_2$ ，$f(a)=e_2$ ，$\forall a\in G_1$ ；

（2）G 为群，$a\in G$ ，$f:G\to G$ ，$f(x)=axa^{-1}$ ，$\forall x\in G$ ；

（3）$G_1=<\mathbf{R},+>,G_2=<\mathbf{R}^+,\cdot>$ ，其中" $+$ "和" $\cdot$ "都是普通加法和乘法，

$$f:G_1\to G_2,\quad f(a)=\mathrm{e}^x,\quad \forall x\in\mathbf{R}$$

（4）$G=<\mathbf{Z},+>$ ，$f:G\to G$ ，$f(x)=2n$ ，$\forall n\in\mathbf{Z}$.

21．求出 $<Z_5,\oplus>$ ，$<Z_{12},\oplus>$ 的所有子群.

22．设 $G=<Z_{24},\oplus>$ 为模 24 的整数加群.

（1）求 G 的所有生成元；

（2）求 G 的所有非平凡的子群.

23．设 $G=<a>$ 是 15 阶循环群.

（1）求出 G 的所有生成元；

（2）求 G 的所有子群.

24．以下两个置换是 S_6 中的置换，其中，

$$\sigma = \begin{pmatrix} 1 & 2 & 3 & 4 & 5 & 6 \\ 2 & 4 & 6 & 1 & 3 & 5 \end{pmatrix}, \quad \tau = \begin{pmatrix} 1 & 2 & 3 & 4 & 5 & 6 \\ 6 & 5 & 3 & 1 & 2 & 4 \end{pmatrix}$$

（1）试将 σ 和 τ 表示成不交的轮换之积；

（2）求 $\sigma\tau$ ，$\tau\sigma$ ，$\sigma\tau\sigma^{-1}$ ．

25．判断下列命题的真假．

（1）$A = \{x \mid x \in \mathbf{N} \wedge \gcd(x,5)=1\}$ ，则 $<A,+>$ 构成代数系统，"+"为普通加法；

（2）$\forall x,y \in \mathbf{R}$ ，$x*y=|x-y|$ ，则 0 为 $<\mathbf{R},*>$ 的幺元；

（3）$A = \{0,1\}$ ，"$*$"是普通乘法，则 $<A,*>$ 是独异点，也是群；

（4）$A = \{0,1\}$ ，"$\oplus$""$\otimes$"分别为模 2 的加法和乘法，则 $<A,\oplus,\otimes>$ 是域；

（5）$A = \{1,2,\cdots,10\}$ ，$\forall x,y \in A$ ，$x*y=\gcd(x,y)$ ，则 $<A,*>$ 是半群；

（6）$A = \{1,2,3,6\}$ ，"$\leqslant$"为整除关系，则 $<A,\leqslant>$ 是格，但不是布尔代数；

（7）$A = \{0,1,\cdots,n-1\}$ ，n 为任意给定的正整数且 $n \geqslant 2$ ，"$\oplus$""$\otimes$"分别为模 n 的加法和乘法，则 $<A,\oplus,\otimes>$ 是环，不一定是域；

（8）任何代数系统都存在子代数；

（9）2^n 元格都是布尔格；

（10）在有补格中，$\forall a \in L$ ，求 a 的补是一元运算．

26．设 S_{20} 是 20 的正因子集合，D 为整除关系．

（1）画出关系 D 的哈斯图，并说明 $<S_n,D>$ 是一个格．

（2）计算 $2 \vee 5$ ，$2 \wedge 5$ ，$4 \vee 10$ 和 $4 \wedge 10$ ．

（3）$<S_n,D>$ 是一个分配格吗？为什么？

（4）$<S_n,D>$ 中有多少 4 个元素的子格？

27．图 8-6 所示的偏序集是格吗？为什么？

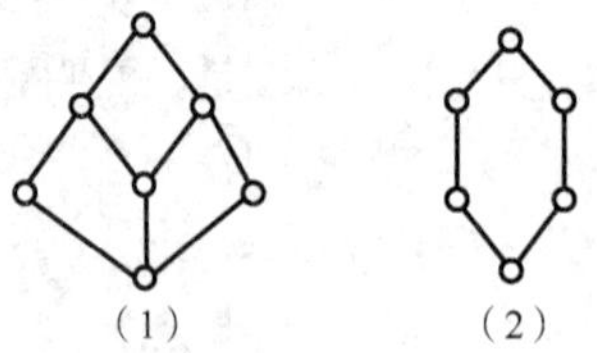

　　　（1）　　　　　　　（2）

图 8-6

28．图 8-7 所示的哈斯图是否为有补格？

　　　（1）　　　　　　　（2）

图 8-7

29. 下列集合对于整除关系都构成偏序集，判断哪些偏序集是格.

（1） $L = \{1,2,3,4,5\}$ ；

（2） $L = \{1,2,3,6,12\}$ ；

（3） $L = \{1,2,3,4,6,9,12,18,36\}$ ；

（4） $L = \{1,2,5,10,11,22,55,110\}$ ；

（5） $L = \{1,2,2^2,\cdots,2^n\}, n \in \mathbf{Z}^+$.

30. 判断下述代数系统是否为格，是否为布尔代数.

（1） $A = \{1,3,4,12\}$ ，任给 $a,b \in A$ ， $a \circ b = \mathrm{lcm}(a,b)$ ， $a * b = \gcd(a,b)$ ；

（2） $A = \{0,1,2\}$ ，" $\circ$ "是模 3 加法，" $*$ "是模 3 乘法；

（3） $A = \{0,1,\cdots,n\}$ ，其中 $n \geqslant 2$ ，任给 $a,b \in A$ ， $a \circ b = \max\{a,b\}$ ， $a * b = \min\{a,b\}$.

31. 在同构意义下给出全部 5 元格的图形，并指出哪些是分配格、有界格、有补格及布尔代数.

参 考 文 献

贲可荣，袁景凌，高志华，2011. 离散数学[M]. 2 版. 北京：清华大学出版社.

崔艳荣，黄艳娟，陈勇，等，2019. 离散数学[M]. 北京：清华大学出版社.

段禅伦，斯勤夫，宋世军，2011. 离散数学[M]. 北京：高等教育出版社.

方景龙，周丽，2014. 应用离散数学[M]. 2 版. 北京：人民邮电出版社.

傅彦，顾小丰，王庆先，等，2013. 离散数学及其应用[M]. 北京：高等教育出版社.

李盘林，李丽双，李洋，等，1999. 离散数学[M]. 北京：高等教育出版社.

屈婉玲，耿素云，张立昂，2014. 离散数学[M]. 3 版. 北京：清华大学出版社.

谢胜利，虞铭财，王振宏，2019. 离散数学基础及实验教程[M]. 3 版. 北京：清华大学出版社.

徐凤生，2009. 离散数学及其应用[M]. 2 版. 北京：机械工业出版社.

徐洁磐，2016. 离散数学导论[M]. 5 版. 北京：高等教育出版社.

杨炳儒，谢永红，刘宏岚，2012. 离散数学[M]. 北京：高等教育出版社.

张清华，蒲兴成，尹邦勇，等，2016. 离散数学及其应用[M]. 北京：清华大学出版社.

左孝凌，李为鑑，刘永才，1982. 离散数学[M]. 上海：上海科学技术文献出版社.

RICHARD J，2009. Discrete Mathematics[M]. 7 版. 影印版. 北京：电子工业出版社.